"十二五"国家重点出版规划项目

国家出版基金项目
NATIONAL PUBLICATION FOUNDATION

野战火箭装备与技术

野战火箭制导与控制技术

杨明　汤祁忠　韩磊　编著

国防工业出版社

·北京·

内 容 简 介

　　本书主要阐述野战火箭制导与控制技术的相关理论与方法。全书概述了野战火箭制导控制系统的概念、组成和原理,详细讨论了火箭弹弹体动态特性、气动布局与执行机构、弹道特性分析、惯性导航系统和组合导航系统原理与应用,重点论述了各类制导律及自动驾驶仪的设计方法,最后介绍了控制系统数学仿真和半实物仿真以及制导舱工程化设计方法。

　　本书可以作为野战火箭制导与控制技术相关领域科研人员的参考资料。

图书在版编目(CIP)数据

　　野战火箭制导与控制技术/杨明,汤祁忠,韩磊编著.—北京:
国防工业出版社,2015.12
　　(野战火箭装备与技术)
　　ISBN 978-7-118-10178-2

　　Ⅰ.①野... 　Ⅱ.①杨...②汤...③韩... 　Ⅲ.①野战 –
火箭 – 制导②野战 – 火箭 – 飞行控制 　Ⅳ.①V448.1

　　中国版本图书馆 CIP 数据核字(2015)第 284131 号

※

国防工业出版社出版发行

(北京市海淀区紫竹院南路 23 号　邮政编码 100048)
北京嘉恒彩色印刷有限责任公司印刷
新华书店经售

*

开本 710×1000　1/16　印张 16¾　字数 340 千字
2015 年 12 月第 1 版第 1 次印刷　印数 1—1500 册　定价 86.00 元

(本书如有印装错误,我社负责调换)

国防书店:(010)88540777　　　发行邮购:(010)88540776
发行传真:(010)88540755　　　发行业务:(010)88540717

《野战火箭装备与技术》丛书编委会

序

炮兵是陆军火力打击骨干力量,装备发展是陆军装备发展的重点。野战火箭是炮兵的重要装备,以其突然、猛烈、高效的火力在战争中发挥了重要作用。随着现代高新技术的飞速发展及其在兵器领域的广泛应用,20世纪90年代初,国外开始应用制导技术和增程技术发展制导火箭,使火箭炮具备了远程精确点打击和精确面压制能力,推动了炮兵由覆盖式面压制火力支援向点面结合的火力突击转变。同时,随着贮运发箱模块化发射技术的应用,火箭炮摆脱了集束定向管的束缚,实现了不同弹径、射程、战斗部种类火箭弹的共架发射,具有射程远、精度高、火力猛、点面结合、毁伤高效、反应快速、机动灵活和保障便捷的特点,标志着野战火箭装备技术水平发展到了一个新的高度,夯实了野战火箭在陆军火力打击装备中的重要地位。

我国一直重视野战火箭装备技术发展,近年来更是在野战火箭武器的远程化、精确化、模块化和信息化等方面取得了长足进步,野战火箭装备技术总体水平达到了世界先进水平,部分达到领先水平。韩珺礼研究员带领的陆军火箭科研创新团队,长期从事野战火箭武器装备论证、预先研究、型号研制和作战运用研究等工作,取得了大量成果,相继推出的多型野战火箭武器系统均已成为陆军炮兵的火力骨干装备。

《野战火箭装备与技术》丛书(共14册)系统分析了未来战争形态的演进对陆军炮兵远程精确打击装备的需求,明晰了我国野战火箭武器装备的发展方向,从多角度研究了我国野战火箭武器装备的理论技术与运用问题,是对我国近年来野战火箭特别是远程火箭发展的总结与升华。该丛书在国内首次系统建立了涵盖野战火箭论证、设计、制造、试验和作战运用等多个方面的理论体系和技术体系,是近年来国内野战火箭装备技术和作战运用研究的理论结晶,为野战火箭向更远程、更精确、更大威力发展奠定了坚实理论与技术基础。《野战火箭装备与技术》丛书对于推动我国野战火箭武器深入发展具有重大意义!相信在各级机关的支持下,在广大科研人员的共同努力下,我国野战火箭武器将更加适应基于信息系统的打击需求,在未来信息化战争中将发挥更重要的作用!

刘怡昕

二〇一五年十一月

刘怡昕:中国工程院院士、南京炮兵学院教授。

自序

炮兵是陆军火力打击力量的重要组成部分,具备突然、猛烈、密集、高效的火力特点,在历次战争中发挥了重要作用,有"战争之神"的美誉。随着制导技术、电子信息技术等诸多高新技术在炮兵装备中的应用,陆军炮兵的远程精确打击能力得到大幅提升,炮兵已由过去的火力支援兵种向火力主战兵种转型,这与野战火箭武器的发展密不可分。为适应现代战争需求,野战火箭武器系统正朝着远程压制、精确打击、一装多能、高效毁伤、模块通用的方向发展。

为了提高我军炮兵作战能力,我国十分重视野战火箭武器的发展,从装备仿研、技术引进到自主研发,经过多年的积累与创新,在远程化、精确化、模块化、信息化等方面达到了较高水平。在基于信息系统的体系作战中,野战火箭主要担负战役战术纵深内对面目标精确压制和点目标精确打击任务。以贮运发箭模块化共架发射和精确化为主要特征的先进远程野战火箭武器系统,集远程综合压制、精确打击、实时侦察和效能评估于一体,为复杂战场环境下远程精确火力打击提供了重要保证,是我国陆军未来火力打击装备发展的重点。

野战火箭装备技术的发展已进入到一个新的更高阶段,立之弥高,逾之弥艰,需要有完整的基础理论加以支撑,需要有关键技术不断突破和创新,需要在基础研究上下功夫。但是,目前该领域的学术理论、技术研究成果相对分散,成系统的装备技术和理论文献很少,不利于野战火箭武器装备的优化发展。因此,迫切需要对该领域的理论与技术进行系统梳理、结集出版,以满足论证、研制、生产、作战使用等各领域参考资料缺乏的急需,为野战火箭领域人才培养和装备发展提供系统的理论与技术支撑。《野战火箭装备与技术》丛书立足野战火箭发展,填补了国内野战火箭理论与技术体系空白,被列入"十二五"国家重点图书出版规划项目,并得到了国家出版基金的资助。本丛书共有14个分册,全面系统地对我国陆军野战火箭研究成果和国内外该领域的发展趋势进行了阐述,着重对我国野战火箭基础研究和工程化研究方面取得的创新性成果进行了提炼,是我国野战火箭领域科技进步的结晶。本丛书的出版,对推动我国野战火箭装备技术不断自主创新、促进陆军武器装备发展、提升我国武器装备竞争力以及培养野战火箭领域专业人才具有重要意义。

　　本丛书的撰写得到了机关和广大专家的指导和帮助。感谢中国科学院院士包为民和中国工程院院士刘怡昕、中国工程院院士杨绍卿的悉心指导,感谢徐明友教授等我国野战火箭领域老一辈科研工作者奠定的基础,感谢总装备部某研究所各位领导和诸位同事的支持,感谢南京炮兵学院、南京理工大学、北京理工大学、兵器工业导航与控制技术研究所、国营 743 厂、国营 5137 厂等单位领导和科研工作者的支持,感谢国防工业出版社和陆军火箭科研创新团队为本丛书所做出的大量工作! 在本丛书的撰写过程中参考了相关文献和资料,在此对相关作者一并表示感谢!

　　由于水平所限,书中难免有错误和不当之处,恳请读者不吝赐教。

韩珺礼

二○一五年十一月

前言

自"喀秋莎"火箭炮在苏德战场首次亮相,多管火箭武器系统已走过了70多年的发展历程,其战术技术水平已有了质的飞跃,配用了多个弹种,配备了简易制导或精确制导装置,实现了射程、压制面积与打击精度的同步提升。现代战争对陆军武器系统远程有效打击的准确性和密集性有了新的要求,制导化和远程化是火箭弹发展的必然趋势。

随着制导与控制技术的发展,特别是惯性器件、卫星定位装置和导引头等主要控制部件野战环境适应性不断提高,成本不断降低,以前只有在高价值战术导弹上采用的制导控制技术,被移植到野战火箭中,使野战火箭武器系统具备了精确打击能力。同时,由于制导控制技术解决了火箭射程与精度的矛盾,口径更大、射程更远的远程制导火箭层出不穷,野战制导火箭武器系统将成为陆军弥补地地战术导弹与身管火炮之间火力空白的主要武器。

制导与控制系统是制导火箭弹的核心和关键,它直接影响到制导火箭弹的射击精度和作战效能。为了推动野战火箭制导与控制技术的发展,提高制导系统在火箭弹上的应用水平,作者汇集了多年研究成果写成此书。

本书将由以下10章组成:

第1章　野战火箭制导与控制技术概论。阐述了制导火箭武器系统的发展现状与趋势,介绍了制导控制系统的概念、组成和原理,明确了对制导控制系统的要求。

第2章　火箭弹弹体运动动态特性。推导了火箭弹动力学方程组,给出了火箭弹动态特性的研究方法,分析了旋转体制火箭弹的运动特性,研究了制导火箭弹气动外形的设计与分析方法,给出了弹体动态特性的某些要求。

第3章　制导火箭弹气动布局与控制执行机构。研究了制导火箭弹气动外形设计、姿态控制方法及控制执行机构。

第4章　制导火箭弹弹道特性分析。对火箭弹的外弹道、气动热等特性进行了分析与计算,研究了标准气象、射向、阵地纬度等因素对弹道计算的影响。

第5章 惯性导航系统和组合导航系统。研究了惯性导航系统、卫星导航系统及组合导航系统原理及其在制导火箭弹中的应用。

第6章 制导方式与制导规律。介绍了适应于制导火箭弹的各种制导律,重点研究了中远程火箭弹的复合制导方法。

第7章 自动驾驶仪设计。研究了各种自动驾驶仪设计的基本方法。

第8章 先进控制方法在制导控制系统中的应用。研究了变结构、动态逆和自抗扰等先进控制方法在制导控制系统中的应用。

第9章 制导控制系统仿真。研究了数学仿真和半实物仿真在制导火箭弹研制过程中的应用方法。

第10章 制导舱工程化设计方法。研究了制导舱可靠性、维修性、安全性及电磁兼容性设计的工程化方法。

本书的第1、2(除2.3节)、4、6、7、8章由杨明编写,第3、5章由汤祁忠编写,第9章由韩磊编写,第10章由郝宏旭编写,2.3节由李臣明编写,全书由杨明统稿。在本书的成稿过程中,毛昱天、张锐、吴丹和乔治等付出了辛勤的劳动,在此表示感谢!

在本书编写过程中,参考了许多国内外文献资料,在此对这些文献的作者深表谢意。

本书由西北工业大学杨军教授和中国空空导弹研究院李友年研究员负责审稿,他们提出了许多宝贵意见,给予作者很大帮助,在此深表谢意。

本书的写作,从内容到形式,均与作者在科研上的体会和经历有关。在选材和写作上,尽量包含新知识、新成果,力求反映制导火箭弹技术的最新发展。由于知识水平、时间以及经验的局限,本书的写作难免有缺点和不足,恳请广大读者批评指正。

作者

目录

第1章
野战火箭制导与控制技术概论

1.1　制导火箭武器技术的发展

1.1.1　制导火箭弹的发展历史及现状

野战多管火箭武器系统是陆军地面压制兵器,绝大多数情况下比中等口径身管火炮具有更远的射程,具有野战性能好、反应速度快、对面目标压制能力强等优点,但是也存在射击精度偏低的缺点,采用制导控制技术是提高多管火箭武器系统打击精度的有效途径。

多管火箭系统起初是不含控制系统的,它通过对无控火箭的弹道系统乃至整个武器系统进行优化设计来提高火箭弹的射击精度,通过对火箭外形结构、发射装置进行优化设计,利用尾翼延时展开、正反转控制等方法来稳定弹道,从而提高火箭弹的射击密集度。然而无控火箭弹对射击精度的提高是有限的,特别对于远程火箭弹,这种矛盾尤为突出,火箭弹飞行 $70\sim80km$ 后的偏差可能会达到 $1km$。巴西 ASTROS Ⅱ 火箭武器系统的最大射程为 $90km$,射击精度仅为 $1.0\%\times S_{\max}$($S_{\max}$ 指最大射程),美国 MLRS 火箭武器系统的最大射程为 $45km$,射击精度为 $0.71\%\times S_{\max}$。而火箭弹本身的结构特征又使其无法采用与提高身管火炮射击精度相同的技术手段,只能采用简易姿态控制或精确制导方法来弥补精度的不足。

简易姿态控制火箭弹采用主动段姿态稳定以抑制各种扰动因素引起的火箭弹主动段终点的速度矢量角散布,从而达到提高武器系统射击密集度的目的。这是因为火箭弹主动段的各种误差,包括初始扰动、推力偏心、弹道风、质量散布、动不平衡、发动机总冲跳动等,会导致一定的速度偏差,其中方向偏差引起横向散布,幅值偏差引起纵向散布。为减小横向散布,在火箭弹弹道主动段可采用简易姿态控制系统,稳定速度方向;为减小纵向散布,可采用子母战斗部,增加距离修正系统,通过修正开舱时间来减小主动段终点速度偏差对射程的影响。以俄罗斯"旋风"火箭武器系统为例,采用简易控制技术,其最大射程为 90km,射击精度达到了 $0.41\% \times S_{max}$,从而使火箭弹的散布面积减少了一半,射击精度与传统火箭弹相比提高了 3 倍,弥补了火箭弹散布过大的缺陷[1]。

随着制导与控制技术的发展,特别是惯性器件、卫星定位装置等控制部件野战环境适应性不断提高,成本不断降低,以前只有在高价值战术导弹上采用的制导控制技术,被移植到野战火箭中,使野战火箭武器系统具备了精确打击能力。同时,由于制导控制技术解决了火箭射程与精度的矛盾,口径更大、射程更远的远程制导火箭层出不穷,野战制导火箭武器系统将成为陆军弥补地地战术导弹与身管火炮之间火力空白的主要武器。世界上各军事强国都以增强武器系统的射程和作战效能为目标,不断地发展和完善各自的野战多管火箭武器系统,既加强对现有装备进行制导化改造,又重视研发有发展前途的新产品。

德国与瑞士为 227mm 火箭弹研制 CORECT 制导模块,制导模块中的核心为制导与控制(G&C)单元,弹载卫星定位系统用于确定火箭弹在飞行过程中的实际位置,G&C 单元确定实际弹道与预期弹道之间的误差,并计算出修正量,磁传感器通过测量磁场确定火箭弹的滚转姿态,执行机构位于 G&C 单元后方,由 60 个小脉冲发动机组成,通过脉冲发动机适时点火在横向和径向产生所需的修正脉冲。227mm 火箭弹配用 CORECT 模块后,射程提高到 38km,精度可达到 50m。

GMLRS 制导火箭弹由美、英、法、德、意五国联合研制,与现有非制导火箭弹相比,GMLRS 制导火箭弹射程远、命中精度高、机动性好,对付现有目标所需火箭弹的数量可减少 80%。原基型 M26 式火箭弹为非制导弹,射程为 32km,圆概率误差(CEP)约为 100m,而 GMLRS 制导火箭弹的最大射程是 70km,其圆概率误差小于 10m[2]。

GMLRS 制导火箭弹的控制由 4 片鸭式舵翼来实现,要求的制导精度由低成本战术级惯性测量装置独立实现,同时可选用全球定位系统(GPS)接收机辅助制导,当其与惯性测量装置结合使用时,可进一步提高精度。图 1 – 1 所示为 GMLRS 制导火箭弹结构示意图,图 1 – 2 所示为 GMLRS 制导火箭弹制导舱剖视图。

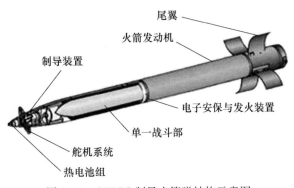

图 1 - 1　GMLRS 制导火箭弹结构示意图　　图 1 - 2　GMLRS 制导火箭

弹制导舱剖视图

1.1.2　制导火箭弹技术特点及发展趋势

现有的制导火箭弹在技术方案上具有以下特点：

（1）采用捷联惯性导航/卫星定位组合导航技术。制导火箭弹采用捷联惯性导航与卫星定位组合导航技术，能充分发挥两种导航技术各自优势并取长补短，卫星定位系统的长期稳定性与适中精度可弥补惯性导航系统的误差随时间传播或增大的缺点，惯性导航系统的短期高精度可弥补卫星接收机在受干扰时误差增大或遮挡时丢失信号等的缺点。捷联式惯性导航系统具有结构简单、可靠性高、体积小、重量轻、造价低等优势，借助捷联式惯性导航系统提供的姿态信息和角速度信息，可提高卫星接收机天线的定向操纵性能，使之快速捕获或重新捕获卫星信号；同时借助卫星定位系统提供的高精度位置信息和速度信息，可估计并校正惯性导航系统的位置误差、速度误差和系统其他误差，实现传递对准和标定，从而可放宽对其精度所提出的要求，使得整个组合导航系统达到最优化，具有很高的效费比。

（2）采用鸭式气动布局方案。从气动力角度看，首先，鸭式布局的优点是控制效率高，能降低火箭弹跨声速飞行时的静稳定性；其次，鸭式舵的铰链力矩小，对于舵机的驱动功率要求低。从总体设计观点看，鸭式布局的舵面与惯性测量组件和弹载计算机距离近，连接电缆短，铺设方便；避免了将控制执行元件安置在发动机喷管周围。另外，采用鸭式气动布局方案便于对现役无控火箭弹进行制导化改造。

（3）避免捷联惯性导航系统的连续旋转。捷联惯性导航系统的连续旋转易使其导航精度大幅度降低，为了达到规定的导航精度，不得不提高对于捷联惯性导航装置中滚转通道陀螺仪的精度和量程的要求，这将超出系统在技术上和成本上的承受能力。因此,制导火箭必须采取相应措施以避免捷联惯性导航系统的连续旋转,现有方案主要有:①采用三通道控制方案,操纵鸭式舵面实现弹体的滚转稳定控制;②采用单轴解耦平台,利用稳定平台实现捷联惯性导航系统的滚转稳定。

随着陆军远程火力打击能力的提高及制导控制技术的进步,制导火箭武器系统的发展趋势可以归纳为以下几点。

(1)增加射程,提高远程打击能力。现代战场的纵深作战要求陆军炮兵先敌开火、远战歼敌,因此增大武器的射程是增强炮兵火力的主要目标。增加射程,可以在更远距离上对目标进行毁伤、提高火力的机动性、减小敌方回击的风险,是野战火箭武器系统发展的一个主要方向,而制导控制技术将保证射击精度不随射程的增加而降低。

(2)提高射击精度。火箭炮射击精度的提高可以从火控和火箭弹自身两方面采取措施:一方面可采用先进的火控系统,减少发射架晃动引起的误差;另一方面可采用高精度的火箭弹制导控制方法。目前火箭弹采用捷联惯性导航/卫星定位组合导航系统,已具备对固定目标的精确打击能力,未来采用导引头技术实现精确末制导,使得制导火箭弹具备打击低速机动目标的能力。

(3)提高突防能力。面对弹道导弹/火箭威胁的日益加剧,各军事强国都对弹道导弹防御技术给予了高度重视。以色列正在建设一套具有3层拦截的导弹防御系统,包括"箭"-3反导系统、"大卫投石索"反导系统和"铁穹"火箭拦截系统,"大卫投石索"用来对付中远程的火箭和近程的弹道导弹,可拦截250km外发射的导弹和火箭弹,"铁穹"火箭拦截系统可用于拦截射程在5km至70km之间的火箭弹。由于火箭弹弹道相对固定,呈抛物线状,敌方探测系统容易预测出火箭弹的飞行轨迹,并引导防御系统进行拦截。因此,有必要使火箭弹具备机动变轨控制能力,改变固定的惯性弹道,实现有效突防。

(4)控制策略智能化,满足多弹种共平台发射。发射平台能装载不同种类的贮运发箱,可兼容发射制导火箭弹、简易控制火箭弹,使其既可以打击集群装甲目标、实施面压制,又可以打击高价值点目标,形成完备打击能力。控制策略必须实现智能化,以适应不同的发射条件,攻击不同目标。

1.2 制导控制系统的概念、组成和原理

1.2.1 制导控制系统概念

制导控制系统是制导火箭弹的核心和关键部分,在很大程度上决定着制导

火箭弹的战术技术性能,把火箭弹导引控制到目标是制导控制系统的中心任务。为了完成这个任务,制导控制系统必须具备以下的基本功能:

(1) 在火箭弹飞向目标的整个过程中,要不断地测量火箭弹的实际飞行弹道与名义弹道之间的偏差,或者测量火箭弹与目标的相对位置及偏差;

(2) 据此偏差,按照制导规律,计算出控制指令,以控制火箭弹改变运动状态,消除偏差,这就是所谓的"导引"功能;

(3) 按照控制指令,驱动伺服系统工作,操纵控制机构,产生控制力和力矩,克服各种干扰因素的影响,使火箭弹始终保持所需要的运动姿态和轨迹,直到命中目标,这就是所谓的"控制"功能。

制导控制系统实质就是完成"导引"和"控制"功能的硬件和软件的总称。制导控制系统最主要的性能指标是制导精度,它是决定命中精度的最重要的因素。

1.2.2　制导控制系统组成

制导控制系统的基本组成包括导引系统和稳定控制系统两部分,如图1-3所示。

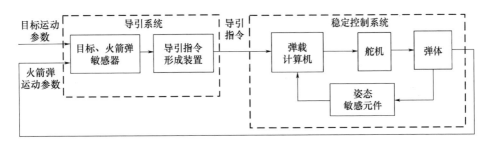

图1-3　制导控制系统的基本组成

导引系统主要担负"制导"功能,由火箭弹导航系统、导引指令形成装置等组成,通过测量火箭弹的运动状态,包括位置、速度和加速度等,得到火箭弹实际飞行弹道相对于名义弹道或目标点的偏差,形成导引指令,用于控制火箭弹的运动。

稳定控制系统又称自动驾驶仪,由姿态敏感元件、弹载计算机、舵机和弹体等组成,其主要功能是保证火箭弹在导引指令作用下沿着要求的弹道飞行,并能保证火箭弹在各种干扰影响下依然可实现姿态稳定。

在制导系统设计中,常将稳定控制系统称为"小回路",而将整个制导回路看作以火箭弹为控制对象的"大回路",它由导引系统、控制系统、弹体环节及运动学环节组成,如图1-4所示。

图 1 - 4　制导回路原理图

1.2.3　制导控制系统原理

1. 制导控制系统工作原理

制导控制系统好比火箭弹的"神经系统",它的受控对象就是火箭弹。所谓"火箭弹控制",就是控制火箭弹的运动,使它从发射点起飞后,能沿着事先设计好的弹道飞向目标。

所谓"控制火箭弹的运动",实际上是控制火箭弹质心的运动和绕质心的转动。控制火箭弹质心的运动,即控制火箭弹飞行的轨迹,这是目的。而控制火箭弹绕质心的转动,即控制火箭弹飞行中的姿态,是基础和前提。通过姿态控制,使火箭弹姿态稳定,再加上制导指令,火箭弹的质心才能受控,才能控制火箭弹按照给定的弹道飞行。如果姿态没稳住,在主动段飞行中发动机的推力只会加速"中途掉弹";在被动段飞行中,各种干扰力作用于火箭弹也会加速姿态发散导致"中途掉弹"。姿态没稳,加制导指令,如同"乱上添乱";当然,姿态稳定了,如果制导出了问题,火箭弹将偏离设计的弹道不能命中目标。所以,通常火箭弹的控制分成两部分:稳定控制和制导控制,两者密切相关。

制导火箭弹一般采用气动舵控制方案,制导控制是通过控制气动舵面偏转实现的。火箭弹在大气层内飞行,制导指令使舵面产生相应偏角,作用在舵面压心上的气动力升力对火箭弹质心取矩,即产生控制力矩;该控制力矩使火箭弹产生姿态运动,形成攻角(气流和弹轴的夹角),进而形成作用在火箭弹压心上的气动力升力;该升力对火箭弹质心取矩形成的力矩与控制力矩大小相等方向相反,使火箭弹的角运动停止。因此,在对火箭弹施加制导指令时,稳定控制也要起作用。

2. 制导控制系统工作过程

要实现火箭弹的稳定控制和制导控制,首先要使火箭弹获知自身的运动状态,即对自身的运动参数进行测量。这可通过使用将陀螺仪和加速度计集成在一起的惯性测量装置(IMU)来实现,其中加速度计用于测量质心运动参数,陀螺仪用于测量绕质心转动参数,进而采用导航算法对 IMU 的测量结果进行实时处理和加工,就可以得到稳定控制和制导控制所需的火箭弹运动的物理量,包括位置、速度、加速度、姿态角、角速度等。显然,IMU 测量的精度直接关系到稳定控制和制导控制的质量,特别是制导精度。

火箭弹的气动外形通常都设计成轴对称式,其最大好处是具有三个正交的稳定控制回路,即俯仰稳定回路、偏航稳定回路和滚动稳定回路(下文分别称为Ⅰ、Ⅱ、Ⅲ控制回路),三个回路间彼此解耦,可独立开展设计工作[3]。

对于"×"字形舵面布置的轴对称火箭弹,其Ⅰ、Ⅱ控制回路完全相同,每个回路通常由阻尼回路和加速度回路构成,其中阻尼回路可提高姿态稳定的品质,加速度回路可优化从低空到高空控制回路的放大倍数,提高稳定回路的适应性。与"+"字形舵面布置相比,"×"字形布置的优点是同一舵偏角可以使控制力达到"十"字形舵面布置的 $\sqrt{2}$ 倍。

Ⅲ控制回路由阻尼回路和滚转角稳定回路构成,阻尼回路可提高滚动稳定的品质,而滚转角稳定回路使火箭弹始终保持滚转角为零,从而使火箭弹的俯仰和偏航控制解耦。因此,火箭弹控制系统设计的本质就是这八个回路的设计:Ⅰ、Ⅱ、Ⅲ控制回路有六个,俗称小回路;纵、横向制导回路两个,俗称大回路;它们既相互独立,又相互关联,构成火箭弹控制系统。简易方块图如图1-5所示。

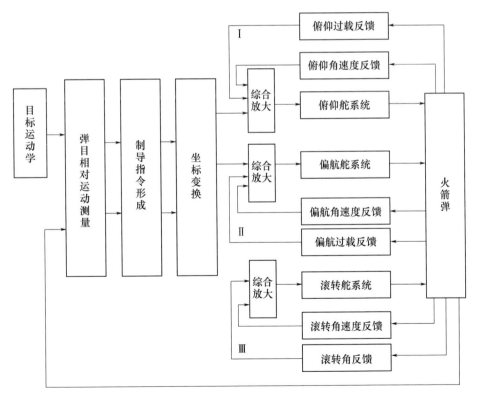

图1-5 火箭弹制导控制系统简易方块图

除控制对象火箭弹外,火箭弹控制系统由惯性测量装置(IMU)、弹载计算机(IPU)和舵系统组成。火箭弹运动参数由 IMU 测量,送给 IPU 处理,处理的主要内容包括:

(1)导航计算:给出火箭弹的姿态角、姿态角速度、位置、速度等信息,用于稳定回路和制导回路计算。

(2)稳定回路计算:控制参数及变增益计算等。

(3)制导回路计算:按设计的制导律进行制导指令计算等。

制导控制系统按照一定的导引律对火箭弹实施控制,能够使火箭弹准确地命中目标,制导控制方法是依靠操纵气动舵面以改变作用于弹体上的空气动力来实现的。舵系统按照 IPU 输出的控制信号的大小和极性产生舵偏角,进而产生控制力矩和控制力,控制火箭弹运动参数变化。变化后的火箭弹运动参数又经 IMU 测量,如此这般形成闭环控制使火箭弹受控飞行。

3. 制导火箭弹控制机理

在大气层内飞行的火箭弹主要受发动机推力 P、空气动力 R 和重力 G 的作用,它们的合力可分解为平行于火箭弹飞行方向的切向力和垂直于飞行方向的法向力,切向力可改变火箭弹飞行速度大小,而法向力能改变火箭弹飞行方向。

火箭弹上的空气动力可沿速度坐标系分解为升力、侧力和阻力,其中升力和侧力垂直于飞行方向,分别在火箭弹的纵对称面和侧平面内,阻力与飞行速度方向相反。考虑到火箭弹的弹身是轴对称的,下面仅给出火箭弹在纵对称平面内的控制原理[4]。

火箭弹在纵对称平面内的受力情况如图 1-6 所示。火箭弹法向力为

$$N_y = Y + P\sin\alpha \tag{1.1}$$

式中:Y 为升力;P 为推力;α 为攻角。

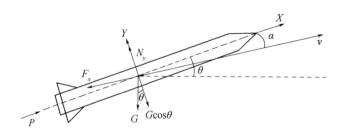

图 1-6 火箭弹在纵向对称平面内的受力情况

各力在弹道法线上的投影表达式为

$$F_y = Y + P\sin\alpha - G\cos\theta \tag{1.2}$$

式中:G 为重力;θ 为弹道倾角。

由 $F = ma$，可得

$$N_y - G\cos\theta = m\frac{v^2}{\rho} \qquad (1.3)$$

式中：v 为火箭弹飞行速度；m 为火箭弹质量；ρ 为弹道曲率半径，$\rho = \dfrac{v}{\dot{\theta}}$。

将 $\rho = \dfrac{v}{\dot{\theta}}$ 代入式（1.3），得

$$\dot{\theta} = \frac{N_y - G\cos\theta}{mv} \qquad (1.4)$$

由式（1.1）和式（1.4）可见，要使火箭弹在纵对称面内向上或向下改变飞行方向，必须控制火箭弹法向力的变化，而这种变化将借助控制系统操作气动舵面偏转产生操纵力矩使火箭弹绕质心转动，改变弹体攻角来实现。由式（1.4）可进一步看出，当火箭弹飞行速度一定时，法向力越大，弹体倾角的变化率 $\dot{\theta}$ 就越大，即弹体在纵对称面内的飞行方向改变就越快。

同理，为了实现火箭弹在侧平面内向左或向右改变飞行方向，就必须通过控制系统作用改变侧滑角 β，使侧向力 Z 发生变化，从而改变侧向控制力 N_z。

综上所述，制导控制实质是按照一定的导引规律由制导控制系统对作用于火箭弹上的法向力 N_y 与侧向力 N_z 进行控制，并最终使火箭弹飞行方向发生变化，使其不断调整弹道轨迹，导向目标。

1.3 对制导控制系统的要求

为了完成制导火箭弹的制导任务，对火箭弹制导控制系统有很多要求，最基本的要求是制导控制系统的制导精度、远程控制能力、突防能力、抗干扰能力、可靠性和可维修性。

1. 制导精度

制导精度是对制导控制系统最基本、最主要的要求。如果制导系统的制导精度很低，便不能把火箭弹的有效载荷（战斗部）引向目标，就无法完成摧毁目标的任务[5]。

无控火箭弹或简易控制火箭弹作为面压制武器，只有落点散布的概念，而且与射程有关。美国 MLRS 火箭武器系统的最大射程为 45km，射击精度为 $0.71\% \times S_{\max}$。俄罗斯"旋风"火箭武器系统采用简易制导技术，最大射程为 90km，射击精度达到了 $0.41\% \times S_{\max}$。

制导控制技术能有效抑制野战火箭弹初始扰动、推力偏心等各种扰动因素引起的落点散布，实现射击精度与射程无关。制导火箭弹的制导精度常用圆概

率误差(CEP)来描述,例如,采用整体式战斗部的制导火箭弹要求 CEP 小于 50m。

2. 远程控制能力

增大射程是野战火箭武器系统发展的一个主要方向,而制导控制技术将保证射击精度不随射程的增加而降低。远程火箭弹采用长工作时间的固体火箭发动机,以便把火箭弹加速推送到高空,当推力中止后,按弹道轨迹飞行,制导控制系统的目的是使火箭弹满足攻击预定目标所需的飞行条件,进入相应弹道,同时,稳定控制系统用于满足马赫数变化、高度变化、诱导滚转力矩、弹体弯曲模态和制导响应时间的要求。

3. 突防能力

常规火箭弹的弹道轨迹呈抛物线状,敌方探测系统容易预测出火箭弹的飞行轨迹,引导防御系统进行拦截。突防技术作为提高武器系统战场生存、突破防御,尤其是纵深打击能力的有效手段,已经成为现代战争中最重要、最有效的战术技术手段。因此,制导控制系统有必要使火箭弹具备机动变轨控制能力,改变固定的惯性弹道,实现有效突防,完成打击目标的任务。

4. 抗干扰能力

抗干扰能力和生存能力是指遭到敌方电子对抗、反导对抗和受到内、外部干扰时,制导系统能保持其正常工作的能力。

对制导火箭弹而言,卫星接收信号最容易受到干扰,为提高制导系统的抗干扰能力,一是采用加固技术,改进卫星天线和接收机系统,使其对干扰不敏感;二是提高纯惯性导航精度,当卫星信号受到干扰后,立即从组合导航模式转换为纯惯性导航模式。

5. 可靠性和可维修性

可靠性和可维修性是制导控制系统能否发挥良好性能的重要基础和前提,再优良的性能如若不可靠也是无法装备部队的[6]。

制导控制系统在给定的时间和条件下,不发生故障的工作能力,称为制导系统的可靠性。它取决于系统内各部件的可靠性及结构上决定的对其他部件及整个系统的影响。制导系统工作的环境是多变的。例如:在运输、发射及飞行过程中,受到振动、冲击和过载等影响;贮存和工作时受到温度、湿度、大气压力变化及盐雾、沙尘等环境的影响。这些都可能使元部件失效,影响系统的可靠度。为提高和保证制导系统的可靠性,在研制时必须对制导系统进行可靠性设计,采用优质耐用的元器件、合理的机构和精密的制造工艺,还必须正确地使用和维护,以保持制导系统的可靠性。

制导系统发生故障后,在特定的时间内,系统被修复至正常的概率,称为制导系统的可维修性。它主要取决于系统内设备、组件、元件的安装,人机接口,检测设备,维修程序,维修环境等。维修性要求产品维修简便、具有快速重构能力、能够实现在线故障诊断,始终保证其正常执行作战任务。

参考文献

[1] 马卡罗维茨 H A, 乌斯季诺夫 Л A, 阿沃腾 Б A. 多管火箭武器系统及其效能[M]. 中国兵器科学研究院,译. 北京:国防工业出版社,2008.

[2] Gamble A E, Jenkins P N. Low cost guidance for the Multiple Launch Rocket System (MIRS) artillery rocket[C]. IEEE PLANS, Position Location and Navigation Symposium, 2000:193−199.

[3] 陈佳实. 导弹制导和控制系统的分析与设计[M]. 北京:宇航出版社,1984.

[4] 钱杏芳,林瑞雄,赵亚男. 导弹飞行力学[M]. 北京:北京理工大学出版社,2000.

[5] 杨军,杨晨,段朝阳,等. 现代导弹制导控制系统设计[M]. 北京:航空工业出版社,2005.

[6] 韩品尧. 战术导弹总体设计原理[M]. 哈尔滨:哈尔滨工业大学出版社,2000.

第2章
火箭弹弹体运动动态特性

2.1 火箭弹动力学

2.1.1 坐标系

为了分析火箭弹弹体运动的动态性能和制导控制过程,必须把描述其运动的各种物理量,放在相应的坐标系中去考察。在研究火箭弹的运动时,常用到的坐标系有地面坐标系 $Oxyz$,弹体坐标系 $Ox_1y_1z_1$,弹道坐标系 $Ox_2y_2z_2$ 和速度坐标系 $Ox_3y_3z_3$[1]。

1. 地面坐标系

地面坐标系与地球表面固连,其坐标原点可以选在地球表面上的任何一点,通常取火箭弹的发射点为坐标原点 O,Ox 轴与地球表面相切,其指向可以是任意的,对于地面目标,Ox 轴通常与过原点 O 和目标点的地球大圆相切,指向目标方向为正,Oy 轴垂直于地平面,向上为正,Oz 轴垂直于 Oxy 平面,其方向按右手定则确定。

2. 弹体坐标系

坐标原点 O 取在火箭弹的质心,Ox_1 轴与弹体几何纵轴重合,指向弹头方向为正,Oy_1 轴在弹体纵向对称面内,与 Ox_1 轴垂直,向上为正,Oz_1 轴垂直于 Ox_1y_1 平面,其方向按右手定则确定。

3. 弹道坐标系

坐标原点 O 取在火箭弹的质心,Ox_2 轴与火箭弹质心的速度方向重合,指向飞行方向为正,Oy_2 轴位于包含速度矢量的垂直平面内,与 Ox_2 轴垂直,向上为正,Oz_2 轴垂直于 Ox_2y_2 平面,其方向按右手定则确定。

4. 速度坐标系

坐标原点 O 取在火箭弹的质心，Ox_3 轴与 Ox_2 轴一致，Oy_3 轴在弹体纵向对称面内，与 Ox_3 轴垂直，向上为正，Oz_3 轴垂直于 Ox_3y_3 平面，其方向按右手定则确定。

描述火箭弹运动的各种物理量，可以通过各种坐标系及其相互关系来考察，研究火箭弹的运动必须熟悉这些转换关系。

1. 弹道坐标系与地面坐标系之间的关系

弹道的特征可以通过弹道坐标系与地面坐标系之间的关系来体现，用下面两个特征角来具体描述：

弹道倾角 θ，即火箭弹速度矢量与水平面 Oxz 之间的夹角，若速度矢量指向水平面之上，则 θ 角为正，反之为负。

弹道偏角 ψ_V，即火箭弹速度矢量在水平面上的投影与地面坐标系 Ox 轴之间的夹角，迎 Oy 轴顶视，若 Ox 轴逆时针方向转到投影线方向时，ψ_V 为正，反之为负。

弹道坐标系相对地面坐标系之间的变换矩阵可通过将地面坐标系进行两次旋转求得。首先将地面坐标系以角速度 $\dot{\psi}_V$ 绕 Oy 轴旋转一个 ψ_V 角，形成过渡坐标系 $Ox'yz_2$，得到初等变换矩阵

$$L(\psi_V) = \begin{bmatrix} \cos\psi_V & 0 & -\sin\psi_V \\ 0 & 1 & 0 \\ \sin\psi_V & 0 & \cos\psi_V \end{bmatrix}$$

再将过渡坐标系 $Ox'yz_2$ 以角速度 $\dot{\theta}$ 绕 Oz_2 旋转一个 θ 角，即得到弹道坐标系 $Ox_2y_2z_2$，其初等变换矩阵为

$$L(\theta) = \begin{bmatrix} \cos\theta & -\sin\theta & 0 \\ \sin\theta & \cos\theta & 0 \\ 0 & 0 & 1 \end{bmatrix}$$

最后得到地面坐标系 $Oxyz$ 与弹道坐标系 $Ox_2y_2z_2$ 之间的变换矩阵为两个初等变换矩阵 $L(\theta)$ 与 $L(\psi_V)$ 的乘积，即

$$L(\theta,\psi_V) = L(\theta)L(\psi_V) = \begin{bmatrix} \cos\theta\sin\psi_V & \cos\theta & -\sin\psi_V\cos\theta \\ -\cos\psi_V\sin\theta & \cos\theta & \sin\theta\sin\psi_V \\ \sin\psi_V & 0 & \cos\psi_V \end{bmatrix}$$

2. 弹体坐标系与地面坐标系之间的关系

根据弹体坐标系与地面坐标系之间的关系，可确定火箭弹的飞行姿态，通常用下面三个姿态角来描述：

俯仰角 ϑ，即弹体纵轴 Ox_1 与水平面 Oxz 之间的夹角，弹体纵轴在水平面之上，则为正，反之为负。

偏航角 ψ，即弹体纵轴 Ox_1 在水平面 Oxz 上的投影与地面坐标系 Ox 轴之间的夹角，迎 Oy 轴顶视，由 Ox 轴逆时针方向转至投影线方向为正，则为正，反之为负。

滚转角 γ，即 Oy_1 轴与包含弹体纵轴 Ox_1 的垂直平面的夹角，从弹体尾部顺弹体纵轴方向看，火箭弹由垂直平面向右转动时形成的夹角为正，反之为负。

弹体坐标系与地面坐标系之间的变换矩阵，可通过将地面坐标系绕坐标轴 Oy 旋转 ψ 角，获得过渡坐标系 $Ox'yz$，然后绕 Oz 轴旋转 ϑ 角，获得过渡坐标系 $Ox_1y'z'$，再绕 Ox_1 轴旋转 γ 角而得到。三次旋转获得三个初等变换矩阵，这三个初等变换矩阵的积，就是变换矩阵：

$$L(\gamma,\vartheta,\psi) = \begin{bmatrix} \cos\vartheta\cos\psi & \sin\vartheta & -\sin\psi\cos\vartheta \\ -\sin\vartheta\cos\psi\cos\gamma + \sin\psi\sin\gamma & \cos\vartheta\cos\gamma & \sin\vartheta\sin\psi\cos\gamma + \cos\psi\sin\gamma \\ \sin\vartheta\cos\psi\sin\gamma + \sin\psi\cos\gamma & -\cos\vartheta\sin\gamma & -\sin\vartheta\sin\psi\sin\gamma + \cos\psi\sin\gamma \end{bmatrix}$$

3. 弹体坐标系与速度坐标系之间的关系

由弹体坐标系与速度坐标系之间的关系可描述弹体与气流的相对关系，用下面的两个特征角来描述：

攻角 α，即速度矢量在弹体纵向对称平面内的投影与 Ox_1 轴间的夹角，若 Ox_1 轴位于投影线的上方时，攻角为正，反之为负。

侧滑角 β，即速度矢量与弹体纵向对称平面间的夹角，从尾部沿着飞行方向看，若气流从右侧流向弹体，则所对应的侧滑角为正，反之为负。

将速度坐标系 $Ox_3y_3z_3$ 以角速度 $\dot{\beta}$ 绕 Oy_3 轴旋转 β 角，再以角速度 $\dot{\alpha}$ 绕 Oz_1 轴旋转 α 角，即得弹体坐标系，其变换矩阵为两次旋转所得到的初等变换矩阵的积：

$$L(\alpha,\beta) = \begin{bmatrix} \cos\alpha\cos\beta & \sin\alpha & -\sin\psi_V\cos\theta \\ -\sin\alpha\cos\beta & \cos\alpha & \sin\alpha\sin\beta \\ \sin\beta & 0 & \cos\beta \end{bmatrix}$$

4. 弹道坐标系与速度坐标系之间的关系

由弹道坐标系和速度坐标系的定义可知，Ox_2 轴与 Ox_3 轴都与速度矢量重合，它们之间的相互方位只用一个角参数 γ_V 即可确定，γ_V 角定义为位于弹体纵向对称面 Ox_1y_1 内的 Oy_3 与包含速度矢量的铅垂面之间的夹角，迎 Ox_3 看去，由铅垂面逆时针方向旋转得到 Oy_3 轴，则 γ_V 为正，反之为负。

这两个坐标系之间的变换矩阵即为弹道坐标系以角速度 $\dot{\gamma}_V$ 绕 Ox_2 轴旋转 γ_V 角所得的初等变换矩阵，即

$$L(\gamma_V) = \begin{bmatrix} 1 & 0 & 0 \\ 0 & \cos\gamma_V & \sin\gamma_V \\ 0 & -\sin\gamma_V & \cos\gamma_V \end{bmatrix}$$

2.1.2 作用在弹体上的力和力矩

若把火箭弹看成一个刚体,则它在空间的运动,可以看作是质心的移动和绕质心的转动的合成运动。质心的移动取决于作用在火箭弹上的力,绕质心的转动则取决于作用在火箭弹质心的力矩。作用在火箭弹质心上的力主要有空气动力、发动机推力和重力等。作用在火箭弹质心上的力矩有空气动力引起的空气动力矩、发动机推力(若推力作用线不通过质心时)引起的推力矩等[1]。

1. 作用在火箭弹上的空气动力

研究空气动力时,将其分解到以来流为基准的速度坐标系(又称气流坐标系、风轴系)上;而研究空气动力矩则以弹体坐标系为基准。同时,总空气动力的大小与气流相对于弹体的方位有关,其相对方位可用速度坐标系和弹体坐标系之间构成的两个角度攻角 α、侧滑角 β 来确定。

把总空气动力沿速度坐标系分解为三个分量,分别称之为阻力 X、升力 Y 和侧向力 Z。作用在弹体上的空气动力与来流的动压 q($q = \frac{1}{2}\rho V^2$,其中 ρ 为火箭弹所处高度的空气密度)以及弹体的特征面积 S 成正比,可表示为

$$X = c_x qS$$
$$Y = c_y qS \tag{2.1}$$
$$Z = c_z qS$$

式中:c_x、c_y、c_z 为无量纲的比例系数,分别称为阻力系数、升力系数和侧向力系数;S 为特征面积,对火箭弹来说,常用弹身的最大横截面积作为特征面积。

1)升力

全弹的升力可以看成是由弹身、舵面、尾翼等各部件产生的升力之和加上各部件间的相互干扰的附加升力。而在各部件中,尾翼是提供升力的最主要部件。

对于鸭式布局的火箭弹来说,全弹的升力可以表示为

$$Y = Y_b + Y_t + Y_e \tag{2.2}$$

式中:Y_b 为单独弹身的升力;Y_t 为尾翼的升力;Y_e 为鸭舵的升力。

工程上,通常用升力系数来表述全弹的升力。在写成升力系数表达式时,各部件提供的升力系数都要折算到同一参考面积上,如以鸭式布局火箭弹为例,以弹身的最大横截面积为参考面积,则

$$c_y = c_{yb} + c_{yt} k_q S_t/S + c_{ye} S_e/S \tag{2.3}$$

式中右端的三项,分别表示了弹体、尾翼和鸭舵对升力的贡献,其中 S_t/S 和 S_e/S 反映了尾翼面积和鸭舵面积对于参考面积的折算,k_q 为尾翼处的速度阻滞系数,反映了对尾翼处动压的修正。

当攻角 α 和升降舵偏角 δ_z 比较小时,全弹的升力系数还可表示为

$$c_y = c_{y0} + c_y^\alpha \alpha + c_y^{\delta_z} \delta_z \tag{2.4}$$

式中:c_{y0} 为攻角和舵偏角均为零时的升力系数,对于轴对称火箭弹而言,$c_{y0} = 0$。于是有

$$c_y = c_y^\alpha \alpha + c_y^{\delta_z} \delta_z \tag{2.5}$$

2)侧向力

侧向力是由于气流不对称地流过火箭弹纵向对称面的两侧而引起的,这种飞行情况称为侧滑。对于轴对称火箭弹而言,若把弹体绕纵轴转过 $90°$,这时的 β 角就相当于 α 角的情况。所以,侧向力系数的求法类同于升力系数的求法。有

$$c_z^\beta = -c_y^\alpha \tag{2.6}$$

式中的负号是由 α、β 的定义所致。

3)阻力

计算全弹阻力与计算全弹升力的方法相类似,可以求出弹身、尾翼和舵翼等各部件的阻力之和,然后加以适当的修正。

阻力受空气的黏性影响最为显著,用理论方法计算阻力,必须考虑空气黏性的影响。总的阻力通常分为两部分进行研究:一部分是与升力无关,称为零升阻力,其阻力系数以 c_{x0} 表示;另一部分取决于升力的大小,称为诱导阻力或升致阻力,其阻力系数以 c_{xi} 表示,即

$$c_x = c_{x0} + c_{xi} \tag{2.7}$$

2. 作用在火箭弹上的空气动力矩

为了便于分析研究火箭弹绕质心的旋转运动,可以把空气动力矩沿弹体坐标系分成三个分量 M_x、M_y、M_z,分别称为滚动力矩(又称斜吹力矩)、偏航力矩和俯仰力矩。

研究空气动力矩与研究空气动力一样,可用对气动力矩系数的研究来取代对气动力矩的研究。空气动力矩的表达式为

$$\begin{cases} M_x = m_x qSL \\ M_y = m_y qSL \\ M_z = m_x qSL \end{cases} \tag{2.8}$$

式中:m_x、m_y、m_z 为无量纲的比例系数,分别称为滚动力矩系数、偏航力矩系数和俯仰力矩系数;S 为特征面积;L 为特征长度。对火箭弹而言,常用弹身的最大横截面积作为特征面积,用弹身长度作为特征长度。

总的气动力作用线与火箭弹纵轴的交点称为全弹的压力中心。在攻角不大的情况下,常近似地把总升力在纵轴上的作用点作为全弹的压力中心。

从火箭弹头部顶点至压力中心的距离,即为火箭弹压力中心的位置,用 x_p 来表示。如果知道火箭弹上各部件所产生的升力值及作用点位置,则全弹的压力中心位置可用下式求出:

$$x_p = \frac{\sum\limits_{k=1}^{n} Y_k x_{pk}}{Y} = \frac{\sum\limits_{k=1}^{n} c_{yk} x_{pk} \dfrac{S_k}{S}}{c_y} \qquad (2.9)$$

对于火箭弹,尾翼所产生的升力是全弹升力的主要部分,因此,火箭弹的压力中心位置偏后, x_p 值较大。

由攻角 α 所引起的那部分升力在纵轴上的作用点,称为火箭弹的焦点。焦点一般并不与压力中心相重合,对于轴对称的火箭弹,当 $\delta_z = 0$ 时,焦点才与压力中心相重合。

用 x_f 表示从火箭弹头部顶点量起的焦点坐标值,焦点的位置可以表示成

$$x_f = \frac{\sum\limits_{k=1}^{n} Y_k^{\alpha} x_{fk}}{Y^{\alpha}} = \frac{\sum\limits_{k=1}^{n} c_{yk}^{\alpha} x_{fk} \dfrac{S_k}{S}}{c_y^{\alpha}} \qquad (2.10)$$

表 2-1 定义了作用于火箭弹上的气动力和气动力矩、线速度和角速度以及转动惯量。

表 2-1　常用符号

变量名称	滚动轴 x	偏航轴 y	俯仰轴 z
弹体坐标系下各轴角速度	ω_{x_1}	ω_{y_1}	ω_{z_1}
弹体坐标系下各轴线速度	V_{x_1}	V_{y_1}	V_{z_1}
速度坐标系下气动力分量	X	Y	Z
弹体坐标系下气动力矩分量	M_x	M_y	M_z
绕各轴的转动惯量	J_x	J_y	J_z

3. 作用在火箭弹上的推力

火箭弹上采用的发动机为固体火箭发动机,其推力值由下式确定:

$$P = m_c u_e + S_a(p_a - p_h) \qquad (2.11)$$

式中: m_c 为单位时间内燃料的消耗量; u_e 为燃气在喷管出口处的平均有效喷出速度; S_a 为发动机喷管出口处的横截面积; p_a 为发动机喷管出口处的燃气静压强; p_h 为火箭弹所处高度的大气压强。

式(2.11)中的第一项是由于燃气流高速喷出而产生的推力,称为反作用力(或动推力);第二项是由于发动机喷管出口处的燃气流静压强 p_a 与大气静压强 p_h 的压差引起的推力部分,称为静推力。

火箭发动机的地面推力 $P_0 = m_c u_e + S_a(p_a - p_0)$ 可以通过发动机地面静止试验来获得。随着火箭弹飞行高度的增加，推力略有所增加，其值可表示为

$$P = P_0 + S_a(p_0 - p_h) \tag{2.12}$$

式中: p_0 为在发动机喷口周围的大气静压强。

发动机推力 $\boldsymbol{P}$ 的方向，主要取决于发动机在弹体上的安装，推力 $\boldsymbol{P}$ 可能通过火箭弹质心，也可能不通过火箭弹质心。若推力 $\boldsymbol{P}$ 不通过火箭弹质心，且与火箭弹纵轴构成某一夹角，则产生推力矩 $\boldsymbol{M}_P$，设推力作用线至质心的偏心矢径为 $\boldsymbol{R}_P$，推力 $\boldsymbol{P}$ 产生的推力矩 $\boldsymbol{M}_P$ 可表示成：

$$\boldsymbol{M}_P = \boldsymbol{R}_P \times \boldsymbol{P} \tag{2.13}$$

4. 作用在火箭弹上的重力

在考虑地球自转的情况下，火箭弹除了受地心的引力 $\boldsymbol{G}_1$ 外，还要受到因地球自转所产生的离心惯性力 $\boldsymbol{F}_e$。因而，作用在火箭弹上的重力就是地心引力和离心惯性力的矢量和。

$$\boldsymbol{G} = \boldsymbol{G}_1 + \boldsymbol{F}_e \tag{2.14}$$

根据万有引力定律，地心引力 $\boldsymbol{G}_1$ 的大小与地心至火箭弹的距离平方成正比，方向总是指向地心。

由于地球自转，火箭弹在各处受到的离心惯性力也不相同。设火箭弹在椭球形地球表面上的质量为 m，地心至火箭弹的矢径为 $\boldsymbol{R}_e$，火箭弹所处地理纬度为 φ_e，地球绕极轴的旋转角速度为 $\boldsymbol{\Omega}_e$，则火箭弹所受到的离心惯性力 $\boldsymbol{F}_e$ 的大小为

$$F_e = mR_e\Omega_e^2\cos\varphi_e \tag{2.15}$$

计算表明，离心惯性力 $\boldsymbol{F}_e$ 比地心引力 $\boldsymbol{G}_1$ 小得多。因此，通常把地心引力 $\boldsymbol{G}_1$ 就视为重力 $\boldsymbol{G}$，即

$$\boldsymbol{G} \approx \boldsymbol{G}_1 = mg \tag{2.16}$$

式中: m 为火箭弹的瞬时质量。

火箭弹在主动段，由于发动机工作过程不断消耗燃料，火箭弹的质量不断减小，质量 m 是时间的函数。

定义 m_c 为质量秒消耗量，即

$$\frac{\mathrm{d}m}{\mathrm{d}t} = -m_c \tag{2.17}$$

则在 t 瞬时，火箭弹的质量可表示成：

$$m_t = m_0 - \int_0^t m_c \mathrm{d}\tau \tag{2.18}$$

2.1.3　刚性弹体运动方程组

火箭弹运动方程组是描述火箭弹的力、力矩与火箭弹运动参数(如加速度、速度、位置、姿态等)之间关系的方程组,它由动力学方程、运动学方程、质量变化方程、几何关系方程和控制关系方程等组成。

下面不加推导地给出火箭弹为刚性弹体的运动方程组,详细推导和符号定义见文献[1]。

$$m\frac{\mathrm{d}V}{\mathrm{d}t} = P\cos\alpha\cos\beta - X - mg\sin\theta \tag{2.19}$$

$$mV\frac{\mathrm{d}\theta}{\mathrm{d}t} = P(\sin\alpha\cos\gamma_V + \cos\alpha\sin\beta\sin\gamma_V) + Y\cos\gamma_V - Z\sin\gamma_V - mg\cos\theta \tag{2.20}$$

$$-mV\cos\theta\frac{\mathrm{d}\psi_V}{\mathrm{d}t} = P(\sin\alpha\cos\gamma_V - \cos\alpha\sin\beta\cos\gamma_V) + Y\sin\gamma_V + Z\cos\gamma_V \tag{2.21}$$

$$J_x\frac{\mathrm{d}\omega_x}{\mathrm{d}t} + (J_z - J_y)\omega_z\omega_y = M_x \tag{2.22}$$

$$J_y\frac{\mathrm{d}\omega_y}{\mathrm{d}t} + (J_x - J_z)\omega_x\omega_z = M_y \tag{2.23}$$

$$J_z\frac{\mathrm{d}\omega_z}{\mathrm{d}t} + (J_y - J_x)\omega_y\omega_x = M_z \tag{2.24}$$

$$\frac{\mathrm{d}x}{\mathrm{d}t} = V\cos\theta\cos\psi_V \tag{2.25}$$

$$\frac{\mathrm{d}y}{\mathrm{d}t} = V\sin\theta \tag{2.26}$$

$$\frac{\mathrm{d}z}{\mathrm{d}t} = -V\cos\theta\sin\gamma_V \tag{2.27}$$

$$\frac{\mathrm{d}\vartheta}{\mathrm{d}t} = \omega_y\sin\gamma + \omega_z\cos\gamma \tag{2.28}$$

$$\frac{\mathrm{d}\psi}{\mathrm{d}t} = (\omega_y\cos\gamma - \omega_z\sin\gamma)/\cos\vartheta \tag{2.29}$$

$$\frac{\mathrm{d}\gamma}{\mathrm{d}t} = \omega_x - \tan\vartheta(\omega_y\cos\gamma - \omega_z\sin\gamma) \tag{2.30}$$

$$\frac{\mathrm{d}m}{\mathrm{d}t} = -m_c \tag{2.31}$$

$$\sin\beta = \cos\theta[\cos\gamma\sin(\psi - \psi_V) + \sin\vartheta\sin\gamma\cos(\psi - \psi_V)]$$

$$- \sin\theta\cos\vartheta\sin\gamma \tag{2.32}$$

$$\sin\alpha = \{\cos\theta[\sin\vartheta\cos\gamma\cos(\psi - \psi_V) - \sin\gamma\sin(\psi - \psi_V)] - \sin\theta\cos\vartheta\cos\gamma\}/\cos\beta \tag{2.33}$$

$$\sin\gamma_V = (\cos\alpha\sin\beta\sin\vartheta - \sin\alpha\sin\beta\cos\gamma\cos\vartheta + \cos\beta\sin\gamma\cos\vartheta)/\cos\theta \tag{2.34}$$

$$\phi_1(\cdots,\varepsilon_i,\cdots,\delta_i,\cdots) = 0 \tag{2.35}$$

$$\phi_2(\cdots,\varepsilon_i,\cdots,\delta_i,\cdots) = 0 \tag{2.36}$$

$$\phi_3(\cdots,\varepsilon_i,\cdots,\delta_i,\cdots) = 0 \tag{2.37}$$

$$\phi_4(\cdots,\varepsilon_i,\cdots,\delta_i,\cdots) = 0 \tag{2.38}$$

2.1.4 旋转体制火箭弹动力学方程

滚转与非滚转体制有各自的优点,目前大多数制导火箭弹都是非滚转体制,需要有 3 个控制通道,在控制过程中,滚转通道首先使火箭弹绕弹体纵轴稳定,从而使俯仰和偏航通道解耦,在此基础上,通过俯仰和偏航通道分别控制火箭弹的运动,这种方法的缺点是控制系统的设备比较复杂。

旋转体制的火箭弹绕自身纵轴旋转,故不需进行滚转通道控制,火箭弹的控制装置和弹体结构简单,而且火箭弹旋转还可以改善气动不对称和推力偏心等干扰因素的影响,但其缺点是控制力的方向不够准确,很多情况下受弹上设备的限制,火箭弹不适宜作连续滚转[2]。

如果让火箭弹的一部分保持滚转稳定,另一部分自由滚转,就能够把这两种制导体制的优点结合起来,类似结构曾在美国 GMLRS 得到了应用。弹体结构分为前后两部分,两部分由滚动轴承连接,弹体前段保持滚转稳定,当弹体旋转时,用一个单轴陀螺稳定平台使其基本保持不转,以消除旋转对惯性测量单元的不利影响,弹体后段类似于滚转火箭弹可绕弹体方向自由旋转,全弹的俯仰和偏航控制由气动舵控制来实现[3]。

旋转体制火箭弹质心运动的动力学方程形式上与一般火箭弹相同,见2.1.3 节。下面主要讨论绕质心转动的动力学方程。

火箭弹采用轴承连接,弹体结构不能再当作一个刚体来看待,不能直接应用动量矩定理来列写火箭弹整体的动力学方程。可以考虑把前后两段分开,分别列写火箭弹前段绕 O_a 点(O_a 点与前段固连,并与火箭弹整体的质心 O 重合)和火箭弹后段绕 O_b 点(O_b 与后段固连,并与火箭弹整体的质心 O 重合)转动的动力学方程。显然,由于火箭弹前后段之间只有绕弹体纵轴的相对转动,没有相对平移运动,实际上 O 与 O_a、O_b 总是重合的。

考虑火箭弹前段绕 O_a 点(即 O 点)的转动运动,根据动量矩定理有

$$\frac{\mathrm{d}\boldsymbol{H}_a}{\mathrm{d}t} = \boldsymbol{M}_a \qquad (2.39)$$

式中:$\boldsymbol{H}_a$ 为火箭弹前段相对 O 点的动量矩矢量;$\boldsymbol{M}_a$ 为作用于火箭弹前段的所有外力对 O 点的主矩。将动力学矢量方程式写成在弹体坐标系 $Ox_1y_1z_1$ 上的标量形式为

$$J_{x_a}\frac{\mathrm{d}\omega_{x_a}}{\mathrm{d}t} + (J_{z_a} - J_{y_a})\omega_{z_a}\omega_{y_a} = M_{x_a} \qquad (2.40)$$

$$J_{y_a}\frac{\mathrm{d}\omega_{y_a}}{\mathrm{d}t} + (J_{x_a} - J_{z_a})\omega_{x_a}\omega_{z_a} = M_{y_a} \qquad (2.41)$$

$$J_{z_a}\frac{\mathrm{d}\omega_{z_a}}{\mathrm{d}t} + (J_{y_a} - J_{x_a})\omega_{y_a}\omega_{x_a} = M_{z_a} \qquad (2.42)$$

式中:J_{x_a}、J_{y_a}、J_{z_a} 为火箭弹前段对于弹体坐标系各轴的转动惯量;ω_{x_a}、ω_{y_a}、ω_{z_a} 为火箭弹弹体坐标系相对于地面坐标系的转动角速度在弹体坐标系各轴上的分量;M_{x_a}、M_{y_a}、M_{z_a} 为作用于火箭弹前段的所有外力对 O 点的主矩在弹体坐标系各轴上的分量。

在动坐标系(弹体坐标系)上建立火箭弹后段绕 O 点(即 O_b 点)转动的动力学方程,可写成

$$\frac{\mathrm{d}H_b}{\mathrm{d}t} = \frac{\delta\boldsymbol{H}_b}{\mathrm{d}t} + \boldsymbol{\omega}_b \times \boldsymbol{H}_b = \boldsymbol{M}_b \qquad (2.43)$$

式中:$\boldsymbol{H}_b$ 为火箭弹后段相对于 O 点的动量矩矢量;$\boldsymbol{M}_b$ 为作用在火箭弹后段的外力对 O 点的主矩;$\boldsymbol{\omega}_b$ 为火箭弹后段弹体坐标系相对地面坐标系的转动角速度。

定义火箭弹后段相对于前段的转动角速度 $\boldsymbol{\omega}_{ab}$ 为

$$\boldsymbol{\omega}_{ab} = \boldsymbol{\omega}_{x_a} - \boldsymbol{\omega}_{x_b}$$

动量矩 $\boldsymbol{H}_b$ 在弹体坐标系各轴上分量可表示为

$$\begin{bmatrix} X_{x_b} \\ X_{y_b} \\ X_{z_b} \end{bmatrix} = \begin{bmatrix} J_{x_b}(\omega_{x_a} + \omega_{x_b}) \\ J_{y_b}\omega_{y_b} \\ J_{z_b}\omega_{z_b} \end{bmatrix}$$

又由于

$$\frac{\delta\boldsymbol{H}_b}{\mathrm{d}t} = J_{x_b}\frac{(\omega_{x_a} + \omega_{x_b})}{\mathrm{d}t}\boldsymbol{i}_1 + J_{y_b}\frac{\omega_{y_b}}{\mathrm{d}t}\boldsymbol{j}_1 + J_{z_b}\frac{\omega_{z_b}}{\mathrm{d}t}\boldsymbol{k}_1 \qquad (2.44)$$

$$\boldsymbol{\omega} \times \boldsymbol{H}_b = (J_{z_b} - J_{y_b})\omega_{z_a}\omega_{y_a}\boldsymbol{i}_1 + [(J_{x_b} - J_{z_b})\omega_{x_a}\omega_{z_a} + J_{x_b}\omega_{ab}\omega_{z_a}]\boldsymbol{j}_1$$
$$+ [(J_{y_b} - J_{x_b})\omega_{y_a}\omega_{x_a} - J_{x_b}\omega_{ab}\omega_{y_a}]\boldsymbol{k}_1 \qquad (2.45)$$

火箭弹后段绕 O 点转动的动力学标量方程为

$$J_{x_b} \frac{\mathrm{d}(\omega_{x_a} + \omega_b)}{\mathrm{d}t} + (J_{z_b} - J_{y_b})\omega_{z_a}\omega_{y_a} = M_{x_b} \qquad (2.46)$$

$$J_{y_b} \frac{\mathrm{d}\omega_{y_a}}{\mathrm{d}t} + (J_{x_b} - J_{z_b})\omega_{x_a}\omega_{z_a} + J_{x_b}\omega_{ab}\omega_{z_a} = M_{y_b} \qquad (2.47)$$

$$J_{z_b} \frac{\mathrm{d}\omega_{z_a}}{\mathrm{d}t} + (J_{y_b} - J_{x_b})\omega_{y_a}\omega_{x_a} - J_{y_b}\omega_{y_a}\omega_{ab} = M_{z_b} \qquad (2.48)$$

式中:J_{x_b}、J_{y_b}、J_{z_b}为火箭弹后段对于弹体坐标系各轴的转动惯量;M_{x_b}、M_{y_b}、M_{z_b}作用在火箭弹后段的所有外力对 O 点的主矩在弹体坐标系各轴上的分量。

将前后标量形式方程分别左右相加,得

$$J_x \frac{\mathrm{d}\omega_{x_a}}{\mathrm{d}t} + (J_{z_b} - J_{y_b})\omega_{z_a}\omega_{y_a} + J_{x_b} \frac{\mathrm{d}\omega_{ab}}{\mathrm{d}t} = M_x \qquad (2.49)$$

$$J_y \frac{\mathrm{d}\omega_{y_a}}{\mathrm{d}t} + (J_x - J_z)\omega_{x_a}\omega_{z_a} + J_{x_b}\omega_{ab}\omega_{z_a} = M_y \qquad (2.50)$$

$$J_z \frac{\mathrm{d}\omega_{z_a}}{\mathrm{d}t} + (J_y - J_x)\omega_{y_a}\omega_{x_a} - J_{y_b}\omega_{y_a}\omega_{ab} = M_z \qquad (2.51)$$

式中:$J_x = J_{x_a} + J_{x_b}$、$J_y = J_{y_a} + J_{y_b}$、$J_z = J_{z_a} + J_{z_b}$为全弹对于弹体坐标系各轴的转动惯量;$M_x = M_{x_a} + M_{x_b}$、$M_y = M_{y_a} + M_{y_b}$、$M_z = M_{z_a} + M_{z_b}$为作用在火箭弹后段的所有外力对 O 点的主矩在弹体坐标系各轴上的分量。

方程(2-40)、(2-49)、(2-50)和(2-51)构成了一组完整的绕质心转动的动力学方程。

2.2　火箭弹动态特性的研究方法

火箭弹动态特性分析就是将火箭弹看作质点系来研究其运动情况,不仅考虑作用在质心上的力,还要考虑围绕质心的力矩。研究火箭弹在干扰力和干扰力矩的作用下,能否保持原来的飞行状态;研究在操纵机构作用下,火箭弹改变飞行状态的能力如何,也就是研究火箭弹的稳定性和操纵性问题。这些内容直接与火箭弹制导控制系统设计有关。

2.2.1　火箭弹扰动运动的研究方法

火箭弹扰动运动是指火箭弹在控制或干扰作用下的干扰特性。如果火箭弹结构、外形及参数符合理论值,发动机状态参数、控制系统参数符合额定值,大气状态参数符合标准值等,则按给定初始条件计算得出的理论弹道称为未扰动弹道或基准弹道,相应的火箭弹运动称为未扰动运动或基准运动。然而,实际飞行的弹道总是不同于未扰动的理论弹道,这不仅是由于所采用的方程只是近似地描述火箭弹和制导系统的动力学特性,而且,还由于一系列随机因素作用于火箭弹上,实际的初始条件总是不同于给定的数值,大气扰流所引起的随机空气动力也作用于火箭弹上,所有这些因素都不可避免地存在于实际飞行中,并对火箭弹的运动产生扰动,也就是有附加运动加到未扰动运动上,这时火箭弹运动称为扰动运动,其对应的弹道称为扰动弹道。

如果对扰动运动方程组加以合理的简化处理,使其能够解析求解而又具有必要的工程精度,这是很有价值的。因为解析解中包含了各种飞行参数和气动参数,可以直接分析参数对火箭弹动态特性的影响。常用的方法就是利用小扰动假设将微分方程线性化,通常称为小扰动法。

当研究一个非线性系统在某一平衡点附近的微小扰动运动的状态时,原来的系统可以充分精确地用一个线性系统加以近似。几乎可以肯定地说,只要加以足够精确的分析,任何一个物理系统都是非线性的。我们说某一个实际的物理系统是线性系统,只是说它的某些主要性能可以充分精确地用一个线性系统加以近似而已。而且所谓"充分精确",是指实际系统与理想化的线性系统的差别,对于所研究的问题,已经小到可以忽略的程度。只有当具体的条件和要求给定以后,才能确定一个实际系统是线性系统还是非线性系统。在这个问题上并不存在绝对的判断准则。

如果扰动的影响很小,则扰动弹道很接近未扰动弹道,这样就有了对火箭弹运动方程组进行线性化的基础。为了对方程组(2.19)~(2.38)进行线性化,所有运动参数都分别写成它们在未扰动运动中的数值与某一偏量之和,即

$$
\begin{cases}
V(t) = V_0(t) + \Delta V(t) \\
\theta(t) = \theta_0(t) + \Delta\theta(t) \\
\quad\vdots \\
\omega_x(t) = \omega_{x0}(t) + \Delta\omega_x(t) \\
\quad\vdots \\
z(t) = z_0(t) + \Delta z(t)
\end{cases}
\tag{2.52}
$$

式中:下标"0"表示未扰动运动中的运动学参数的数值;$\Delta V(t)$,$\Delta\theta(t)$,$\cdots$,$\Delta z(t)$为扰动运动参数对未扰动运动参数的偏差值,称为运动学参数的偏量。

如果未扰动弹道的运动学参数已经根据弹道学中的方法求得,则只要求出偏离值,扰动弹道上的运动参数也就可以确定了。因此,研究火箭弹的扰动运动就可以归结为研究运动学参数的偏量变化,这样的研究方法可以得到一般性的结论,因此获得了广泛的应用。火箭弹弹体动态特性分析这部分内容就是建立在小扰动法的基础上的。

2.2.2 弹体小扰动线性化模型

将弹体动力学数学模型的一般表达式(2.19)~(2.38)直接用来设计自动驾驶仪的参数是不方便的,通常只是在确定自动驾驶仪参数和评定飞行控制系统性能时才使用它们。为使设计工作简便可靠,必须进行简化。简化条件如下:

(1)用固化原则,即取弹道上某一时刻 t,飞行速度 V 不变,飞行高度 h 不变,火箭弹的质量 m 和转动惯量 J 不变;

(2)火箭弹在受到控制或干扰作用时,火箭弹的参数变化不大,且火箭弹的使用攻角较小;

(3)滚转控制稳定,并具有足够的快速性。

采用上述简化条件后,可以得到无耦合的、常系数的火箭弹刚体动力学简化数学模型[1]。

由于火箭弹采用轴对称布局,因此它的俯仰和偏航运动由两个完全相同的方程描述:

$$\begin{cases} \ddot{\vartheta} + a_\omega \dot{\vartheta} + a_a\alpha + a_{\dot{\alpha}}\dot{\alpha} + a_\delta\delta = 0 \\ \dot{\theta} - b_\alpha\alpha - b_\delta\delta = 0 \\ \vartheta = \theta + \alpha \end{cases} \quad (2.53)$$

火箭弹滚动动力学数学模型:

$$\ddot{\gamma} + c_\omega \dot{\gamma} + c_\delta\delta_x = 0 \quad (2.54)$$

上述式中各个系数就是气动力导数,通常称为动力系数,控制工程师能够用它得到火箭弹的传递函数,这些传递函数用于确定火箭弹对于滚转舵、升降舵或方向舵输入的响应。

下面分别给出其物理意义,系数中 a 是力矩系数,b 是力的系数,c 是和滚转相关的系数,下标 α 是与攻角相关的项,δ 是与舵转角相关的项,ω 是与阻尼相关的项。

1. a_α

a_α 称为静稳定系数,它表征火箭弹的静稳定性。a_α 是攻角变化一个单位($\Delta\alpha = 1$)时所引起的火箭弹绕 Oz_1 轴转动角加速度的偏量。如果 $a_\alpha > 0$,即 $M_z^\alpha < 0$,则由攻角偏量 $\Delta\alpha$ 所引起的角加速度偏量的方向与偏量 $\Delta\alpha$ 的方向相反,也就是说,此时火箭弹是静稳定的;反之,当 $a_\alpha < 0$,即 $M_z^\alpha > 0$ 时火箭弹是静不稳定的。

$$a_\alpha = -\frac{M_z^\alpha}{J_z} = -\frac{57.3 m_z^\alpha qSl}{J_z} \quad (2.55)$$

a_α 系数的表达式还可以写成

$$a_\alpha = -\frac{57.3 C_N^\alpha qSL}{J_z} \frac{x_g - x_p}{L} \tag{2.56}$$

式中：C_N^α 为作用于火箭弹上的法向力对攻角的导数；x_g、x_p 分别为火箭弹的质心和压心。

由于 x_p 是攻角的函数，a_α 也是攻角的函数。设 $\Delta x = (x_g - x_p)/L$，若 C_N^α 不变，则

（1）当 $\Delta x > 0$ 时，$a_\alpha < 0$，即火箭弹处于不稳定状态；

（2）当 $\Delta x = 0$ 时，$a_\alpha = 0$，即火箭弹处于中立状态；

（3）当 $\Delta x < 0$ 时，$a_\alpha > 0$，即火箭弹处于静稳定状态。

因此，a_α 的符号和数值大小反映了火箭弹静稳定度的情况，同时，随着攻角的变化，火箭弹的静稳定度也发生变化。对于长细比较大的火箭弹而言，要求其是静稳定的，因此，研究纵向传递函数时，仅考虑火箭弹处于静稳定状态的情形。

2. a_ω

$$a_\omega = -\frac{M_z^{\omega_z}}{J_z} = -\frac{57.3 m_z^{\omega_z} qSL}{J_z} \frac{L}{V} \tag{2.57}$$

a_ω 为火箭弹的空气动力阻尼系数。它是角速度增量为单位增量时所引起的火箭弹转动角加速度增量。因为 $M_z^{\omega_z} < 0$，所以角加速度的方向永远与角速度增量 $\Delta \omega_z$ 的方向相反。由于角加速度 $a_\omega \dot{\vartheta}$ 的作用是阻碍火箭弹绕 Oz_1 轴的转动，所以它的作用称为阻尼作用，a_ω 就称为阻尼系数。

3. a_δ

$$a_\delta = -\frac{M_z^{\delta_z}}{J_z} = -\frac{57.3 m_z^{\delta_z} qSL}{J_z} \tag{2.58}$$

a_δ 为火箭弹的舵效率系数，它表征升降舵的效率。a_δ 是操纵机构偏转一个单位（$\delta_z = 1$）时所造成的火箭弹转动角加速度的偏量。a_δ 的正负取决于火箭弹气动布局，对于正常式布局为正值，鸭式布局为负值。

4. $a_{\dot{\alpha}}$

$$a_{\dot{\alpha}} = -\frac{M_z^{\dot{\alpha}}}{mV} = -\frac{m_z^{\dot{\alpha}} qSL}{J_z} \frac{L}{V} \tag{2.59}$$

$a_{\dot{\alpha}}$ 为洗流延迟对于俯仰力矩的影响。

5. b_α

$$b_\alpha = \frac{Y^\alpha + P}{mV} = \frac{57.3 C_y^\alpha qS + P}{mV} \tag{2.60}$$

b_α 为法向力系数，它表示当攻角偏量为一个单位时所引起的弹道切线的转动角

速度偏量。

6. b_δ

$$b_\delta = \frac{Y^\delta}{mV} = \frac{57.3 C_y^\delta qS}{mV} \tag{2.61}$$

b_δ 为舵升力系数,它表示操纵机构偏转一个单位时所引起的弹道切线转动角速度的偏量。

7. c_ω

$$c_\omega = -\frac{M_x^{\omega_x}}{J_x} = -\frac{57.3 m_x^{\omega_x} qSL}{J_x} \frac{L}{2V} \tag{2.62}$$

c_ω 为滚转方向的空气动力阻尼系数。

8. c_δ

$$c_\delta = -\frac{M_x^{\delta_x}}{J_x} = -\frac{57.3 m_x^{\delta_x} qSL}{J_x} \tag{2.63}$$

c_δ 为滚转舵的效率系数。

表 2-2 给出了主要气动力导数的代数符号和物理意义[4]。

表 2-2　主要气动力导数的代数符号和物理意义

气动力导数	代数符号	物理意义
$a_\alpha = -\dfrac{M_z^\alpha}{J_z} = -\dfrac{57.3 m_z^\alpha qSL}{J_z}$	+ 静稳定状态 − 静不稳定状态	$-\dfrac{\partial \dot{\omega}_z}{\partial \alpha}$
$a_\delta = -\dfrac{M_z^{\delta_z}}{J_z} = -\dfrac{57.3 m_z^{\delta_z} qSL}{J_z}$	+ 正常式布局 − 鸭式布局	$-\dfrac{\partial \dot{\omega}_z}{\partial \delta_z}$
$a_\omega = -\dfrac{M_z^{\omega_z}}{J_z} = -\dfrac{57.3 m_z^{\omega_z} qSL}{J_z} \dfrac{L}{V}$	+	$-\dfrac{\partial \dot{\omega}_z}{\partial \omega_z}$
$\alpha_\alpha = \dfrac{M_z^\alpha}{mV} = -\dfrac{m_z^\alpha qSL}{J_z} \dfrac{L}{V}$	+	$-\dfrac{\partial \dot{\omega}_z}{\partial \dot{\alpha}}$
$b_\alpha = \dfrac{Y^\alpha + P}{mV} = \dfrac{57.3 C_y^\alpha qS + P}{mV}$	+	$\dfrac{\partial \dot{\theta}}{\partial \alpha}$
$b_\delta = \dfrac{Y^\delta}{mV} = \dfrac{57.3 C_y^\delta qS}{mV}$	+	$\dfrac{\partial \dot{\theta}}{\partial \delta_z}$
$c_\delta = -\dfrac{M_x^{\delta_x}}{J_x} = -\dfrac{57.3 m_x^{\delta_x} qSL}{J_x}$	+	$-\dfrac{\partial \dot{\omega}_x}{\partial \delta_x}$
$c_\omega = -\dfrac{M_x^{\omega_x}}{J_x} = -\dfrac{57.3 m_x^{\omega_x} qSL}{J_x} \dfrac{L}{2V}$	+	$-\dfrac{\partial \dot{\omega}_x}{\partial \omega_x}$

2.2.3 弹体动力学传递函数

1. 纵向运动传递函数

对方程组(2.53)进行拉普拉斯变换,可以得到弹体纵向运动的传递函数。

1)横向过载 a_y 关于输入舵偏角 δ_z 的传递函数

$$\frac{a_y}{\delta(s)} = \frac{k_a(A_2 s^2 + A_1 s + 1)}{T_m^2 s^2 + 2\zeta T_m s + 1} \tag{2.64}$$

2)弹道倾角转动角速度 $\dot{\theta}$ 关于输入舵偏角 δ_z 的传递函数

$$\frac{\dot{\theta}(s)}{\delta(s)} = \frac{k_{\dot{\theta}}(A_2 s^2 + A_1 s + 1)}{T_m^2 s^2 + 2\zeta T_m s + 1} \tag{2.65}$$

3)弹体姿态角速度 $\dot{\vartheta}$ 关于输入舵偏角 δ_z 的传递函数

$$\frac{\dot{\vartheta}(s)}{\delta(s)} = \frac{k_{\dot{\vartheta}}(T_i s + 1)}{T_m^2 s^2 + 2\zeta T_m s + 1} \tag{2.66}$$

式中各变量定义见表 2-3。k_a、$k_{\dot{\theta}}$ 和 $k_{\dot{\vartheta}}$ 是弹体开环传递系数,T_m 是弹体开环时间常数,ω_m 是弹体无阻尼自振频率,ξ 是弹体开环阻尼,T_i 是攻角滞后时间常数。

表 2-3 弹体纵向运动传递函数变量定义[4]

变量	变量	变量
$k_a = -\dfrac{V(a_\delta b_\alpha - a_\alpha b_\delta)}{a_\omega b_\alpha + a_\alpha}$	$A_2 = -\dfrac{b_\delta}{a_\delta b_\alpha - a_\alpha b_\delta}$	$T_m = \dfrac{1}{\sqrt{a_\omega b_\alpha + a_\alpha}}$
$k_{\dot{\vartheta}} = -\dfrac{a_\delta b_\alpha - a_\alpha b_\delta}{a_\omega b_\alpha + a_\alpha}$	$A_1 = -\dfrac{a_\omega b_\delta}{a_\delta b_\alpha - a_\alpha b_\delta}$	$T_i = \dfrac{a_\delta}{a_\delta b_\alpha - a_\alpha b_\delta}$
$k_{\dot{\theta}} = -\dfrac{a_\delta b_\alpha - a_\alpha b_\delta}{a_\omega b_\alpha + a_\alpha}$	$\zeta = \dfrac{a_\omega + b_\alpha}{2\sqrt{a_\omega b_\alpha + a_\alpha}}$	$\omega_m = \dfrac{1}{T_m} = \sqrt{a_\omega b_\alpha + a_\alpha}$

2. 滚转运动传递函数

对方程(2.54)进行拉普拉斯变换,可得到火箭弹滚转运动传递函数:

$$\frac{\dot{\gamma}(s)}{\delta(s)} = \frac{k_r}{T_r s + 1} \tag{2.67}$$

式中:$k_r = -\dfrac{c_\delta}{c_\omega}$ 为弹体滚转运动传递系数;$T_r = \dfrac{1}{c_\omega}$ 为滚转运动时间常数。

2.3 旋转体制火箭弹运动特性分析

在远程火箭弹的研制过程中,发现了火箭弹存在长时间作锥摆运动的现象,其结果是导致试验射程与计算射程相差较多和弹道散布大,影响射击精度和作战效果。那么,这是一种什么性质的运动呢? 它的形成机理是什么? 应该如何避免呢? 本节就针对该问题展开研究。

尾翼稳定大长径比无控旋转火箭弹,在飞行中常常出现锥形运动。当锥角较小时,锥形运动对射程影响不大;当锥角较大时,射程将受到严重损失;当锥角超过某一极限值时,会出现发散的锥形运动,即出现动不稳定[5]。20 世纪 60年代,美国的奈特霍克(Nitehawk)探空火箭,在 50 余次飞行试验中曾有近 20 次出现了发散的锥形运动。美国的 2.75″航空火箭弹在亚声速风洞中的三旋转自由度试验,以及在超声速风洞中的自由飞行试验也曾出现发散的锥形运动。因此研究尾翼稳定大长径比无控旋转火箭弹产生锥形运动的机理,制定抑制锥形运动的措施,对保证火箭弹的正常飞行是十分重要的。

尾翼稳定的无控火箭弹采用低速旋转飞行是为了消除推力偏心、质量偏心、气动偏心等对飞行的不利影响,提高精度。然而旋转飞行又引起新的不对称气动力和力矩,其中最突出的就是面外力和面外力矩。马格努斯力和力矩是由旋转与攻角或旋转与侧滑角耦合产生的一种面外力和面外力矩。当攻角较大时,非对称体涡也能诱导产生面外力和面外力矩。当攻角较小时,尾翼稳定大长径比旋转火箭弹上作用的面外力和面外力矩主要是马格努斯力和马格努斯力矩。马格努斯力和马格努斯力矩与空间攻角、转速成正比,与弹体长径比的平方成正比,因此尾翼稳定的大长径比旋转火箭弹更容易产生锥形运动,减小马格努斯力和马格努斯力矩能有效地抑制锥形运动的发展。

对于线性情况来说,火箭弹由起始扰动产生的角运动在阻尼作用下只有一种极限情况,那就是攻角衰减到零。由周期性干扰形成的强迫圆运动已被人们熟知,可采用较高的转速避开共振频率使其幅度很小。所以,这种长时间的大锥摆运动只能是由非线性气动力或我们尚未考虑的其他气动力造成的。

当火箭弹的快进动频率与滚转频率相等时,会发生共振,共振会引起攻角振幅很大甚至导致火箭弹失稳。因此,在火箭弹的设计过程中,一般都会考虑到这个因素而避开产生共振的条件,并使滚转频率很快穿过共振频率。但如果由于火箭弹本身的气动力非对称等因素引起转速闭锁,则有可能使滚转频率长时间停留在共振频率处,形成大的锥摆运动,并在一定条件下形成锥摆发散而失稳。此外,非线性气动力产生的极限圆运动也是引起锥摆运动的原因[6]。

本节从特殊气动力及非线性运动理论出发,从四个方面研究火箭弹形成长时间攻角不衰减锥摆运动的机理,寻求避免锥摆运动措施。

（1）章动赤道阻尼力矩与进动赤道阻尼力矩不同形成的极限圆锥运动；

（2）由外形非对称引起的强迫圆锥运动；

（3）诱导滚转力矩和诱导侧向力矩产生的转速闭锁和似月运动；

（4）非线性马格努斯力矩作用下的极限圆锥运动。

2.3.1　坐标系的定义

2.1 节定义了地面坐标系、弹体坐标系、速度坐标系和弹道坐标系,在受力分析时,力向速度坐标系投影,力矩向弹体坐标系投影。为了研究方便,本节研究火箭弹的角运动方程和非线性运动时,采用了另外一种坐标系——非滚转坐标系。

非滚转坐标系 $ox_Ny_Nz_N$ 的原点在火箭弹质心,弹轴为 x 轴,y、z 轴在赤道面内互相垂直并与 x 轴服从右手定则关系,该坐标系不绕弹轴旋转,与弹体系只差一个旋转角 γ_1。

非滚坐标系与速度坐标系的转换关系可用图 2-1 说明。速度坐标系可以看成是非滚转坐标系经两次旋转而成的,如图 2-1 所示:第一次是非滚转坐标系 $ox_Ny_Nz_N$ 绕 oz_N 转 δ_2 角达到 $ox'_vy_vz_N$,绕 oz_N 负向右旋为正;第二次是 $ox'_vy_vz_N$ 系绕 oy_v 转动 δ_z 达到 $ox_vy_vz_v$,绕 oy_v 正向右旋为正。设速度 V 在非转滚坐标系中的三个分量为 u、v、w 可得

$$
\begin{pmatrix} u \\ v \\ w \end{pmatrix} = \boldsymbol{L}_{Nv} \begin{pmatrix} \boldsymbol{V} \\ 0 \\ 0 \end{pmatrix} = \begin{bmatrix} \cos\delta_2\cos\delta_1 & \sin\delta_2 & \cos\delta_2\sin\delta_1 \\ -\sin\delta_2\cos\delta_1 & \cos\delta_2 & -\sin\delta_2\sin\delta_1 \\ -\sin\delta_1 & 0 & \cos\delta_1 \end{bmatrix} \begin{pmatrix} \boldsymbol{V} \\ 0 \\ 0 \end{pmatrix}
$$

$$
= \boldsymbol{V} \begin{pmatrix} \cos\delta_2\cos\delta_1 \\ -\sin\delta_2\cos\delta_1 \\ -\sin\delta_1 \end{pmatrix} \tag{2.68}
$$

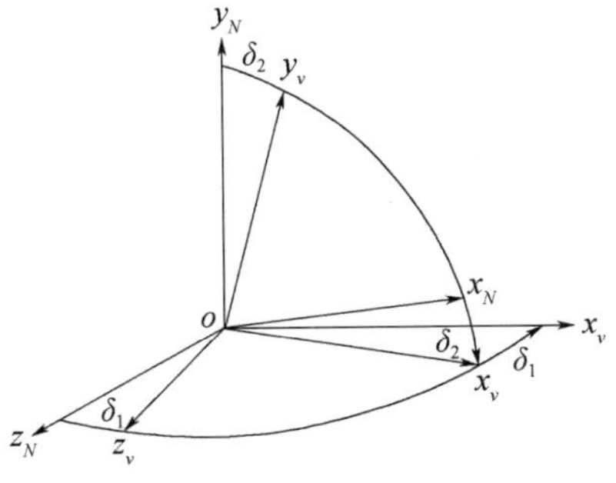

图 2-1　非滚转坐标系与速度坐标系的关系

2.3.2　复攻角的定义

定义平面 yo_1z 为复平面,如图 2 − 2 所示。平面 yo_1z 平行于非滚转坐标系的平面 $y_No_1z_N$,其中, $oo_1 = \left| \dfrac{V}{V} \right| = 1$。

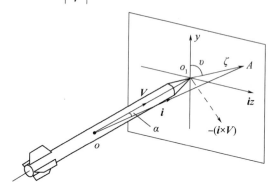

图 2 − 2　复平面的定义

在外弹道学中,用方向攻角(或侧滑角) δ_1 和高低攻角 δ_2 表示复攻角,即

$$\Delta = \delta_2 + i\delta_1 \tag{2.69}$$

为了便于研究火箭弹的非线性运动,既保留几何非线性,又不使运动方程过于复杂,这里采用速度 V 在弹体非滚转坐标系中的横向分量 (v, w) 与速度 V 的比值 $\left(\dfrac{-v}{V}, \dfrac{-w}{V} \right)$ 作为运动分量来定义复攻角:

$$\xi = \left(\frac{-v}{V} \right) + i\left(\frac{-w}{V} \right) \tag{2.70}$$

可得

$$\frac{-v}{V} = \sin\delta_2 \cos\delta_1 \tag{2.71}$$

$$\frac{-w}{V} = \sin\delta_1 \tag{2.72}$$

在一般外弹道学中要将力向弹道系内投影,力矩向弹体系投影,而有了式(2.70)复变量定义以后,在建立角运动方程时将质心的运动方程和转动方程都向弹体非滚转坐标系投影,从而更适合于研究火箭弹的非线性运动。

如果定义速度线与弹轴之间的夹角为总攻角 α,则总攻角的正弦 δ 即是复数 ξ 的模:

$$\delta = \sin\alpha = |\xi| \tag{2.73}$$

$$\eta = \cos\alpha = \frac{u}{V} \tag{2.74}$$

显然,当攻角 α 较小时, $\eta = \cos \approx 1$,故 η 反映了由于大攻角 α 产生的几何非线性。攻角平面 o_1oA 与非滚转坐标系 xoy 面之间的夹角 ν 为进动角,它就是复数 ξ 的幅角。所以,可把复攻角写成极坐标的形式为

$$\xi = |\xi| \, e^{i\nu} = \delta e^{i\nu} = \delta\cos\nu + i\delta\sin\nu \tag{2.75}$$

在前面我们曾经定义过,在小攻角情况下 $\Delta = \delta(\cos\nu + i\sin\nu)$,故在小攻角或略去几何非线性的情况下有

$$\xi = \Delta = \delta_2 + i\delta_1 = \delta\cos\nu + i\delta\sin\nu \tag{2.76}$$

2.3.3　角运动方程的建立

1. 火箭弹质心横向运动方程的复数形式

根据动量定理,火箭弹质心的运动可用矢量方程描述:

$$m \frac{\mathrm{d}V}{\mathrm{d}t} = F + mg \tag{2.77}$$

式中: V 为火箭弹质心速度矢量; F 为作用在火箭弹上的空气动力; g 为重力加速度矢量。对于以 Ω 旋转的坐标系,引入 V 的相对导数 $\partial V/\partial t$,坐标系转动产生的牵连导数 $\Omega \times V$,则方程(2.77)可写成如下形式:

$$m\left(\frac{\partial V}{\partial t} + \Omega \times V\right) = F + mg \tag{2.78}$$

为便于研究火箭弹的非线性运动,将质心运动矢量方程向非滚转坐标系投影,三轴上的单位矢量分别为 i、j、k ,则方程(2.78)可写为

$$\frac{\mathrm{d}u}{\mathrm{d}t}i + \frac{\mathrm{d}v}{\mathrm{d}t}j + \frac{\mathrm{d}w}{\mathrm{d}t}k + \begin{vmatrix} i & j & k \\ 0 & \omega_{Ny} & \omega_{Nz} \\ u & v & w \end{vmatrix} = \left(\frac{F_x}{m} + g_x\right)i + \left(\frac{F_y}{m} + g_y\right)j + \left(\frac{F_z}{m} + g_z\right)k \tag{2.79}$$

式中: ω_{N_y} 和 ω_{N_z} 为非滚转系转动角速度的分量。于是可得质心运动沿非滚转坐标系三轴的分量方程为

$$\frac{\mathrm{d}u}{\mathrm{d}t} + \omega_{Ny}w - \omega_{Nz}v = \frac{F_x}{m} + g_x \tag{2.80}$$

$$\frac{\mathrm{d}v}{\mathrm{d}t} + \omega_{Nz}u = \frac{F_y}{m} + g_y \tag{2.81}$$

$$\frac{\mathrm{d}w}{\mathrm{d}t} - \omega_{Ny}u = \frac{F_z}{m} + g_z \tag{2.82}$$

2. 火箭弹横向转动方程的复数形式

根据动量矩定理,火箭弹绕心转动可用动量矩矢量方程来描述:

$$\frac{\mathrm{d}\boldsymbol{K}}{\mathrm{d}t} = \boldsymbol{M} \tag{2.83}$$

式中：$\boldsymbol{K}$ 为火箭弹关于质心的动力矩；$\boldsymbol{M}$ 为作用在火箭弹上的空气动力矩。对于关于中心轴对称的火箭弹，在非对称滚转坐标系内的转动惯量矩阵为

$$\boldsymbol{J} = \begin{pmatrix} C & 0 & 0 \\ 0 & A & 0 \\ 0 & 0 & A \end{pmatrix} \tag{2.84}$$

式中：A 为赤道转动惯量；C 为极转动惯量。

取弹体角速度矩阵的三分量为 p、q、r，则弹体总的角速度矩阵为

$$\boldsymbol{\omega}_b = \begin{pmatrix} p \\ q \\ r \end{pmatrix} \approx \begin{pmatrix} \dot{\gamma} \\ -\dot{\theta}_1\cos\theta_2 \\ \dot{\theta}_2 \end{pmatrix} \tag{2.85}$$

式中：γ 为弹体系绕弹轴的滚转角；θ_1 为偏航角；θ_2 为俯仰角。

由此可得绕质心转动沿非滚转坐标系三轴的分量方程为

$$C\frac{\mathrm{d}p}{\mathrm{d}t} = M_x \tag{2.86}$$

$$A\frac{\mathrm{d}q}{\mathrm{d}t} + Cpr = M_y \tag{2.87}$$

$$A\frac{\mathrm{d}r}{\mathrm{d}t} - Cpq = M_z \tag{2.88}$$

将横向制导方程(2.87)和(2.88)，运用前述的方法，可得到复数形式的横向转动方程：

$$\mu' - \left(\frac{V'}{V}\right)\mu A - \mathrm{i}P\mu = \frac{M_y + \mathrm{i}M_z}{AV^2} \tag{2.89}$$

式中：$P = \dfrac{Cp}{AV}$。将 $\dfrac{V'}{V}$ 的表达式和所有横向力矩代入上式，整理得

$$\mu' - \mathrm{i}P\mu = (Pk_y + \mathrm{i}k_z)\xi + \left(b_x + \frac{g\sin\theta}{V^2} - k_{zz}\right)\mu - \mathrm{i}k_\alpha\xi' \tag{2.90}$$

考虑气动力的非线性，有

$$k_y = k_{y0} + k_{y2}\delta^2, \quad k_{yj} = \frac{\rho Sld}{2C}m_{yj} \quad (j = 0,2)$$

$$k_{zz} = k_{zz0} + k_{zz2}\delta^2, \quad k_{zzj} = \frac{\rho Sld}{2A}m_{zzj} \quad (j = 0,2)$$

$$k_{\dot{\alpha}} = k_{\dot{\alpha}0} + k_{\dot{\alpha}2}\delta^2, k_{\dot{\alpha}j} = \frac{\rho Sld}{2A}m_{\dot{\alpha}j} \quad (j = 0,2)$$

$$k_z = k_{z0} + k_{z2}\delta^2$$

对式(2.89)求导,再把 μ 和 μ' 的表达式代入式(2.90),略去小量,可得如下的角运动方程的精确形式:

$$\xi'' + \left(H - \frac{\eta'}{\eta} - iP\right)\xi' - (M + iPT)\xi = G \qquad (2.91)$$

式中:

$$H = \eta b_y - b_x - \frac{g\sin\theta}{V^2} + k_{zz} + \eta k_{\dot{\alpha}}$$

$$P = \frac{C\dot{\gamma}}{AV} = \frac{C}{A}\frac{k_{xw}}{k_{xz}}\varepsilon$$

$$M = \eta(k_z - b'_y)$$

$$T = \eta(b_y - k_y) - b'_z\frac{A}{C}$$

$$G = -\left(\frac{g_\perp}{V_2}\right) + \frac{g_\perp}{V^2}\left[\frac{\eta'}{\eta} + \left(b_x + \frac{\sin\theta}{V^2}\right) - k_{zz} + iP\right]$$

式中:H 项代表角运动阻尼,取决于赤道阻尼力矩、非定态阻尼力矩和升力的大小;M 项主要与静力矩有关;k_{xw} 为尾翼导转力矩系数;k_{xz} 为极阻尼力矩系数;ε 为尾翼斜置角。

若假设攻角较小,则根据近似关系 $\cos\alpha = 1, \sin\alpha = 0$ 可得,$\eta = 1, \eta' = 0$,可得线性化的角运动方程为

$$\Delta'' + (H - iP)\Delta' - (M + iPT)\Delta = G \qquad (2.92)$$

2.3.4 第一种类型的锥摆运动——大攻角下章动阻尼与进动阻尼产生的圆锥运动

在以往的理论与研究中,一般认为无论攻角大小,赤道阻尼力矩的章动与进动的阻尼特性是相同的而不考虑其区别。实际上,当攻角较大时,赤道阻尼力矩在章动与进动方向上的阻尼特性是不同的,而且在这种章动与进动阻尼特性不同的赤道阻尼力矩作用下会形成极限圆锥运动,这可能是火箭弹长时间攻角不衰减的原因之一。

1. 大攻角下赤道阻尼力矩章动与进动阻尼特性的不同

当静力矩和赤道阻尼力矩都是攻角的非线性函数时,火箭弹的角运动方程具有如下形式:

$$\Delta'' + (H_0 + H_2\delta^2)\Delta' - (M_0 + M_2\delta^2)\Delta = 0 \qquad (2.93)$$

式中：$H_0 = k_{z0} + b_y - b_x - \dfrac{g\sin\theta}{V^2}$；$H_2 = k_{zz2}$；$M_0 = k_{z0}$；$M_2 = k_{z2}$

在式(2.93)中含有$(H_0 + H_2\delta^2)\Delta'$一项，它代表的是由于弹轴的摆动产生的阻尼，其中主要是赤道阻尼力矩$(k_{z0} + k_{zz2}\delta^2)\Delta'$。由于

$$\Delta = \delta(\cos\nu + \mathrm{i}\sin\nu) = \delta\mathrm{e}^{\mathrm{j}\nu}$$

故

$$\Delta' = (\delta' + \mathrm{i}\delta\nu')\mathrm{e}^{\mathrm{j}\nu} \tag{2.94}$$

上式中$\delta'\mathrm{e}^{\mathrm{i}\nu}$表示弹轴在攻角面内的摆动，$(\mathrm{i}\delta\nu')\mathrm{e}^{\mathrm{i}\nu}$表示垂直于攻角面内的摆动。于是有

$$(k_{z0} + k_{zz2}\delta^2)\Delta' = [k_{z0}(\delta' + \mathrm{i}\delta\nu') + k_{zz2}\delta^2(\delta' + \mathrm{i}\delta\nu')]\mathrm{e}^{\mathrm{i}\nu} \tag{2.95}$$

在该阻尼项中把攻角平面和垂直于攻角面方向上的摆动产生的阻尼一视同仁，也就是说，只要δ'和$\delta\nu'$在数值上相同，则它们产生的阻尼力矩便相同。

实际上，以上的假设是不合理的。因为横向气流沿攻角面流动，在有攻角的情况下，弹体背风面气流分离，使得在攻角面内摆动的阻尼特性与垂直于攻角面摆动的阻尼特性是不相同的，如果说小攻角时可以忽略这种差异，大攻角时则不应忽略。考虑到这点，将式(2.95)写成如下形式：

$$[k_{z0}(\delta' + \mathrm{i}\delta\nu') + k_{zz2}((1 + \alpha)\delta' + \mathrm{i}\delta\nu')\delta^2]\mathrm{e}^{\mathrm{i}\nu}$$

$$= k_{z0}(\delta' + \mathrm{i}\delta\nu') + k_{zz2}\delta^2(1 + \alpha)\delta'\mathrm{e}^{\mathrm{i}\nu} + k_{zz2}\delta^2 \cdot \mathrm{i}\delta\nu')\mathrm{e}^{\mathrm{i}\nu}$$

$$= (k_{z0} + k_{zz2}\delta^2)\Delta' + \left(\frac{k_{zz2}}{2}\alpha\delta^2\right)\delta'\mathrm{e}^{\mathrm{i}\nu}$$

$$= (k_{z0} + k_{zz2}\delta^2)\Delta' + \left(\frac{k_{zz2}}{2}\alpha(\delta^2)'\Delta\right) \tag{2.96}$$

可以看出，考虑了章动赤道阻尼力矩与进动赤道阻尼力矩特性不同后，就把赤道阻尼力矩项与$(\delta^2)'$联系起来。上式第二项中当α为常数时是$(\delta^2)'$的线性函数，当α本身是$(\delta^2)'$的函数时，它就是$(\delta^2)'$的一般函数。于是可得到考虑了大攻角下章动赤道阻尼力矩与进动赤道阻尼力矩特性不同后的非旋转火箭弹角运动方程为

$$\Delta'' + H\Delta' - M\Delta = 0 \tag{2.97}$$

式中：$H = \dfrac{\rho s}{2A}\mathrm{d}lm'_{zz}(\delta^2) + b_y - b_x - g\sin\theta/V^2$；$M = M_0 + M_2\delta^2 + M^*[(\delta^2)']$；$M_0 = \dfrac{\rho s}{2A}lm_{z0}$；$M_2 = \dfrac{\rho s}{2A}lm_{z2}$；$M^*[(\delta^2)'] = \dfrac{\rho s}{2A}lm^*[(\delta^2)']$。

在M^*的表达式中，$m^*[(\delta^2)'] = -\mathrm{d}m_{zz2}\dfrac{\alpha}{2}(\delta^2)'$是一些常数以及与$(\delta^2)'$有

关的函数的综合表达式,为了研究方便,这里也把 a 看作常数,把 $\frac{\rho s}{2A}l$、$-\mathrm{d}m_{zz2}$、a

等常数项合并成一项为 M_3,即 $M^* = M_3(\delta^2)$,且有 $M^*\big|_{(\delta^2)'=0} = 0$。

下面研究考虑了章动赤道阻尼力矩与进动赤道阻尼力矩特性不同后对稳定性的影响。

2. 奇点理论

为了研究大攻角情况下非线性阻尼力矩的章动与进动的不同对火箭弹稳定性的影响,先引入数学上研究稳定性理论与工具——奇点理论和振幅平面方程[7]。

若 (x,y) 平面上一点 (x_0, y_0),对下面的微分方程组

$$\begin{cases} \dfrac{\mathrm{d}x}{\mathrm{d}t} = f(x,y) \\ \dfrac{\mathrm{d}y}{\mathrm{d}t} = g(x,y) \end{cases} \tag{2.98}$$

如果满足

$$[f(x_0, y_0)]^2 + g[(x_2, y_2)]^2 = 0 \tag{2.99}$$

则称点 (x_0, y_0) 为奇点,也称平衡点。由上式可以看出,在奇点,$f(x_0, y_0) = g(x_2, y_2) = 0$,所以在 (x_0, y_0) 处 $\dot{x} = \dot{y} = 0$,此时的相速度为零,所以奇点对应着系统的平衡点位置。在研究方程组(2.98)解的稳定性时,只要讨论其奇点的稳定性即可。如果奇点稳定,则方程组(2.98)所描述的系统在该平衡位置是稳定的。

对于微分方程组:

$$\begin{cases} \dfrac{\mathrm{d}x}{\mathrm{d}t} = ax + by + X(x,y) \\ \dfrac{\mathrm{d}y}{\mathrm{d}t} = cx + dy + Y(x,y) \end{cases} \tag{2.100}$$

式中:$X(x,y)$ 和 $Y(x,y)$ 为非线性项,当这两项为零时,则式(2.100)变为一次线性方程组。

方程组(2.100)所对应的奇点有四类:鞍点、结点、焦点和中心点。当 $t \to \infty$ 时,如果相轨线不断逼近于奇点或环绕奇点在一个有限范围内变化,则称该奇点为稳定奇点;当 $t \to \infty$ 时,如果相轨线远离奇点,则称该奇点为不稳定奇点[8]。

当非线性项等于零时,对于方程组

$$\begin{cases} \dfrac{\mathrm{d}x}{\mathrm{d}t} = ax + by \\ \dfrac{\mathrm{d}y}{\mathrm{d}t} = cx + dy \end{cases} \tag{2.101}$$

其特征方程为

$$D(\lambda) = \begin{vmatrix} a - \lambda & b \\ c & d - \lambda \end{vmatrix} = \lambda^2 + p\lambda + q \qquad (2.102)$$

式中：$p = -(a + d)$，$q = ad - bc$，根据方程组的系数 a, b, c, d 不同，可以对奇点的稳定性进行判断。

（1）若 $q < 0$，则奇点是鞍点，鞍点总是不稳定的。

（2）若 $q > 0$，$p^2 - 4q > 0$，则奇点是结点；且当 $p > 0$ 时稳定，$p < 0$ 时不稳定。

（3）若 $q > 0$，$p^2 - 4q < 0$，则奇点是焦点，且当 $p > 0$ 时稳定，$p < 0$ 时不稳定。

（4）若 $q > 0$，$p = 0$ 时，则奇点为中心点，中心点总是稳定的。

（5）若 $q < 0$，$p^2 - 4q = 0$，则奇点是临界结点或是退化结点，且当 $p > 0$ 时稳定，$p < 0$ 时不稳定。

（6）若 $q = 0$，情况比较复杂，这里就不讨论了。

当非线性项不等于零时，若在原点附近，函数 $f(x, y)$ 和 $g(x, y)$ 可以展成 x 和 y 的级数，式（2.100）中，非线性项 $X(x, y)$ 和 $Y(x, y)$ 表示展开式中的高于一次项的总和。若 $X(0, 0) = Y(0, 0) = 0$，$X(x, y)$ 和 $Y(x, y)$ 在原点附近连续，并有一阶的偏导数 X'_x、X'_y、Y'_x、Y'_y，且存在一个正数 χ，使当 $x^2 + y^2 \to 0$ 时，一致地有：$\dfrac{X'_x + X'_y + Y'_x + Y'_y}{\sqrt{x^2 + y^2}\chi} = 0$，则在（1）、（2）、（3）、（5）的情形下，方程组（2.100）在原点附近的定性特性和相轨迹的几何结构与方程组（2.101）一致，而（4）、（6）情形对于方程组（2.100）不成立，要考虑到附加非线性项的影响。

3. 振幅平面方程

在实际解决问题时用到的非线性微分方程，有相当一部分难于把解精确地用已知函数表示出来，或者有的不需要求出具体解，而只需作定性分析。在相平面上，可以通过确定奇点和相轨迹的分布，获得关于解的性质。研究火箭弹角运动的稳定性，可以通过研究角运动振幅在相平面上轨迹特征来表示。

对于用下面微分方程描述的二阶系统：

$$\ddot{x} = f(x, \dot{x}) \qquad (2.103)$$

令 $y = \dot{x}$ 时可将其写成如下形式：

$$\frac{\mathrm{d}y}{\mathrm{d}t} = \frac{f(x, y)}{y} \qquad (2.104)$$

可用 x 和 y 描述方程（2.103）的解。这种用状态变量表示运动的方法称为相空间法。在二维状态空间中，由直角坐标 x 和 y 决定的相平面中，系统的某一状态对应于相平面上的一点（相点），相点随时间变化描绘出来的曲线称为相轨迹，知道了相轨迹的变化情况，也就知道了系统的状态也即方程（2.103）解的性质。在讨论火箭弹非线性运动的动态稳定性时，可以用平均法求出系统的拟线性解,只要拟线性解中二圆运动的模 K_1 和 K_2 是收敛的,则运动就是稳定的。

对于火箭弹的线性运动,其阻尼因子为

$$\lambda_j = \frac{K'_j}{K_j} \tag{2.105}$$

在 $j = 1,2$ 时可化为如下形式

$$\begin{cases} \dfrac{dK_1^2}{ds} = 2K_1^2 \lambda_1 \\ \dfrac{dK_2^2}{ds} = 2K_2^2 \lambda_2 \end{cases} \tag{2.106}$$

以 K_1^2 和 K_2^2 为坐标轴构成的平面称为振幅平面,方程(2.106)为振幅平面方程。求出阻尼因子 λ_1 和 λ_2 后代入到方程(2.106)中即可得到振幅平面方程的具体形式,从而可以求出奇点,然后根据奇点稳定性判别准则来研究系统的稳定性。

4. 考虑赤道阻尼力矩章动与进动阻尼特性不同后的极限圆锥运动

考虑了大攻角情况下赤道阻尼力矩的章动与进动阻尼特性的不同后,对阻尼和频率都产生影响。假设方程(2.97)的解仍为二圆运动,写成如下形式为

$$\Delta = K_1 e^{j\varphi_1} + K_2 e^{j\varphi_2} \tag{2.107}$$

式中: $\varphi_1 = \varphi'_1 s + \varphi_{10}$; $\varphi_2 = \varphi'_2 s + \varphi_{20}$; $\varphi'_1 = \sqrt{-M_0}$; $\varphi'_2 = -\sqrt{-M_0}$; $\varphi''_1 = \varphi''_2 = 0$;振幅 K_1、K_2 可变; ψ_1 和 ψ_2 是由非线性力矩产生的。

令

$$\lambda_1 = \frac{K'_1}{K_1}, \lambda_2 = \frac{K'_2}{K_2}$$

对 Δ 求一阶导数得

$$\Delta' = (\lambda_1 + i\varphi'_1)K_1 e^{i\varphi_1} + (\lambda_2 + i\varphi'_2)K_2 e^{i\varphi_2} \tag{2.108}$$

对式(2.108)再求一次导数得

$$\Delta'' = (\lambda'_1 + i\varphi''_1)K_1 e^{i\varphi_1} + (\lambda'_2 + i\varphi''_2)K_2 e^{i\varphi_2} + (\lambda_1 + i\varphi'_1)^2 K_1 e^{i\varphi_1} + (\lambda_2 + i\varphi'_2)^2 K_2 e^{i\varphi_2} \tag{2.109}$$

将 Δ、Δ'、Δ'' 代入方程(2.97)中,并令 $\phi = \varphi'_1 - \varphi'_2$,整理后得

$$(\varphi'_1)^2 - \lambda_1(\lambda_1 + H) + M - \lambda'_1 - i(2\varphi'_1\lambda_1 + H\varphi'_1 + \varphi''_1) +$$
$$\left\{ \left[(\varphi'_2)^2 - \lambda_2(\lambda_2 + H) + M - \lambda'_2 \right] - i(2\varphi'_2\lambda_2 + H\varphi'_2 + \varphi''_2) \right\} \frac{K_2}{K_1} e^{-j\phi} = 0 \tag{2.110}$$

由于阻尼因子与气动力和气动力矩的乘积项及阻尼因子本身的导数是小量,故在上式中略去,可得如下方程:

$$(\varphi'_1)^2 + M - \mathrm{i}(2\varphi'_1\lambda_1 + H\varphi'_1 + \varphi''_1) +$$

$$\{[(\varphi'_2)^2 + M] - \mathrm{i}(2\varphi'_2\lambda_2 + H\varphi'_2 + \varphi''_2)\}\frac{K_2}{K_1}e^{-\mathrm{i}\phi} = 0 \quad (2.111)$$

把 $e^{\mathrm{i}\phi} = \cos\phi + \mathrm{i}\sin\phi$，$e^{-\mathrm{i}\phi} = \cos\phi - \mathrm{i}\sin\phi$ 代入,同时利用三角函数积分公式:

$$\int_0^{2\pi}\cos^2\phi\mathrm{d}\phi = \int_0^{2\pi}\frac{1+\cos2\phi}{2}\mathrm{d}\phi = \pi$$

$$\int_0^{2\pi}\sin\phi\cos\phi\mathrm{d}\phi = \frac{1}{4}\int_0^{2\pi}\sin2\phi\mathrm{d}2\phi = 0$$

$$\int_0^{2\pi}\sin^2\phi\mathrm{d}\phi = \left(\frac{\phi}{2} - \frac{1}{4}\sin2\phi\right)\Big|_0^{2\pi} = \pi$$

对方程(2.111)在 ϕ 的一个周期上平均得

$$(\varphi'_1)^2 - \mathrm{i}(2\varphi'_1\lambda_2 + \varphi''_2) = \frac{1}{2\pi}\int_0^{2\pi}(M - H\varphi'_1)\mathrm{d}\phi -$$

$$\frac{1}{2\pi}\int_0^{2\pi}(M - H\varphi'_2)\frac{K_2}{K_1}e^{-\mathrm{i}\phi}\mathrm{d}\phi \quad (2.112)$$

由

$$\delta = \sqrt{\Delta\overline{\Delta}} = \sqrt{k_1^2 + k_2^2 + 2K_1K_2\cos\phi}$$

$$\delta' = \sqrt{\Delta'\overline{\Delta'}} = \sqrt{k_1^2(\varphi'_1)^2 + k_2^2(\varphi'_2)^2 + 2K_1K_2\varphi'_1\varphi'_2\cos\phi}$$

$$(\delta^2)' = 2\delta\delta' = 2[K_1K'_1 + K_2K'_2 + (K_1K'_1 + K_2K'_2)\cos\phi + K_1K_2(\varphi'_1 - \varphi'_2)\sin\phi]$$

$$\approx 2K_1K_2(\varphi'_1 - \varphi'_2)\sin\phi$$

可知,式(2.111)中的 M 项和 H 项均为实数,则可把其按虚实部分开得

$$(\varphi'_1)^2 = -\frac{1}{2\pi}\int_0^{2\pi}\left[M + (M\cos\phi - H\varphi'_2\sin\phi)\frac{K_2}{K_1}\right]\mathrm{d}\phi \quad (2.113)$$

$$2\varphi'_1\lambda_1 + \varphi''_1 = -\frac{1}{2\pi}\int_0^{2\pi}\left[H\varphi'_1 + (M\sin\phi + H\varphi'_2\cos\phi)\frac{K_2}{K_1}\right]\mathrm{d}\phi \quad (2.114)$$

把 $M = M_0 + M_2\delta^2 + M^*[(\delta^2)']$ 代入得

$$(\varphi'_1)^2 + M_0 + M_2(K_1^2 + 2K_2^2) = -\frac{1}{2\pi}\int_0^{2\pi}\left[M^* + (M^*\cos\phi - H\varphi'_2\sin\phi)\frac{K_2}{K_1}\right]\mathrm{d}\phi$$

$$(2.115)$$

$$2\varphi'_1\lambda_1 + \varphi''_1 = -\frac{1}{2\pi}\int_0^{2\pi}\left[H\varphi'_1 + (M^*\sin\phi + H\varphi'_2\cos\phi)\frac{K_2}{K_1}\right]\mathrm{d}\phi$$

$$(2.116)$$

同理可得

$$(\varphi'_2)^2 + M_0 + M_2(K_2^2 + 2K_1^2) = -\frac{1}{2\pi}\int_0^{2\pi}\left[M^* + (M^*\cos\phi + H\varphi'_1\sin\phi)\frac{K_1}{K_2}\right]\mathrm{d}\phi$$

$$(2.117)$$

$$2\varphi'_2\lambda_2 + \varphi''_2 = -\frac{1}{2\pi}\int_0^{2\pi}\left[H\varphi'_2 + (-M^*\sin\phi + H\varphi'_1\cos\phi)\frac{K_1}{K_2}\right]\mathrm{d}\phi$$

$$(2.118)$$

把 $\varphi'_1 = \sqrt{-M_0}$，$\varphi'_2 = -\sqrt{-M_0}$，$H = H_0 + H_2\delta^2$ 及 $M^* = M_3(\delta^2)$ 代入式(2.118)，可得阻尼因子 λ_1 和频率 φ'_1：

$$\begin{cases} \lambda_1 = -\dfrac{H_0}{2} - \dfrac{1}{2}H_2K_1^2 - M_3K_2^2 \\[2mm] \varphi'_1 = -\dfrac{M_2}{2\sqrt{-M_0}}(K_1^2 + 2K_2^2) \end{cases} \tag{2.119}$$

同理可得阻尼因子 λ_2 和频率 φ'_2：

$$\begin{cases} \lambda_2 = -\dfrac{H_2}{2} - \dfrac{1}{2}H_2K_2^2 - M_3K_1^2 \\[2mm] \varphi'_2 = -\dfrac{M_2}{2\sqrt{-M_0}}(K_2^2 + 2K_1^2) \end{cases} \tag{2.120}$$

于是可以得到考虑了大攻角情况下，赤道阻尼力矩的章动与进动阻尼特性不同时振幅平面方程的基本形式为

$$\begin{cases} \dfrac{\mathrm{d}K_1^2}{\mathrm{d}s} = 2K_1^2\left(-\dfrac{H_0}{2} - \dfrac{1}{2}H_2K_1^2 - M_3K_2^2\right) \\[3mm] \dfrac{\mathrm{d}K_2^2}{\mathrm{d}s} = 2K_2^2\left(-\dfrac{H_0}{2} - \dfrac{1}{2}H_2K_2^2 - M_3K_1^2\right) \end{cases} \tag{2.121}$$

下面用振幅平面方程研究存在极限圆锥运动的条件。

为了把振幅方程写成式(2.101)的形式，可把式(2.121)写成如下形式：

$$
\begin{cases}
\dfrac{\mathrm{d}K_1^2}{\mathrm{d}s} = 2K_1^2\lambda_1 = f_1(K_1^2, K_2^2) \\[3mm]
\dfrac{\mathrm{d}K_2^2}{\mathrm{d}s} = 2K_2^2\lambda_2 = f_2(K_1^2, K_2^2)
\end{cases}
\tag{2.122}
$$

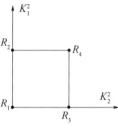

图 2 - 3　振幅平面上
的 4 个奇点

在非线性气动力与气动力矩作用下,在振幅平面上可能存在多个奇点,但是,火箭弹存在极限圆锥运动时必有 $K_1 = 0$ 或 $K_2 = 0$,也就是说,能够使火箭弹存在极限圆锥运动的稳定奇点只有 R_2 或 R_3,即两条零阻尼线与两轴的交点,如图 2 - 3 所示。

把式(2.121)写成式(2.101)的形式:

$$
\begin{aligned}
\frac{\mathrm{d}x}{\mathrm{d}t} &= ax + by \\[2mm]
\frac{\mathrm{d}y}{\mathrm{d}t} &= cx + dy
\end{aligned}
\tag{2.123}
$$

式中:$x = K_1^2$;$y = K_2^2$;$a = \left(\dfrac{\partial f_1}{\partial K_1^2}\right)_R$;$b = \left(\dfrac{\partial f_1}{\partial K_2^2}\right)_R$;$c = \left(\dfrac{\partial f_2}{\partial K_1^2}\right)_R$;$d = \left(\dfrac{\partial f_2}{\partial K_2^2}\right)_R$。

把式(2.119)和式(2.120)代入式(2.123),得

$$
\frac{\partial f_1}{\partial K_1^2} = -H_0 - H_2 K_1^2 - M_3 K_2^2
\tag{2.124}
$$

$$
\frac{\partial f_1}{\partial K_2^2} = -M_3 K_1^2
\tag{2.125}
$$

$$
\frac{\partial f_2}{\partial K_1^2} = -M_3 K_2^2
\tag{2.126}
$$

$$
\frac{\partial f_2}{\partial K_2^2} = -H_0 - H_2 K_2^2 - M_3 K_1^2
\tag{2.127}
$$

可得奇点判别式中的 p 和 q 为

$$
p = -(a + d)
\tag{2.128}
$$

$$
q = ad - bc = \left(\frac{\partial f_1}{\partial K_1^2}\frac{\partial f_2}{\partial K_2^2} - \frac{\partial f_1}{\partial K_2^2}\frac{\partial f_2}{\partial K_1^2}\right)_R
\tag{2.129}
$$

由式(2.119)得 $\lambda_1 = 0$ 与 K_1^2 轴的交点为 $R_2:\left(0, -\dfrac{H_0}{H_2}\right)$。

由式(2.120)得 $\lambda_2 = 0$ 与 K_2^2 轴的交点为 $R_3:\left(-\dfrac{H_0}{H_2}, 0\right)$。

下面就求为 R_2 稳定奇点的条件:

对于奇点 $R_2 : \left(0, -\dfrac{H_0}{H_2}\right)$，为了便于分析，作坐标变换如下：

$$x = K_1^2, y = K_2^2 + \frac{H_0}{H_2}$$

则振幅平面方程变为

$$\begin{cases} \dfrac{\mathrm{d}x}{\mathrm{d}s} = \dfrac{2M_3 + H_2}{-H_2}H_0 x - H_2 x^2 - 2M_3 xy \\ \dfrac{\mathrm{d}y}{\mathrm{d}s} = \dfrac{2H_0 M_3}{H_2}x + H_0 y - H_2 y^2 - 2M_3 xy + \dfrac{H_0^2}{H_2} - \dfrac{-H_2 H_0^2}{H_2^2} \end{cases} \quad (2.130)$$

由 x 和 y 的一次项系数可得

$$a = \frac{2M_3 + H_2}{-H_2}H_0$$

$$b = 0$$

$$c = \frac{2M_3}{H_2}H_0$$

$$d = H_0$$

$$p = -(a + d) = -\frac{2M_3}{H_2}H_0$$

$$q = ad - bc = \frac{2M_3 - H_2}{H_2}H_0^2$$

下面用反证法求 R_2 为稳定奇点的条件。

假设 $H_0 > 0$，若想使 R_2 为稳定奇点须满足 $p > 0, q > 0$ 及 $\left[K_2^2\right]_R > 0$，即要同时满足以下条件：

$$\frac{-H_0}{H_2} > 0 \quad (2.131)$$

$$\frac{2M_3 - H_2}{H_2}H_0^2 > 0 \quad (2.132)$$

$$\frac{-2M_3}{H_2}H_0 > 0 \quad (2.133)$$

此时，若要使式（2.131）成立须满足 $H_2 < 0$，而由式（2.133）可得 $M_3 > 0$，而要使式（2.132）成立就要满足 $M_3 < \dfrac{H_2}{2}$，因为 $H_2 < 0$，所以 $M_3 < \dfrac{H_2}{2}$，与 $M_3 > 0$ 矛盾，所以 $H_0 < 0$。经过分析，可得出 R_2 为稳定奇点的条件为

$$H_0 < 0, H_2 > 0, \frac{2M_3 - H_2}{H_2} > 0$$

对于奇点 $R_3 : \left(-\dfrac{H_0}{H_2}, 0\right)$，可用类似的方法求其稳定奇点的条件。

以奇点 $R_2 : \left(0, -\dfrac{H_0}{H_2}\right)$ 为例，根据某火箭弹的参数，取 $H_0 = -0.05, H_2 = 0.05, M_0 = -0.05, M_2 = 0.002, M_3 = 0.05$，根据振幅平面方程(2.130)进行了积分，曲线如图2-4所示。

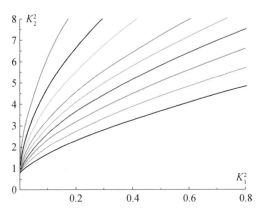

图2-4 考虑赤道阻尼力矩章动与进动阻尼特性不同
后 R_2 为平衡位置时的相轨线分布

从图2-4可以看到，这样的奇点的确存在，也就是说极限圆锥运动的充分条件是满足的。

当火箭弹的气动参数与结构参数满足了奇点稳定的充分条件后中，并不能保证火箭弹非线性运动的稳定，因为非线性运动稳定性还与起始扰动 K_{10}^2 和 K_{20}^2 有关，可以由下式来表达。

$$K_{10}^2 = \frac{\Delta'_0 - (\lambda_2 + \mathrm{i}\varphi'_2)\Delta_0}{\lambda_1 - \lambda_2 + \mathrm{i}(\varphi'_1 - \varphi'_2)} e^{-\mathrm{i}\varphi_{10}} \qquad (2.134)$$

$$K_{20}^2 = \frac{\Delta'_0 - (\lambda_1 + \mathrm{i}\varphi'_1)\Delta_0}{\lambda_2 - \lambda_1 + \mathrm{i}(\varphi'_2 - \varphi'_1)} e^{-\mathrm{i}\varphi_{20}} \qquad (2.135)$$

K_{10}^2 和 K_{20}^2 与初始攻角的摆动角和摆动角速度有关，也就是说，只有 Δ_0 和 Δ'_0 也满足一定条件后，火箭弹的非线性运动才是稳定的，对于奇点 R_2 来说才存在极限圆锥运动。

为了验证用奇点理论和振幅平面方程分析出的存在极限圆锥运动的条件，以某火箭弹的气动参数与弹体参数为例，根据攻角方程的数值解法编制了计算程序,所用的气动参数列于表2-4中。通过数值积分得攻角曲线如图2-5中的(a)、(b)、(c)、(d)所示。

表2-4 某火箭弹气动参数

序号	H_0	H_2	M_0	M_2	M_3
a	-0.1	0.005	-0.1	0.002	0.003
b	-0.05	0.005	-0.05	0.002	0.005
c	-0.5	0.001	-1.0	0.002	0.1
d	-1.0	0.05	-1.5	0.02	0.05

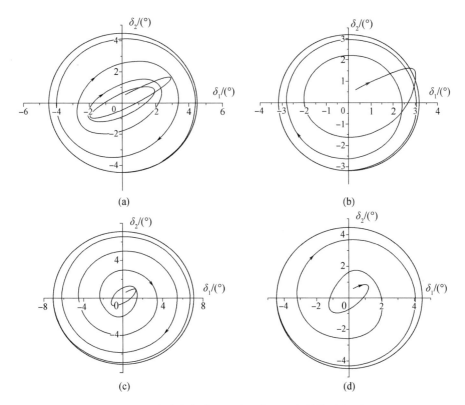

图2-5 非对称赤道阻尼力矩作用下起始扰动相同,
气动系数不同时非旋转火箭弹的极限圆锥运动

以图2-5(d)的气动参数为例,在稳定范围内改变两次初始扰动后,得到曲线如图2-6所示。

以图2-5(b)为例,气动参数保持不变,改变初始攻角值,使之变得过大后,攻角曲线如图2-7所示。

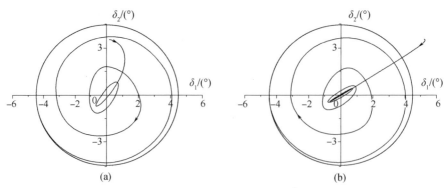

图 2 – 6 非对称赤道阻尼力矩作用气动系数相同时非旋转弹箭的极限圆锥运动

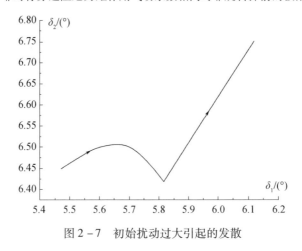

图 2 – 7 初始扰动过大引起的发散

以上验证了火箭弹在非对称赤道阻尼力下的稳定极限圆锥运动与气动参数及起始扰动的关系。由图 2 – 5 和图 2 – 6 可以看出,只要在允许范围内,改变起始扰动和气动参数,仍会存在稳定的极限圆锥运动;由图 2 – 7 可以看出,即使气动参数满足奇点稳定条件,若起始扰动不在稳定范围内时,就会出现攻角发散。

2.3.5 第二种类型的锥摆运动——由外形非对称引起的强迫圆锥运动

来自于尾翼或弹翼安装角、加工不对称、弹体各部同轴度不好、诱导滚转、弹体在飞行过程中由于气动加热烧蚀或气动载荷造成的弯曲变形都可能引起火箭弹外形不对称。如果非对称因素始终处于空间同一方位上,将造成很大的弹道偏差,尾翼弹低速旋转的目的就是让非对称因素不停地改变方位来减小或消除这种偏差。但由于旋转,非对称因素方位的改变就形成了对火箭弹角运动的周期性干扰,在阻尼作用下会形成强迫圆锥运动。这种圆锥运动也可能使攻角长时间不衰减而增大弹道阻力。

火箭弹在周期性干扰下的角运动方程写成如下形式:

$$\Delta'' + (H - ip)\Delta' - (M + ipT)\Delta = Be^{ir} \tag{2.136}$$

式中:r 为滚转方位角,且 $r = \int_0^s \frac{\dot{r}}{v}\mathrm{d}s$,在 $\frac{\dot{r}}{v}$ 为常数时,$r = \infty s$,这里 $\infty = \frac{\dot{r}}{v}$

对于攻角方程(2.136),其解可写成如下形式:

$$\Delta = K_1 e^{\lambda_1 + i\phi'_1 s} + K_2 e^{\lambda_2 + i\phi'_2 s} + K_3 e^{i\infty s} \tag{2.137}$$

式中:λ_1、λ_2 为为快圆运动和慢圆运动的阻尼因子;ϕ'_1、ϕ'_2 为快圆运动和慢圆运动的频率。

由于阻尼因子的存在,式(2.137)中的前两项会逐渐衰减至零,最后只剩下 $K_3 e^{i\infty s}$ 项作圆运动——它也是一种锥摆运动。

圆运动幅值 K_3 的表达式如下:

$$K_3 = \frac{B}{(i\infty)^2 + (H - iP)i\infty - (M + iPT)} \tag{2.138}$$

方程(2.136)的齐次方根为 $l_1 = \lambda_1 + i\phi'_1, l_2 = \lambda_2 + i\phi'_2$。根据韦达定理可知:

$$l_1 + l_2 = \lambda_1 + \lambda_2 + i(\phi'_1 + \phi'_2) = -(H - iP)$$
$$l_1 \cdot l_2 = (\lambda_1\lambda_2 - \phi'_1\phi'_2) + i(\lambda_1\phi'_2 - \lambda_2\phi'_1) = -(M + iPT)$$

代入式(2.138)进行因式分解后可得强迫运动的幅值:

$$|K_3| = \frac{B}{[(\infty - \phi_1^2)^2 + \lambda_1^2][(\infty - \phi_2^2)^2 + \lambda_2^2]} \tag{2.139}$$

取不同的 ∞ 值,对方程(2.136)进行数值积分,根据某远程火箭弹的气动系数和弹体参数计算出快进动频率为 $\phi'_1 = 1.787$,其中 P、T、H、M、B 分别取 0.5、0.01、0.5、-0.8、0.5,不同频率比下火箭弹作强迫运动对应的振幅如表 2-5 所列。

表 2-5 频率比与强迫运动振幅

频率比(∞/ϕ'_1)	0.15	0.22	0.58	0.84	0.92	0.99	1.0	1.02	1.06	1.17	1.55	1.7	1.8	1.9
K_3/B	0.9	1.1	4.2	5.7	7.4	8.4	8.5	8.0	7.0	5.3	1.7	1.2	1.1	0.8

对应的攻角积分曲线如图 2-8(a)~(f)所示。

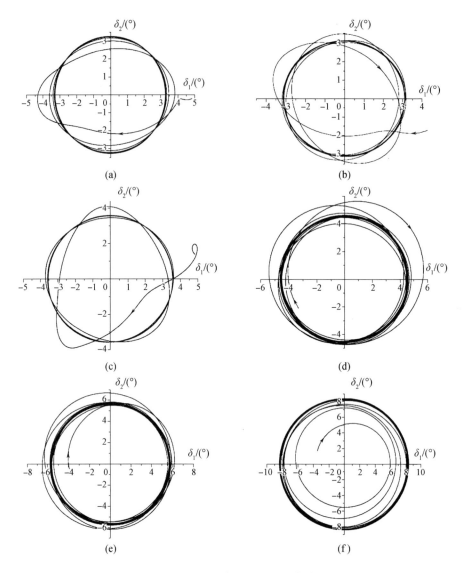

图 2-8　不同频率比对应的攻角曲线

（a）频率比等于 0.15；（b）频率比等于 0.48；（c）频率比等于 0.58；
（d）频率比等于 0.6；（e）频率比等于 0.84；（f）频率比等于 1.0。

　　根据频率比与强迫运动振幅的值得到其关系曲线如图 2-9 所示。

　　由图 2-9 可以看出，不同的频率比引起的强迫运动振幅大小是不同的，频率比距离 1.0 越近，强迫运动的振幅越大。在频率比值为 1.0 时，火箭弹的转动角频率等于快进动频率，强迫运动的振幅达到最大值，如果频率比长时间停留在 1.0 附近，则会使火箭弹攻角长时间作剧烈摆动而造成失稳。为了避免共

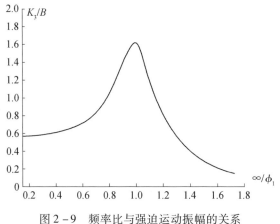

图 2-9　频率比与强迫运动振幅的关系

振,火箭弹的自转频率要高于 3 倍摆动频率,使强迫运动振幅较小,也即强迫运动的锥摆运动幅度减小。

2.3.6　第三种类型的锥摆运动——由转速闭锁产生的圆运动

对于轻微不对称的低旋尾翼弹,当自转频率等于俯仰频率时就发生共振,从而会由于攻角过大而产生失稳。为了避免发生共振,在转速设计时总是将自转角速度设计得大大高于俯仰运动频率,这样即使由于转速逐渐上升过程中必定要穿过共振区,但因在共振区内停留时间很短而不会形成不稳定运动。但试验中经常发现对于转速设计合理且动态稳定的远程火箭弹仍会偶然产生飞行不稳,发生近弹或掉弹,这种情况出现的原因之一可能就是发生了转速闭锁。

当攻角较大时,在尾翼火箭弹上除了有建立运动方程时所考虑了的力和力矩外,还有在建立运动方程时没有考虑的与尾翼滚转方位有关的诱导滚转力矩和诱导侧向力矩。正是在这种力矩作用下,使火箭弹转速在通过共振区时被锁定在共振转速附近,形成共振不稳。在诱导侧向力矩的作用下,攻角可能变得很大,可能导致近弹或掉弹。下面分析一下诱导滚转力矩和诱导侧向力矩的形成机理及其特点。

1. 诱导滚转力矩与诱导侧向力矩的产生

诱导滚转力矩是在大攻角情况下产生的一种与滚转方位角和攻角有关的空气动力矩。对于有 6 片直尾翼的火箭弹,选中其中一片翼为基准翼,此翼面与攻角面的夹角记为翼面方位角 γ_1。

从图 2-10 的(a)、(b)可以看出,当方位角 $\gamma_1 = 0°$ 和 $\gamma_1 = 30°$时,火箭弹尾部横截面上的旋涡分布左右是对称的,因而左右两边的压力分布相同,不会产生使火箭弹滚转的力矩。

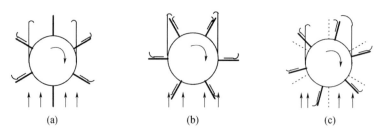

图 2 - 10 直尾翼在不同滚转方位时的横向气流流场分布情况

(a) $\gamma_0 = 0°$; (b) $\gamma_1 = 30°$; (c) $\gamma_1 = 15°$。

从图 2 - 10 的(c)可以看出,当方位角 $\gamma_1 = 15°$ 时,火箭弹尾部横截面上的旋涡分布左右不对称。由于左右两边的压力不相等,便产生了垂直于攻角平面的侧向力,由此又形成了对质心的力矩,称为诱导滚转力矩。由于右边弹体上拖出的旋涡被尾翼挡住的比左边多,就产生了诱导侧向力,形成的力矩为诱导侧向力矩。由于当 $\gamma_1 = 15°$ 时,火箭尾部横截面上的旋涡分布左右不对称最大,所以,此时产生的诱导滚转力矩最大。当方位角 γ_1 从 0° 变化到 15° 时,诱导滚转力矩从零变化到最大,设方向垂直于纸面向里;当方位角从 15° 变化到 30° 时,诱导滚转力矩的大小从最大变化到零,方向也垂直于纸面向里;当方位角从 30° 变化到 45° 时,诱导滚转力矩的大小从零变化到最大方向垂直于纸面向外;当方位角从 45° 变化到 60° 时,诱导滚转力矩的大小从最大变化到零,方向也垂直于纸面向外。

轴对称火箭弹的诱导滚转力矩和诱导侧向力矩主要与尾翼和弹翼面的形状和布置有关。如果火箭弹的尾翼是卷弧翼,情况与直翼又有不同。

即使有一对尾翼在攻角平面内,如图 2 - 11(a)所示,气流关于攻角平面左右仍不对称,仍会产生诱导滚转力矩和诱导侧向力矩;即使攻角为零,各翼面上压力分布相同,但由于翼面向同一方向卷曲,也会产生诱导滚转力矩和诱导侧向力矩,如图 2 - 11(b)所示,其中箭头为滚转方向;若没有任何一对翼面处于攻角平面内,气流左右不对称的情况就加大,如图 2 - 11(c)所示。

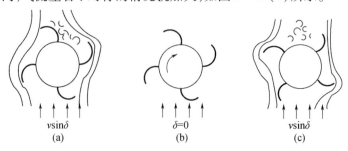

图 2 - 11 卷弧翼的诱导滚转力矩和诱导侧向力矩定性分析

因此,卷弧翼的诱导滚转力矩与诱导侧向力矩比平直翼大,平均值不为零,即使在攻角为零时也有诱导滚转力矩和诱导侧向力矩,故更易发生转速闭锁。在远程火箭弹研制中,一开始用的是卷弧翼,但现在改成了平直原因便是考虑了卷弧翼的这种特点。

2. 转速闭锁的形成

共振的危害是人们共知的,故为避免共振,通常将平衡转速设计得比火箭弹的俯仰频率高得多。在火箭弹转速不断变化的过程中,如转速迅速穿过共振转速,共振时间不长,然后又脱离共振,就不会出现攻角太大的情况。但作低速旋转的火箭弹在飞行过程中,其转速从零逐渐增加到平衡转速(设计转速),在增加到平衡转速的过程中,如果转速 $\dot{\gamma}$ 等于快进频率 ϕ'_1,就会发生共振。如果火箭弹的转速被锁定在共振转速附近,使共振的时间较长,其结果就会使攻角急剧增大,形成长时间阻力增大而使射程减小和弹道发散,严重时会因为弹体上所受的横向力非常大而造成灾难性后果。

转速被锁定后,由于火箭弹转速 $\dot{\gamma}$ 不变,角加速度 $\ddot{\gamma}=0$,则总的滚转力矩应为零,导转力矩保持与滚转阻尼力矩、诱导滚转力矩平衡,故必然火箭弹相对于攻角面方位不变,弹上基准尾翼面与攻角面之间夹角 γ_1 也不变,如图 2 - 12所示。这时弹的一侧永远面向气流速度,就像月球绕地球运动一样,故称为似月运动,并有

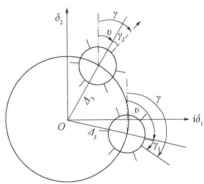

图 2 - 12　转速闭锁与似月运动

$$\gamma_1 = \gamma - \upsilon \qquad (2.140)$$

考虑了诱导滚转力矩后,火箭弹的转速方程为

$$\frac{\mathrm{d}\dot{\gamma}}{\mathrm{d}t} = k_{xw}V^2\varepsilon - k_{xz}V\dot{\gamma} + k_{xs}V^2\delta\sin(6\gamma_1) \qquad (2.141)$$

式中:k_{xs} 为诱导滚转力矩系数;$k_{xw} = \dfrac{2}{2C}\rho slm'_{xw}$;$m'_{xw}$ 为导转力矩系数导数;$k_{xz} = \dfrac{1}{2C}\rho slm'_{xz}$;$m'_{xz}$ 为极阻尼力矩系数导数。

如果在 γ_1 变化中有某一个方位角使上式右边为零,此时 $\dot{\gamma}=0$,可求出此时的一个平衡点 γ_1 为

$$\gamma_1 = \frac{1}{6}\arcsin\left(-\frac{k_{xw}\upsilon^2\varepsilon - k_{xz}\upsilon\dot{\gamma}}{k_{xs}\upsilon^2\delta}\right) \qquad (2.142)$$

根据三角函数的定义,由式(2.142)可知,对于所有的方位角,须满足下列

条件:

$$\left| \frac{k_{xw}v^2\varepsilon - k_{xz}v\dot{\gamma}}{k_{xs}v^2} \right| \qquad (2.143)$$

可使得平衡点 γ_1 存在的最小攻角为

$$\delta_{\min} = \left| \frac{k_{xw}v^2\varepsilon - k_{xz}v\dot{\gamma}}{k_{xs}v^2} \right| \qquad (2.144)$$

当 $\delta = \delta_{\min}$ 时, $\left| \dfrac{k_{xw}v^2\varepsilon - k_{xz}v\dot{\gamma}}{k_{xs}v^2} \right| = 1$,此时解出的 γ_1 就是最大诱导滚转力矩出现的地方。因此,在弹道上只有当攻角较大时,δ 在 $\delta > \delta_{\min}$ 以后才会发生转速闭锁。

在转速上升阶段,导转力矩大于阻尼力矩,$k_{xw}v^2\varepsilon - k_{xz}v\dot{\gamma} > 0$,要想使 $\ddot{\gamma} = 0$,须使诱导滚转力矩为负。若 $k_{xs} > 0$,则旋导滚转力矩在后半个周期为负,所以平衡点应在 $30° \sim 60°$ 之间。在攻角大于最小攻角时可在 $(30°,45°)$ 和 $(45°,60°)$ 范围内解出两个平衡点,若 $k_{xs} < 0$,则两个平衡点应在 $(0°,15°)$ 和 $(15°,30°)$ 之间,如图 2 - 13 所示。

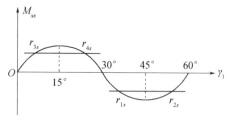

图 2 - 13　诱导滚转力矩随方位角 γ_1 的变化

在转速下降阶段,情况与转速上升阶段相反。若 $k_{xs} > 0$,则两个平衡点在 $(0°,15°)$ 和 $(15°,30°)$ 范围内;若 $k_{xs} < 0$,则两个平衡点在 $(30°,45°)$ 和 $(45°,60°)$ 范围内。

实际上,并非所有的平衡点都能使火箭弹发生转速闭锁,只有稳定平衡点才能使火箭弹发生转速闭锁。所谓稳定平衡点,是指当 γ_1 离开 γ_{1s} 造成 $\ddot{\gamma} \neq 0$ 和 $\dot{\gamma}$ 有变化时,诱导滚转力矩能使 γ_1 重新回到 γ_{1s} 上,重新建立起 $\ddot{\gamma} = 0$、$\dot{\gamma}$ 为常数的状态,这样的 γ_{1s} 即为稳定平衡点。这样 $\dot{\gamma}$ 才能保持不变而形成转速闭锁;反之,若 γ_1 离开 γ_{1s} 一点儿后,诱导滚转力矩使 γ_1 更进一步远离 γ_{1s},也 $\dot{\gamma}$ 远离平衡点转速 $\dot{\gamma}_s$,这就不是稳定平衡点,就形不成转速闭锁。那么,图 2 - 13 中的哪个平衡点能使弹箭形成转速闭锁呢?

在转速上升阶段,当 $k_{xs} > 0$ 时,有两个平衡点分别位于 $(30°,45°)$ 和 $(45°,60°)$。当 $\dot{\gamma}$ 增加时,$\dot{\gamma} - \dot{v} > 0$,$\Delta\gamma_1 > 0$,于是 γ_1 将从 $(\gamma_{1s})_1$ 开始增大,但当 $\gamma_1 > (\gamma_{1s})_1$ 时,式右边称为负值,即 $\ddot{\gamma} < 0$,转速 $\dot{\gamma}$ 开始减小,γ_1 开始向 $(\gamma_{1s})_1$ 方

向减小,最后回到 $\ddot{\gamma}=0$ 的状态,$\dot{\gamma}$ 和 γ_1 向 $\dot{\gamma}_s$ 和 γ_{1s} 方向增大,最后又回到 $\ddot{\gamma}=0$ 的状态,$\dot{\gamma}$ 和 γ_1 又回到平衡点处的数值 $\dot{\gamma}_s$ 和 γ_{1s} 上;反之,当转速 $\dot{\gamma}$ 减小时,诱导滚转力矩仍负值但绝对值减小,此时 $\ddot{\gamma}>0$,这又使 $\dot{\gamma}$ 和 γ_1 向 $\dot{\gamma}_s$ 和 γ_{1s} 方向增大,最后也回到 $\ddot{\gamma}=0$,$\gamma_1=\gamma_{1s}$,$\dot{\gamma}=\dot{\gamma}_s$ 的状态。所以,位于 $(30°,45°)$ 内的平衡点是稳定平衡点,同理可分析出位于 $(45°,60°)$ 的是不稳定平衡点。

类似地,可以分析出当 $k_{xs}<0$,位于 $(0°,15°)$ 的是稳定平衡点,还可以分析出在转速下降阶段,$k_{xs}>0$ 时稳定平衡点在 $(15°,30°)$,$k_{xs}<0$ 时的稳定平衡点在 $(45°,60°)$。

当转速被锁定后,方位角 γ_1 也被锁定在 γ_{1s} 上,此时 $\dot{\gamma}_1=0$。由式(2.140)和式(2.141)可得

$$\dot{\gamma}_s = \dot{\nu} = \frac{k_{xw}v^2\varepsilon + k_{xs}v^2\delta\sin\gamma_{1s}}{-k_{xz}v} \tag{2.145}$$

此时,由于火箭弹的自转角速度 $\dot{\gamma}$ 与公转角速度 $\dot{\nu}$ 相等,于是就形成了稳定的似运动,也即转速闭锁。

以某火箭弹的弹体参数与气动参数为例,ε 取 $0.7°$,k_{xw} 取 0.219,k_{xz} 取 0.024,k_{xs} 取 0.01,对转速方程(2.141)进行了数值积分,转速随时间变化的曲线如图 2 – 14 所示。

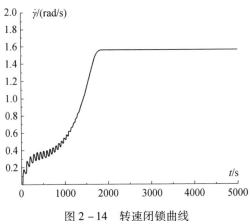

图 2 – 14　转速闭锁曲线

从图 2 – 14 可以看出,转速逐渐增加,增加到一定值后就不再变化,即产生了转速闭锁。由于诱导滚转力矩的存在,阻止了转速的变化,使火箭弹无法达到设计转速。在发生转速闭锁时,火箭弹的转速不变,也就是滚转频率不变,火箭弹作稳定不衰减的圆运动,即锥摆运动。如果此时火箭弹的滚转角频率与快进动频率之比离 1.0 较远,所对应的强迫运动振幅相对较小,可能不会产生太大的影响;相反,如果在共振转速处发生转速闭锁,则火箭弹滚转角频率会长时间与快进动频率相同,强迫圆锥运动的振幅会很大,轻则会因增大阻力而产生

近弹,重则会产生灾难性偏航或使火箭弹失稳而翻转。由于这种锥摆运动只有在攻角较大时产生,因而与起始扰动及飞行中的干扰有关,使火箭弹的锥摆运动表现为具有随机性,有时发生,有时不发生。只有那些诱导滚转力矩大的火箭弹,因只要较小的攻角就能发生转速闭锁。

3. 转速闭锁的抑制措施

通过前面转速闭锁形成的机理分析,可通过如下措施对其进行抑制:

(1) 减小诱导滚转力矩。例如,卷弧翼没有一个气动力对称面,即使攻角为零时也存在诱导滚转力矩,因而产生转速闭锁的攻角可以很小。这就是卷弧翼易发生转速闭锁的原因,改为直尾翼后情况就好得多。

(2) 适当增大导转力矩,克服诱导滚转力矩的影响,使转速能较快地穿过共振区。同时,也要注意平衡转速增大而引起的动态稳定性问题。

(3) 尽可能减小弹体前部下洗气流对尾翼的作用、减小火箭弹发射时的初始扰动等来避免转速闭锁的发生。

2.3.7　第四种类型的锥摆运动——非线性马格努斯力矩产生的极限圆锥运动

马格努斯力矩是影响旋转火箭弹稳定性的重要因素,是飞行中的不稳定因素。旋转稳定的火箭弹在攻角很小时就会出现非线性马格努斯力矩,那么,在大攻角情况下就更容易呈现强非线性。由于在大攻角下的非线性马格努斯力矩也可能使火箭弹产生长时间不衰减的锥摆运动,增大阻力,影响射程,下面对其形成机理进行研究。

把马格努斯力矩取为攻角三次方形式,其他气动力和力矩取为攻角的线性函数,则旋转火箭弹的攻角方程可写成

$$\Delta'' + (H - iP)\Delta - [M + iP(T_0 + T_2\delta^2)]\Delta = 0 \qquad (2.146)$$

取

$$\Delta = K_1 e^{i\varphi_1} + K_2 e^{i\varphi_2}$$

令 $\lambda_1 = \dfrac{K'_1}{K_1}$,$\lambda_2 = \dfrac{K'_2}{K_2}$,对攻角求一阶、二阶导数后得

$$\Delta' = (\lambda_1 + i\varphi'_1)K_1 e^{i\varphi_1} + (\lambda_2 + i\varphi'_2)K_2 e^{i\varphi_2} \qquad (2.147)$$

$$\begin{aligned}\Delta'' = &(\lambda_1 + i\varphi''_1)K_1 e^{i\varphi_1} + (\lambda_2 + i\varphi''_2)K_2 e^{i\varphi_2} \\ &+ (\lambda_1 + i\varphi'_1)^2 K_1 e^{i\varphi_1} + (\lambda_2 + i\varphi'_2)^2 K_2 e^{i\varphi_2}\end{aligned} \qquad (2.148)$$

令 $\phi = \varphi'_1 - \varphi'_2$,把 Δ、Δ'、Δ'' 代入得

$$\begin{aligned}&[(\lambda_1 + i\varphi''_1)K_1 e^{i\varphi_1} + (\lambda_2 + i\varphi''_2)K_2 e^{i\varphi_2} + (\lambda_1 + i\varphi'_1)^2 K_1 e^{i\varphi_1} \\ &+ (\lambda_2 + i\varphi'_2)^2 K_2 e^{i\varphi_2}] + (H - iP)[(\lambda_1 + i\varphi'_1)K_1 e^{i\varphi_1} + (\lambda_2 + i\varphi'_2)K_2 e^{i\varphi_2}]\end{aligned}$$

$$- [M + iP(T_0 + T_2\delta^2)](K_1 e^{i\varphi_1} + K_2 e^{i\varphi_2}) = 0 \qquad (2.149)$$

在方程(2.149)两边同除以 $K_1 e^{i\varphi_1}$，得

$$(\varphi'_1)^2 - P\varphi'_1 + M - \lambda_1^2 - \lambda_1 H - \lambda'_1 - i[(2\varphi'_1 - P)\lambda_1 + \varphi''_1 + H\varphi'_1 - PT_0]$$

$$= - iPT_2\delta^2 \left(1 + \frac{K_2}{K_1} e^{-i\phi} \right) - \{ [(\varphi'_2)^2 - P\varphi'_2 + M - \lambda_2^2 - \lambda_2 H - \lambda'_2]$$

$$- i[(2\varphi'_2 - P)\lambda_2 + H\varphi''_2 - PT_0 + \varphi''_2] \} \frac{K_2}{K_1} e^{-i\phi} \qquad (2.150)$$

并在一个周期内平均：

$$(\varphi'_1)^2 - P\varphi'_1 + M - \lambda_1^2 - \lambda_1 H - \lambda'_1 - i[(2\varphi'_1 - P)\lambda_1 + \varphi''_1 + H\varphi'_1 - PT_0]$$

$$= - iPT_2\delta^2 \left(1 + \frac{K_2}{K_1} e^{i\phi} \right) - \{ [(\varphi'_2)^2 - P\varphi'_2 + M - \lambda_2^2 - \lambda_2 H - \lambda'_2]$$

$$- i[(2\varphi'_2 - P)\lambda_2 + H\varphi''_2 - PT_0 + \varphi''_2] \} \frac{K_2}{K_1} e^{-i\phi} \qquad (2.151)$$

略去 λ'_1 和 φ''_1 等小量，并根据下式：

$$\delta^2 = K_1^2 + K_2^2 + 2K_1 K_2 \cos\phi$$

$$\int_0^{2\pi} \cos^2\phi \, d\phi = \pi$$

$$\int_0^{2\pi} \sin\phi\cos\phi \, d\phi = 0$$

$$\int_0^{2\pi} \sin^2\phi \, d\phi = \pi$$

把式(2.151)积分后虚实部分开得

$$(\varphi'_1)^2 - P\varphi'_1 + M = 0 \qquad (2.152)$$

$$(2\varphi'_1 - P)\lambda_1 + \varphi''_1 + H\varphi'_1 - PT_0 - PT_2(K_1^2 + 2K_2^2) = 0 \qquad (2.153)$$

可求得频率 φ'_1 和阻尼因子 λ_1 分别为

$$\varphi'_1 = \frac{P}{2} \frac{1}{2} \sqrt{P^2 - 4M} \qquad (2.154)$$

$$\lambda_1 = \frac{PT_0 - H\varphi'_1 + PT_2(K_1^2 + 2K_2^2)}{2\varphi'_1 - P} \qquad (2.155)$$

把式(2.154)代入式(2.155)得

$$\lambda_1 = \frac{PT_0 - H\left(\dfrac{P}{2} + \dfrac{1}{2} \sqrt{P^2 - 4M} \right) + PT_2(K_1^2 + 2K_2^2)}{\sqrt{P^2 - 4M}} \qquad (2.156)$$

用类似的方法可求得频率 φ'_2 和阻尼因子 λ_2 分别为

$$\varphi'_2 = \frac{P}{2} - \frac{1}{2}\sqrt{P^2 - 4M}$$

$$\lambda_2 = \frac{PT_0 - H\left(\frac{P}{2} - \frac{1}{2}\sqrt{P^2 - 4M}\right) + PT_2(K_1^2 + 2K_2^2)}{-\sqrt{P^2 - 4M}} \tag{2.157}$$

可得火箭弹的振幅平面方程为

$$\begin{cases} \dfrac{dK_1^2}{ds} = 2K_1^2\left[\dfrac{PT_0 - H\left(\dfrac{P}{2} + \dfrac{1}{2}\sqrt{P^2 - 4M}\right) + PT_2(K_1^2 + 2K_2^2)}{\sqrt{P^2 - 4M}}\right] \\ \dfrac{dK_2^2}{ds} = 2K_2^2\left[\dfrac{PT_0 - H\left(\dfrac{P}{2} + \dfrac{1}{2}\sqrt{P^2 - 4M}\right) + PT_2(K_1^2 + 2K_2^2)}{-\sqrt{P^2 - 4M}}\right] \end{cases} \tag{2.158}$$

令

$$A = \frac{PT_0 - H\left(\frac{P}{2} + \frac{1}{2}\sqrt{P^2 - 4M}\right)}{\sqrt{P^2 - 4M}}, B = \frac{PT_2}{\sqrt{P^2 - 4M}}$$

$$C = \frac{PT_0 - H\left(\frac{P}{2} - \frac{1}{2}\sqrt{P^2 - 4M}\right)}{-\sqrt{P^2 - 4M}}, D = \frac{PT_2}{-\sqrt{P^2 - 4M}}$$

则式(2.158)化简为

$$\begin{cases} \dfrac{dK_1^2}{ds} = 2K_1^2\left[A + B(K_1^2 + 2K_2^2)\right] \\ \dfrac{dK_2^2}{ds} = 2K_2^2\left[C + D(2K_1^2 + K_2^2)\right] \end{cases} \tag{2.159}$$

对于该平面振幅方程,可求出四个奇点,其中 R_2 或 R_3 如下:

$$R_2\left(0, -\frac{C}{D}\right), R_3\left(-\frac{A}{B}, 0\right)$$

对于 R_2,根据奇点理论判别准则求得

$$\begin{cases} P = -2(A + C) \\ Q = -4C(A + 2C) \end{cases} \tag{2.160}$$

要使 R_2 成为稳定奇点,须满足:

$$-2(A + C) > 0 \tag{2.161}$$

$$-C(A + 2C) > 0 \tag{2.162}$$

要使奇点有意义,还要振幅平方满足:

$$-\frac{C}{D} > 0 \qquad (2.163)$$

由式(2.161)、式(2.162)、式(2.163)得 R_2 为稳定奇点的充要条件为

$$
\begin{cases}
T_2 > 0 \\[2mm]
\dfrac{PT_0 - H\left(\dfrac{P}{2} - \dfrac{1}{2}\sqrt{P^2 - 4M}\right)}{-\sqrt{P^2 - 4M}} > 0 \\[4mm]
\dfrac{PT_0 - H\left(\dfrac{P}{2} + \dfrac{1}{2}\sqrt{P^2 - 4M}\right)}{\sqrt{P^2 - 4M}} < 2\,\dfrac{PT_0 - H\left(\dfrac{P}{2} - \dfrac{1}{2}\sqrt{P^2 - 4M}\right)}{\sqrt{P^2 - 4M}}
\end{cases}
$$

$$(2.164)$$

用与上面类似的方法,可求出 R_3 为稳定奇点的充要条件为

$$
\begin{cases}
T_2 < 0 \\[2mm]
\dfrac{PT_0 - H\left(\dfrac{P}{2} + \dfrac{1}{2}\sqrt{P^2 - 4M}\right)}{-\sqrt{P^2 - 4M}} > 0 \\[4mm]
\dfrac{PT_0 - H\left(\dfrac{P}{2} - \dfrac{1}{2}\sqrt{P^2 - 4M}\right)}{-\sqrt{P^2 - 4M}} < 2\,\dfrac{PT_0 - H\left(\dfrac{P}{2} + \dfrac{1}{2}\sqrt{P^2 - 4M}\right)}{\sqrt{P^2 - 4M}}
\end{cases}
$$

$$(2.165)$$

为了验证理论分析的正确性,以某火箭弹为研究对象,式(2.164)和(2.165)内选定计算参数列于表2-6,对攻角方程数值积分得攻角变化曲线如图2-15中的(a)、(b)、(c)、(d)所示。

表 2-6　某火箭弹计算参数

序号	P	H	M	T_0	T_2
a	0.5	0.05	0.01	2.0	0.0001
b	3.5	1.5	1.0	2.5	0.0005
c	2.5	0.05	1.0	3.0	-0.01
d	3.0	0.05	0.1	5.0	-0.05

选用图2-15(a)的气动系数,在稳定范围内取初始扰动如表2-7所列,所得攻角曲线如图2-16所示。

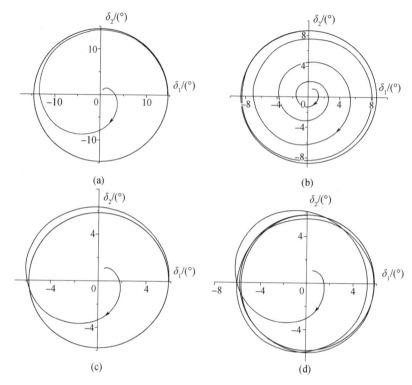

图 2-15 非线性马格努斯力作用下气动系数不同,
初始扰动相同时的极限圆锥运动

表 2-7 起始扰动参数

序号	δ'_{20}	δ'_{10}	δ_{20}	δ_{10}
a	5.0	5.5	1.0	0.5
c	5.0	5.5	1.0	-5.0
d	1.5	1.5	1.0	3.0
d	9.0	10.0	1.0	5.0

以表 2-7 中的 a 组参数为例,攻角的初始值 δ'_{10} 和 δ'_{20} 分别取 15.0,所得的攻角曲线如图 2-17 所示。

从图 2-16 中攻角方程积分曲线可以看出,在非线性马格努斯力作用下的火箭弹,当气动参数与起始扰动满足条件时,存在极限圆运动。极限圆运动的振幅大小主要取决于气动参数与弹体参数,气动参数不同,极限圆运动的振幅大小就不同;从图 2-17 可以看出,当起始扰动超过一定范围时会造成攻角发散。

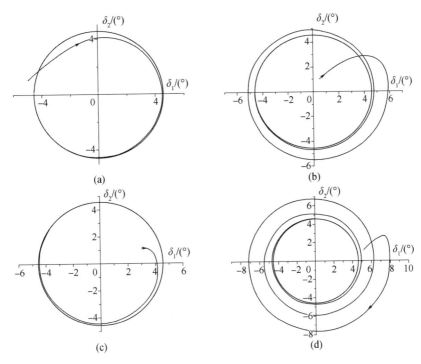

图 2-16　气动系数相同,起始扰动不同的极限圆运动

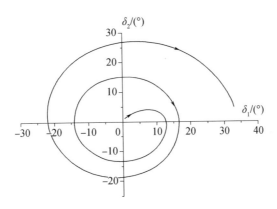

图 2-17　起始扰动过大引起的发散

2.3.8　极限圆锥运动的抑制措施

由前面的分析可知,火箭弹在非线性气动力作用下存在稳定的极限圆运动,这会对火箭弹的稳定性产生负面影响,因为发生稳定的极限圆运动时,火箭弹会长时间保持攻角不衰减而增大阻力,造成近弹。为此,可根据前面的分析采取如下措施:

（1）弹体气动参数的设计。大攻角情况下火箭弹在非线性气动力与气动力矩作用下作极限圆运动的条件是比较严格的,气动力与气动力矩须满足一定的条件才能产生极限圆运动。因此,可通过弹体气动参数设计避免产生极限圆运动的条件。以图2－5(d)为例,初始扰动不变,改变赤道阻尼力矩线性部分的气动参数符号后,攻角方程积分轨迹如图2－18所示。

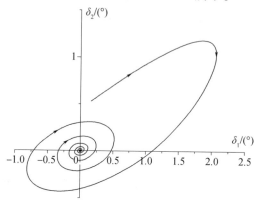

图2－18　气动参数不满足条件时的攻角衰减曲线

从图2－18中可以看出,如果气动参数设计恰当,就不会形成极限圆运动,而且攻角最后可以衰减到零,既摆脱了极限圆运动,又符合火箭弹的稳定性要求。

（2）控制发射起始条件。由奇点理论分析得出:当火箭弹的气动力参数与弹体结构参数满足奇点的稳定条件后,并不意味着其非线性运动就一定是稳定的,因为非线性运动的稳定性不但与火箭弹的气动参数与弹体结构参数有关,还与起始条件有关,在大攻角情况下更是如此。因此,控制发射起始条件也是避开产生极限圆运动的措施之一。以图2－16(a)为例,气动参数不变,初始攻角减小后攻角积分曲线如图2－19所示。

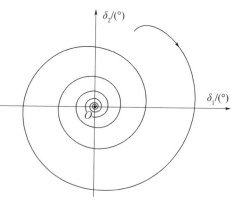

图2－19　初始攻角减小后攻角的曲线

从图2－19中可以看出,若初始攻角控制得合适,可以避免极限圆锥运动的发生,同时攻角呈衰减趋势,可以保证弹箭的稳定性。

2.4　对弹体动态特性的某些要求

弹体作为控制对象,必然受到制导控制系统的约束,并要求其具有良好的稳定性和操纵性,即理想的弹体动态特性。弹体又作为制导控制系统回路中的重要组成部分,必然会通过输入输出关系对整个回路性能产生至关重要的影响,因此,必须对弹体的主要设计参数提出明确要求[7]。

1. 火箭弹的静稳定度

对于长细比较大的火箭弹而言,要求其是静稳定的。如果弹体本身没有静稳定性,当自动驾驶仪来不及反应动作时,弹体的不稳定过程会加剧发散。尤其是火箭弹刚出炮口,控制系统还未工作时,完全由弹体的稳定性来保证飞行的稳定性,此时静稳定性更需要满足。

火箭弹静稳定度的增加使火箭弹的控制变得迟钝。为更有效地控制火箭弹,提高火箭弹的性能,静稳定度也不能取得过大,否则,机动性就要降低,这可以通过合理的空气动力布局来达到。

静稳定度就是要保证火箭弹焦点的位置在质心的后面,为了满足静稳定度要求,可以采用改变焦点位置的方法,如改变舵翼位置及面积大小、改变尾翼面积等;也可以改变质心的变化规律,如改变推进剂质心和火箭弹质心之间的距离等。

2. 火箭弹的固有频率

按式(2.55)可以求出固有频率 ω_C。

$$\omega_C = \sqrt{-a_\alpha} = \sqrt{-\frac{57.3 m_z^\alpha}{J_z} qSl} \quad (\text{rad/s}) \tag{2.166}$$

固有频率 ω_C 是火箭弹的重要动力特性参数。火箭弹固有频率的确定,要考虑到弹体参数、稳定控制系统及制导系统参数之间的匹配关系,要求其不能太大,也不能太小。一般要求稳定控制系统具有较好的滤波特性,使得能精确地实现控制信号。当控制系统截止频率 ω_{CT} 较小时,控制信号中有用的高频信号就输不进去,这样就不能精确地控制信号。通常要求稳定控制系统截止频率大于或等于制导系统截止频率 ω_g 的 3~4 倍,即

$$\omega_{CT} \geq 3 \sim 4\omega_g \tag{2.167}$$

而稳定控制系统截止频率和火箭弹固有频率的关系为

$$\omega_{CT} = 1.2 \sim 1.5\omega_C \tag{2.168}$$

3. 机动性和可用过载的确定

机动性是火箭弹最主要的特性之一,它以可用过载来表征。火箭弹的可用

过载是指火箭弹实现最大机动时所能产生的法向过载,而火箭弹在制导控制过程中,各时刻需付出的过载称为需用过载。在整个制导过程中,任何时间内的可用过载都应当大于需用过载。另外,火箭弹所受的最大法向过载不应超过某些由火箭弹强度条件所确定的极限允许值。如果火箭弹在很宽的速度和高度范围内飞行,在设计火箭弹和稳定控制系统时,就应当解决最大法向过载和攻角及侧滑角的限制任务。

从空气动力学的角度来看,提高火箭弹的机动过载就是提高火箭弹的法向升力,可采用主要技术途径有:增大弹翼面积,提高飞行速度,增大使用攻角。

4. 滚转操纵效率

滚转操纵效率的实现应当考虑到制导控制系统的特性,如对控制力矩或操纵机构偏转角最大值的限制等要求。滚转操纵机构最大偏角的大小由结构及气动设计来确定,操纵机构效率及最大偏角应当使操纵机构产生的最大力矩等于或超过滚转干扰力矩,且由阶跃干扰力矩所引起的在过渡过程中滚转角(或滚转角速度)不应超过允许值。

5. 俯仰/偏航操纵效率

俯仰和偏航操纵机构的效率由动力系数 a_δ、b_δ 的大小及操纵机构的最大力矩来表征。对俯仰及偏航操纵机构效率要求取决于:

(1) 在什么样的高度上飞行,是在气动力起主要作用的稠密的大气层内,还是在气动力相当小的稀薄的大气层内飞行;

(2) 控制系统的类型,静差系统还是非静差系统。

在飞行弹道的所有点上,操纵机构最大偏角应大于理论弹道所需的操纵机构的偏角,且具有一定的储备偏角。此外,操纵机构最大偏角不可能任意选择,它受机构及气动上的限制。

对俯仰和偏航操纵机构的最大偏转角以及效率的要求应在控制和制导系统形成时就制定出来,这些要求取决于这些系统所担负的任务,也取决于其工作条件。

6. 火箭弹结构刚度及敏感元件的安装位置

在有效载荷质量和飞行距离给定的情况下,借助减小结构质量和推进剂质量比来提高火箭弹飞行性能的倾向会使火箭弹结构刚度减小。为此,当设计火箭弹及稳定控制系统时必须考虑结构弹性对稳定过程的影响。

火箭弹在飞行过程中受到外载荷的作用,会发生弹性振动。火箭弹的运动可以看作是质心的平移和绕质心的转动以及在质心附近的结构弹性振动的合成。与质心的平移和绕质心的转动相比,可以认为结构弹性振动是一个小量运动。但是,在制导控制系统中测量火箭弹姿态变化的敏感元件,即自动驾驶仪中的角速度陀螺仪、线加速度等,会感受到这一小量运动,并引入制导控制回路中,有时会严重影响系统的性能。

结构弹性振动的频率与火箭弹的结构刚度有关,即刚度越大,其弹性振动频率越高。制导控制系统是在一定的频带范围内工作,由于结构弹性振动的阻尼系数很小,它会造成系统稳定性下降或不稳定。

火箭弹结构的刚度指标之一是以振型的频率和振幅来度量的。对频率的要求是:火箭弹的一阶振型频率要大于舵操纵系统的工作频带的1.5倍,至于振幅要求,主要应由火箭弹气动力的影响确定。它对制导控制系统的影响,可以由敏感元件的安装位置进行调节。原则上,角速度陀螺仪应安装在阵型的波腹上,线加速度计应安装在波节上,这样就可避免或大大减弱火箭弹结构弹性振动对制导控制系统的影响。

7. 操纵机构及舵面刚度

操纵机构和舵面的刚度也会影响制导系统的性能。操纵机构是指舵机输出轴到推动舵面偏转的机构,由于它是一个受力部件,它的弹性变形对舵机伺服系统的特性有较大的影响,从而影响制导控制系统的性能。当舵面偏转时,受到空气动力载荷的作用,舵面会发生弯曲和挠曲弹性变形,影响到控制系统的工作性能。因此,对操纵机构及舵面的刚度要有一定的要求。

参考文献

[1] 钱杏芳,林瑞雄,赵亚男. 导弹飞行力学[M]. 北京:北京理工大学出版社,2000.

[2] 雷娟棉,居贤铭,吴甲生. 自旋尾翼鸭式布局导弹的滚转特性[J]. 北京理工大学学报,2004,24(8):657−659.

[3] Gamble A E,Jenkins P N. Low cost guidance for the Multiple Launch Rocket System (MIRS) artillery rocket[C]. IEEE PLANS, Position Location and Navigation Symposium, 2000, 193−199.

[4] Garnell P, Qi Zai−kang,Xia Qun−li. Guided Weapon Control Systems(second revision) [M]. Beijing Institute of Technology, 2004.

[5] 雷娟棉,吴甲生. 尾翼稳定大长径比无控旋转火箭弹的锥形运动与抑制[J]. 空气动力学学报,2005,(12):455−457.

[6] 李臣明. 高空气象与气动力对远程弹箭弹道影响的研究[D]. 南京:南京理工大学,2007.

[7] 马尔金 И Г. 运动稳定性理论[M]. 北京:科学出版社,1958.

[8] 陈佳实. 导弹制导和控制系统的分析与设计[M]. 北京:宇航出版社,1984.

第3章
制导火箭弹气动布局与控制执行结构

气动布局与火箭弹的机动性、稳定性和操控性密切相关,显著地影响着制导控制系统的分析与设计。控制执行机构是操纵制导火箭弹飞行姿态的部件,制导火箭弹飞行姿态的操纵是通过控制执行机构改变空气动力特性的大小、方向来实现的。

3.1 制导火箭弹气动布局

气动布局是指火箭弹各主要部件的气动外形及相对位置的设计和安排,具体来说就是研究两个问题:一是选择气动翼面(包括弹翼、舵面等)的数目及其在弹身周向的布置方案;另一个是确定气动翼面沿弹身纵向的布置方案[1]。

弹翼的布置形式,根据其在弹身周侧的配置有两种不同方案:一种是平面布置方案(亦称飞机式方案,面对称布置方案),这一方案的特点是只有一对弹翼,对称地配置在弹身两侧的同一平面内,如图 3 – 1 所示;另一种是空间布置方案(亦称轴对称布置方案),这种方案包括多种形式,如图 3 – 2 所示。

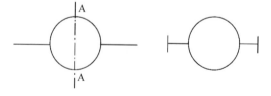

图 3 – 1   平面布置方案

制导火箭弹的气动外形通常都设计成轴对称的,其优点是可以分别对滚动、俯仰和偏航三个通道的控制回路进行设计。

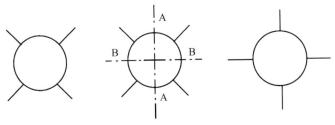

图 3 - 2　空间布置方案

3.1.1　翼面沿弹身纵轴的布置形式

有控飞行器用以改变飞行轨迹和稳定飞行的活动舵翼与固定弹翼相互配置的基本形式有正常式、无尾式、鸭式和旋转弹翼式四种,如图 3 - 3 所示。图 3 -4给出了不同气动布局法向过载产生的过渡过程。

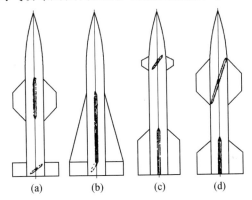

图 3 - 3　气动外形布局基本形式

（a）正常式；（b）无尾式；（c）鸭式；（d）旋转弹翼式。

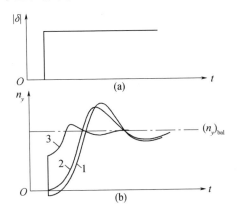

图 3 -4　不同气动布局的过渡过程

（a）舵偏角变化过程；（b）法向过载变化过程。1—正常式和无尾式；2—鸭式；3—旋转弹翼式。

对于制导火箭弹,常用气动布局基本上可以分成三种形式:鸭式布局、无尾式布局和无翼式布局。

1. 鸭式布局

鸭式布局的舵面位于弹身前部,大的尾翼位于弹尾,其布局形式与受力情况如图 3-5 所示。

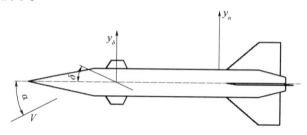

图 3-5　鸭式气动布局及受力情况

从气动力和控制观点看,鸭式布局的舵面安置在弹身头部,纵向操纵力臂长,舵效率高,故舵面面积可小些,铰链力矩小,所需的舵机功率也可小些;舵面偏转角与所要求的攻角增加方向相同,对指令的响应较快,但可以使用的最大攻角受到限制。从总体设计观点看,鸭式布局的舵面离惯性测量组件、弹载计算机近,易于进行部位安排,连接电缆短,铺设方便,与正常式布局相比,避免了将控制执行元件安置在发动机喷管周围的困难。

鸭式布局的主要缺点是舵面难以进行滚转控制。当鸭舵做反对称副翼式偏转进行滚转控制时,从舵面后缘脱出的涡涡在尾翼处形成不对称的下洗流场,诱导出一个与鸭舵滚转控制力矩方向相反的力矩。这个诱导滚转力矩减小甚至能完全抵消鸭舵的滚转控制力矩,从而大大降低鸭舵的滚转控制效率,甚至产生与舵面控制效果相反的滚转力矩,使鸭舵完全丧失滚转控制能力。

为消除鸭舵的滚转控制耦合和交叉耦合,解决途径之一是采用自由旋转尾翼[2],由于尾翼可以自由绕弹体旋转,在尾翼上就不产生诱导滚转力矩,鸭舵就能够进行相应的滚转控制。另外,也可采用火箭弹低速滚转飞行方式,无需进行滚转控制,鸭舵只需进行俯仰和偏航控制,俯仰和偏航控制可用一个控制通道完成。

2. 无尾式布局

无尾式布局是正常式布局的一种变形。正常式布局的弹翼在前,舵翼在后,对指令的响应比鸭式布局要慢。当弹翼移动到弹身的后部,与处于弹身尾端的舵翼几乎紧靠在一起时,就成为无尾式布局。由于火箭弹的翼展受到限制,为了产生足够大的升力,必须通过增大翼弦来增加弹翼面积时,就形成了这种布局。这时,两组翼面均为"×"字形或"十"字形配置。这种布局如何恰当安放弹翼—舵面的位置,使稳定性和操纵性匹配是气动设计的难点。

火箭弹的弹翼翼展受限,一般采用展弦比较小的边条翼(又称侧板翼),边条翼的前缘后掠角较大。火箭弹的无尾式气动布局示例如图3-6所示。

图3-6　无尾式气动布局

火箭弹采用无尾式气动布局,最大使用攻角能提高到10°~15°,最大使用舵偏角可由鸭式布局的20°增加到30°。这样,既可达到减少结构质量和零升阻力的目的,又有利于解决高低空过载要求的矛盾。无尾式布局具有如下特点:

(1)具有需要的过载特性。利用无尾式布局通过增加攻角来提高升力,得到大的机动过载;同时利用其在小攻角时有较小的升力特点,可以限制可用过载,从而较好解决气动布局在高低空可用过载上的矛盾。

(2)具有较高的舵面效率和较低的纵向静稳定度。由于弹身非线性升力在攻角增加时呈非线性增加,而它的作用中心接近弹身的几何中心,通常在质心之前,故当攻角较大时,静稳定度就相应减少。

3. 无翼式布局

无翼式气动布局如图3-7所示。

图3-7　无翼式气动布局

火箭弹采用无翼式布局时,其头部一般采用两级圆锥设计,既能满足超声速飞行减阻要求,又能保证战斗部装填容积足够大;火箭弹采用全动尾舵,能够适应火箭弹动态变化范围大、飞行弹道高等弹道环境,便于弹体部位安排,易满足稳操性匹配的要求[3]。

3.1.2　翼面在弹身周侧的布置形式

翼面在弹身周向的布置方案为轴对称翼面布置形式,常用的布置形式有"+"字形布置方案("+-+"型)、"×"字形布置方案("×-×"型)和混合型

布置方案("+—×"型),它们均为气动轴对称形式,其主要特点为:

(1)无论在哪个方向均能产生同样大小的升力,即各个方向都能产生最大的机动过载;

(2)升力的大小和作用点与火箭弹绕纵轴的旋转无关,即火箭弹无论如何旋转,升力的大小和作用点均不变;

(3)在任何方向产生升力都具有快速响应的特性,大大简化了控制与制导系统的设计;

(4)在大攻角情况下,将引起大的滚动干扰,这就要求滚动通道控制系统快速性好。

图3-8和图3-9比较了轴对称配置火箭弹的"+"字形和"×"字形布局。"+"字形布局控制最简单。对于俯仰控制指令,两块水平舵面提供法向力,产生俯仰力矩;对于偏航控制指令,两块垂直舵面提供侧向力,产生偏航力矩;对于滚转控制指令,两块水平舵面或四块舵面一起朝顺时针方向偏转产生顺时针方向的滚动,一起朝逆时针方向偏转产生逆时针方向的滚动。

"×"字形布局在飞行中控制有点复杂。对于俯仰控制指令或偏航控制指令,四块舵面分别按图示方向偏转,产生合成的法向力或侧向力;对于滚转控制指令,四块舵面都顺时针和逆时针方向偏转,产生顺时针和逆时针方向的滚动。"×"字形布局与发射管的兼容性比"+"字形要好,而且有较高的气动控制效率。

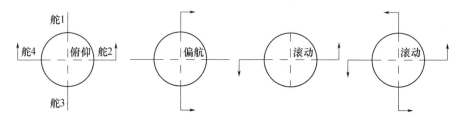

图3-8 鸭舵控制"+"字形布局(从后往前看)

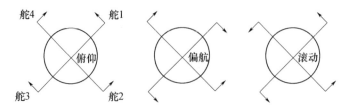

图3-9 鸭舵控制"×"字形布局(从后往前看)

3.1.3 舵指令分配

火箭弹的控制系统是火箭弹制导控制系统不可分割的一部分,它的功能就是保证火箭弹按照给定的弹道飞行,即随时监测火箭弹是否偏离弹道,制导系统测量这些误差,并把信号送到控制系统,将误差减小到零[4]。

对于采用"×"字形布局、鸭舵控制的火箭弹,图3-10定义了4个舵面正方向(1#舵前缘向上,2#舵前缘向上,3#舵前缘向下,4#舵前缘向下),若又定义正滚转舵偏使得火箭弹绕纵轴O_{x1}作逆时针转动运动(从后往前看),正俯仰舵偏产生向上的升力,正偏航舵偏产生向右的侧向力(见图3-11,从后往前看),于是可得

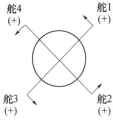

图3-10 舵面正方向定义(从后往前看)

$$\delta_z = \frac{1}{4}(\delta_1 + \delta_2 - \delta_3 - \delta_4)$$

$$\delta_y = \frac{1}{4}(-\delta_1 + \delta_2 + \delta_3 - \delta_4)$$

$$\delta_z = \frac{1}{4}(\delta_1 + \delta_2 + \delta_3 + \delta_4)$$

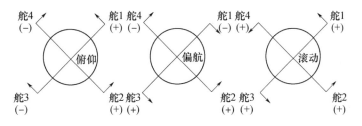

图3-11 俯仰、偏航和滚转舵偏正方向定义(从后往前看)

3.2 制导火箭弹姿态控制方法

3.2.1 空气动力控制

空气动力控制是指基于气动舵对火箭弹的姿态进行控制。根据运动的相对性原理和气体流动时的基本定律,当火箭弹在大气中以一定的速度飞行时,火箭弹会受到空气动力的作用。空气动力可以分解为升力、侧力和阻力,而对应的气动力矩可以分解为影响火箭弹姿态的滚动力矩、偏航力矩和俯仰力矩。

大量实验表明,空气动力和力矩与火箭弹的飞行速度、飞行高度、火箭弹的外形及火箭弹相对来流的姿态等因素有关。来流速度越大,即火箭弹速度越大,动能就越大,来流吹到火箭弹上后,由于受到阻滞,大部分动能

转换为压力能,总的空气动力也增大。升力、侧力和阻力与飞行速度的平方成正比,还与空气密度成正比,由于空气密度随高度增加而减小。所以高度越高,作用在火箭弹上的空气动力越小。因此,使用空气动力来控制弹体的姿态存在以下缺陷:

(1) 使用空气动力控制姿态的火箭弹的飞行区域限制在大气层内。

(2) 在低速、低动压(高空空气稀薄)的条件下,不能实现姿态的控制。

随着对火箭弹(大气层内飞行)性能日益提高的要求,普通的气动布局已不能满足要求,需要有更多的控制面,这些控制面协同偏转可以完成一般火箭弹难以实现的飞行任务,达到较高的飞行性能,但同时飞行控制系统的设计将变得非常复杂。

3.2.2　推力矢量控制

推力矢量控制是指改变发动机排出的气流方向来控制火箭弹飞行的一种控制方法。不采用推力矢量技术的火箭弹,发动机的喷流都是与火箭弹的轴线重合的,产生的推力也沿轴线向前,这种情况下发动机的推力只是用于克服飞行器所受到的阻力,提供火箭弹加速的动力。采用推力矢量技术的火箭弹,则是通过喷管偏转,利用发动机产生的推力,获得多余的控制力矩,实现火箭弹的姿态控制。其突出特点是控制力矩与发动机紧密相关,而不受火箭弹本身姿态的影响。实现推力矢量控制的方法主要有小辅助喷管控制、固定喷管的喷流偏转、摆动喷管和侧向二次喷射等[5]。

推力矢量控制的优点是:

(1) 可以保证在火箭弹作低速、大攻角机动飞行,而操纵舵面几近失效时,利用推力矢量提供的额外操纵力矩来控制火箭弹机动。它可使火箭弹获得更大的机动性,实现过失速机动飞行,突破"失速障碍"。

(2) 推力矢量技术的运用提高了火箭弹控制效率,火箭弹的气动控制面可以大大缩小。

推力矢量控制主要应用于制导火箭弹大射角发射情形,主要以燃气舵方式等实现推力矢量控制,发射重量可以得到明显提高。

3.2.3　喷气反作用控制

喷气反作用控制是指火箭弹本身利用自身携带的气源,或由燃料燃烧或分解产生的高压气体,经喷气发动机(推力器)向外喷射出去。产生反作用力和反作用力矩,从而控制飞行器姿态的一种控制方法。

常用作姿态控制的喷气系统有:

（1）冷气系统。它以高压液态惰性气体为工质。如美国 SabreRocket 飞行器的反作用控制系统,其工作介质是冷氩气。

（2）单组元系统。它以无水阱为燃料,当加压的阱通过多孔的催化剂床时,燃烧分解产生高温高压气体喷出。

（3）双组元系统。使用燃烧剂和氧化剂两种液体推进剂,在推力器的燃烧室混合、燃烧,推进效率较高。

与推力矢量控制不同,喷气反作用控制系统一般由若干个喷嘴组成,分别安装在火箭弹的翼端、弹体前部或后部,可以对火箭弹的俯仰、偏航和滚动进行控制。喷气反作用控制适合于火箭弹在低速和高空低动压条件下的飞行控制。

3.2.4　变质心控制

变质心控制又称为质量控制或质量矩控制。火箭弹的姿态控制是通过火箭弹所受外力相对质心的力矩来实现的,而力矩 M 与力 F 和力臂 r 有关。力矩的计算公式为

$$M = r \times F$$

常规气动舵控制,力臂 r 不变,通过舵面的偏角变化改变鸭翼和尾翼的升力,即改变力 F 对飞行器的质心形成力矩,达到改变火箭弹的姿态。如果力不变,通过改变力臂 r,即飞行器的质心位置来达到改变力矩,完成对飞行器的姿态控制,这就是变质心控制。

变质心控制与传统的气动舵控制相比较,主要有三个方面的优越性:

（1）变质心控制机构完全在弹体内部工作,不会影响火箭弹的气动外形。

（2）无需解决气动舵面的烧蚀问题。

3.3　控制执行机构

3.3.1　舵机

在大气层中飞行的火箭弹,可通过改变空气动力的大小和方向获得控制力,这种通过操纵舵面产生控制力,控制和稳定火箭弹飞行的装置称为舵机（或称舵系统）[6]。

1. 对舵机的基本要求

舵机是自动驾驶仪的一个重要环节,典型特点是动态性能高、功率强和非线性因素比较明显,它对自动驾驶仪的性能有重大影响,其设计的好坏将会影响整个火箭弹制导系统的性能。对舵机的性能要求,主要包括最大输出力矩、

最大舵偏角和角速度、动态过程响应特性等,具体有:

1)能够产生足够大的输出力矩

舵机的输出力矩应满足:

$$M \geq M_j + M_f + M_i \tag{3.1}$$

式中:M 为舵机输出的力矩;M_j 为舵面上空气动力产生力矩,称为铰链力矩;M_f 为传动部分摩擦力矩;M_i 为舵面及传动部分的惯性产生的力矩。

2)能使舵面产生足够的偏转角和角速度

为了能够实现火箭弹所需的飞行轨迹和补偿外干扰力矩的作用,舵机应使舵面产生足够的舵偏角。不同的火箭弹对舵偏角的要求不同,制导火箭弹的舵偏角以 15°～20° 为宜,最大舵面偏转角速度为 150°/s～200°/s 左右。

3)应有良好的动态品质

动态品质常用过渡过程上升时间或通频带来衡量。过渡过程的上升时间是指舵机回路输入阶跃信号时,舵机回路由一个稳定状态过渡到另一个稳定状态所需的时间。舵回路的通频带要求比弹体稳定回路的通频带大 3～7 倍。

4)舵回路应尽量呈线性特性

一般希望舵回路的输出量与输入量之间呈线性关系,但在实际中由于舵回路中存在着一些非线性因素,如摩擦、磁滞后、能源功率的限制等,所以在舵回路中总存在如非灵敏区、饱和等非线性情况,在设计时,应尽量增大舵机的线性范围。

5)结构要求

要求舵机具有质量轻、尺寸小、结构紧凑、容易加工和工作可靠等特点。

2. 舵机的负载特性

舵机是自动驾驶仪的执行元件,其作用是根据控制信号的要求,操纵舵面偏转以产生操纵火箭弹运动的控制力矩。

当舵面发生偏转时,流过舵面的气流将产生相应的空气动力,并对舵轴形成气动力矩,通常称为铰链力矩。铰链力矩是舵机的负载力矩 M_j,与舵偏角大小、舵面形状、舵轴位置及飞行状态有关,其表达式为

$$M_h = m_h q_r S_r b_r \tag{3.2}$$

式中:m_h 为铰链力矩系数;q_r 为流经舵面气流的动压;S_r 为舵面面积;b_r 为舵面弦长。

对于火箭弹而言,驱动操纵面偏转的舵机所需的功率取决于铰链力矩的大小。以俯仰舵为例,当舵面处于攻角为 α,舵偏角为 δ_z 时(图 3－12),铰链力矩主要由舵面上的升力 Y_r 产生。若忽略舵面阻力对铰链力矩的影响,则铰链力矩表示为

$$M_h = -Y_r h\cos(\alpha + \delta_z) \tag{3.3}$$

式中：h 为舵面压心至铰链轴的距离。

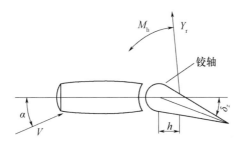

图 3 – 12　舵面铰链力矩示意图

　　舵面负载铰链力矩不同于一般的负载，由式(3.2)可见，在舵面类型与几何形状一定的情况下，相同舵偏角产生的铰链力矩随飞行状态改变，动压 q 越大，铰链力矩也越大，而且铰链力矩的方向也可能发生改变，这取决于舵面转轴相对于舵面气动压力中心的位置。

　　由于铰链力矩是由气动力压心与舵面转轴不重合而产生的，而压力中心与飞行马赫数有关，当从亚声速变到超声速时，压心将向后移动。为了在马赫数变化时使得铰链力矩值比较小，可把转轴位置设计在压力中心变化范围的中点附近。这样配置之后，在马赫数较小的亚声速范围内，当压力中心位于转轴之前时，作用在舵面上的气动铰链力矩与驱动舵面偏转的主动力矩方向相同，加速舵面偏转（即起正反馈作用），相当于是静不稳定的。在马赫数较大的超声速范围内，当压力中心位于转轴后面时，作用在舵面上的空气动力对舵轴产生的气动铰链力矩与驱动舵面偏转的主动力矩方向相反，阻止舵面偏转（即起负反馈作用），相当于是静稳定的。

　　因此，铰链力矩的大小和方向随飞行状态而变化，对舵机的工作有很大的影响。为了使舵面偏转到所需的位置，舵机产生的主动力矩必须能克服作用在舵轴上的铰链力矩，以及舵面转动所引起的惯性力矩和阻尼力矩。

3. 舵回路分析

　　舵面的铰链力矩对舵机的工作影响很大，尽管可以采用气动补偿或其他措施来补偿，但这种影响始终还是存在。为此，制导控制系统中都采用舵回路，舵回路又称为伺服机构（执行机构）或伺服系统。如图 3 – 13 所示，舵回路一般由放大变换器、舵机和舵位置敏感元件等组成[7]。它的作用是根据放大器输出的一定大小和极性的信号，实现均匀调速或比例操纵舵偏角，提高舵机的通频带，减小舵机中铰链力矩和非线性因素对飞行控制系统的影响，以便稳定和控制火箭弹的飞行。

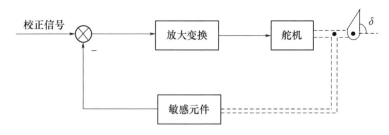

图 3 - 13　舵回路原理方框图

舵回路常用的反馈有三种:位置反馈(又称刚性反馈或硬反馈)、速度反馈(又称软反馈)和均衡反馈(又称弹性反馈)。它们构成硬反馈、软反馈和弹性反馈这三种常见的舵回路形式。图 3 - 14 是舵回路的简化图。图中 K_y 表示放大器反馈增益;$G_F(s)$ 为反馈装置的传递函数;舵机的动态特性用近似的传递函数(即一个积分环节表示),并忽略铰链力矩的影响。

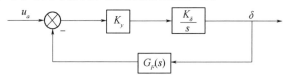

图 3 - 14　舵回路一般形式

1) 位置反馈舵回路

如果用位置反馈包围舵机,即取 $G_F(s) = K_F$(K_F 为反馈系数)时,该舵回路称为硬反馈回路。由图 3 - 14 可得传递函数为

$$\Phi_\delta(s) = \frac{\delta(s)}{u_a(s)} = \frac{K_\delta}{T_\delta s + 1} \tag{3.4}$$

式中:$K_\delta = 1/K_F$ 为舵回路的静态增益;$T_\delta = 1/K_y K_\delta K_F$ 为舵回路时间常数。

从式(3.4)可知,硬反馈舵回路的传递函数近似为一个惯性环节,其中系数 K_δ 和 T_δ 均与反馈系数成反比。这种舵回路的特性与反馈系数有密切关系。另外,引入位置反馈后,舵回路输出的稳态舵偏角正比于输入电压,从而使控制系统的控制信号能按比例地操纵舵偏角的大小。

2) 速度反馈舵回路

若用速度反馈包围舵机,即取 $G_F(s) = K_{F\dot\delta}s$($K_{F\dot\delta}$ 为速度反馈系数)时,该舵回路称为软反馈回路。由图 3 - 14 可得传递函数为

$$\Phi_\delta(s) = \frac{\delta(s)}{u_a(s)} = \frac{K_y K_\delta}{K_y K_\delta K_{F\dot\delta} + 1} \cdot \frac{1}{s} = \frac{K_{\dot\delta}}{s} \tag{3.5}$$

式中:$K_{\dot\delta} = \dfrac{K_y K_\delta}{K_y K_\delta K_{F\dot\delta} + 1}$。

从式(3.5)可知,软反馈舵回路包含一个积分环节。引入速度反馈后,舵回路输出的舵偏角与输入电压的积分成正比。或者说,输出的舵面偏转角速度正比于输入电压。因此,使得火箭弹控制系统的控制信号能按比例地操纵舵偏角速度。应该指出,若考虑铰链力矩作用时,上述软反馈回路特性为近似的。

3) 均衡舵回路

用弹性反馈包围舵机构成的舵回路称为弹性或均衡舵回路,弹性反馈可由位置反馈中串联一个均衡环节来实现,它的传递函数为

$$G_F(s) \ = \ = \ K_{F\delta} \frac{T_e s}{T_e s + 1} \tag{3.6}$$

式中:$K_{F\delta}$为位置反馈系数;T_e为均衡环节时间常数。

进一步由图3-14求出系统的传递函数如下:

$$\Phi_\delta(s) \ = \ \frac{\delta(s)}{u_a(s)} \ = \ \frac{1}{T_e K_{F\delta}} \cdot \frac{T_e s + 1}{s} \ = \ \frac{1}{K_{F\delta}} + \frac{1}{K_{F\delta} T_e s} \tag{3.7}$$

从式(3.7)可知,如果输入电压角频率小于$1/T_e$,即舵回路工作在低频率,舵回路的传递函数近似为一个积分环节;当工作在高频率(即输入电压角频率大于$1/T_e$)时,式(3.7)又近似为一个纯比例环节。因此,弹性反馈舵回路特性,在低频段接近于软反馈舵回路的特性,在高频段则接近于硬反馈舵回路的特性。因而弹性反馈是兼有两种反馈特性的舵回路。

综上所述,用不同形式的反馈包围舵机,可以构成各异的几种舵回路,它们的性能在很大程度上取决于反馈的形式和大小。

4. 舵机非线性特性的影响

舵机的非线性特性包括舵偏角饱和限制、舵偏角速度饱和限制以及间隙等。

1) 舵饱和特性对驾驶仪的影响

舵机经过位置或速度闭环后,形成舵系统(也称为舵回路),在驾驶仪设计时,通常将舵系统视为一个整体,简称舵或舵机。

自动驾驶仪的输入总是存在噪声干扰的,通常噪声为高频信号,如果角速度很大,容易使舵机角速度饱和,舵机角速度饱和后,舵机无法正确跟随自动驾驶仪输出的控制指令,情况严重时会造成系统失稳。

对于一个位置反馈的舵机,输入一个给定幅值和频率的正弦信号。如果幅值很小,舵机会以一定的幅值比和相位滞后跟随输入指令;如果将输入正弦指令的幅值或频率加倍,输出所需的最大角速度也随之加倍。此时由于舵机的最大角速度有限制:对于电动舵机,角速度限制由输入电压决定;对于液压或气压

舵机时,角速度限制是由阀门的流量决定的。驾驶仪的控制参数都是根据名义传递函数设计的,由于角速度的限制,必然会导致其工作特性变差。

舵机的角速度限制会导致系统时域响应变差,也就是说,系统会用更长的时间去跟随指令。在频域中的体现就是,幅值比变小,相位滞后增加。很多驾驶仪都需要一个快的舵系统来保持回路的稳定,因为弹体本身的相位滞后就比较大,接近180°,反馈部分虽然能提供一些正的相位,但也是很有限的,如果在驾驶仪交接频率处舵机的相位滞后比较大,会使驾驶仪的稳定裕度很低,甚至由于角速度的限制可能会导致驾驶仪失稳。

自动驾驶仪稳定性的显著降低意味着等效阻尼的减小,也就是说,由噪声引起的驾驶仪输出的均方根增大了,这会导致系统精度的降低。

2)舵机功率对舵回路的影响

实际舵回路中的舵机功率有限,并存在间隙和饱和等非线性因素。舵机功率有限意味着其输出力矩和速度都受到限制。在一定飞行状态下,最大舵偏角正比于舵机的最大输出力矩。在负载情况下,舵机的功率影响舵回路的静特性,其线性范围随舵机功率减小而变窄。

舵机功率一定时,输入电压越大,舵回路的动态响应越慢;而当输入电压一定时,舵机功率越大,动态响应则越快。

综上所述,舵机功率对舵回路的工作有很大影响。负载情况下,舵回路静特性的线性范围随舵机功率的增加而增大;输入一定的情况下,舵回路的通频带随舵机功率的增大而增大,动态响应加快。因此,在选用舵机时,应考虑其功率对舵回路的影响。

3)舵机传动机构间隙对舵回路的影响

间隙对舵回路的影响随着间隙所在位置的不同而不同。反馈回路中的传动间隙影响尤为突出,会增大舵回路的延迟时间,增大静差,降低舵回路的稳定性,引起舵回路的输出在零值附近持续振荡(极限环);严重时,舵回路将无法正常工作。

3.3.2 直接力控制式执行机构

利用推进剂燃气的直接反作用效应来产生横向机动控制力和控制力矩的执行机构称为直接力控制式执行机构,其可用于火箭弹的轨道控制、姿态控制或者两者的联合控制。当仅用于轨道控制时,它们通常位于火箭弹的质心附近。直接力控制的特点是小型、轻质、快响应、短脉冲、多管化和模块化。

1. 小型脉冲发动机控制特点

直接力控制式执行机构多用于旋转火箭弹简易控制系统。对于旋转稳定的火箭弹而言,垂直施加在弹轴上的控制力必须具有很短的脉冲才能获得有效的控制效果。利用小型固体火箭发动机发出的脉冲冲量实现这种简易控制是一种较理想的技术。

脉冲质心控制力技术,是指沿弹体质心圆周上均匀分布多个微型脉冲火箭发动机,在飞行过程中根据需要控制脉冲式火箭发动机点火工作,依靠它们产生的直接横向反作用控制力快速修正飞行弹道。图 3 – 15 所示为旋转火箭弹脉冲发动机布置示意图。

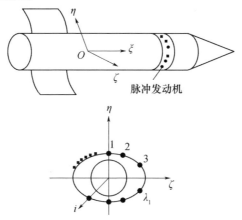

图 3 – 15 旋转火箭弹脉冲发动机布置示意图

脉冲控制力与气动控制力相比具有如下特点:①响应时间短,反应速度快;②单个脉冲发动机总冲有限并且固定,因此脉冲控制力的大小有限,并且相同;③不能够连续作用,具有离散性;④结构简单,成本低。

脉冲直接力控制系统与气动力控制系统不同,执行机构由离散、固定的脉冲式的微型脉冲发动机代替了连续型工作的舵机。因此脉冲直接力控制方式引入了很多有别于传统控制系统的干扰因素,其中主要因素有:脉冲发动机的工作脉冲宽度和点火延时,以及脉冲发动机的作用点偏离质心距离的散布等,这些干扰因素对命中精度的影响程度也不相同。在工程设计中,应当引入上述各种扰动因素的散布模型,利用蒙特卡罗法(Monte – Carlo)进行弹道模拟打靶,并对落点的圆概率误差进行统计计算,得出各种干扰因素对于命中精度的影响,进而对命中精度影响大的因素进行有效控制,达到减小误差,提高命中精度的目的。

2. 小型脉冲发动机的应用

1)姿态控制系统中的应用

为了有效提高火箭弹的射击密集度,俄罗斯"旋风"火箭武器系统中引入了姿态控制系统,其任务是在火箭弹离轨后的几秒内将火箭弹纵轴姿态控制在发射方向,依靠稳定火箭弹纵轴姿态来间接稳定速度矢量方向,减小由于初始扰动造成的速度矢量方向散布,以减小火箭弹落点横向偏差,提高射击密集度,姿态控制系统工作时间一般较短。

火箭弹姿态控制系统工作原理:依靠在弹道主动段前期不断地稳定火箭弹纵轴方向,来减小弹道主动段终点的火箭弹速度矢量相对于初始给定射向的角偏差。在姿态控制系统工作过程中,对火箭弹纵轴角运动参数进行检测并形成控制信号,驱动执行机构运动形成控制力,该力产生相对于火箭弹质心的力矩,阻止火箭弹纵轴偏离初始给定射向。

姿态控制系统的执行机构采用脉冲发动机,因为在弹道主动段的初始阶段火箭弹无论对于控制作用还是对于干扰作用都是最敏感的,而在初始阶段火箭弹的速度不高,因而空气动力控制效果不好。姿态控制系统不仅能提高火箭弹的横向密集度,而且也能提高火箭弹的纵向密集度。

火箭弹姿态控制系统的总体方案是:由姿态测量元件作为系统的敏感元件,测量火箭弹纵轴的运动参数,测量元件输出的误差信号送给信号提取、滤波及变换放大电路,形成控制指令驱动执行机构运动,由执行机构产生控制力。测量元件、指令生成器、执行机构和火箭弹弹体组成闭合反馈控制回路,前三者构成姿态控制系统,弹体是被控对象。姿态控制系统原理框图见图 3 - 16[8]。

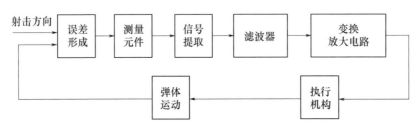

图 3 - 16　旋转火箭弹姿态控制系统原理框图

2) 快速转弯段中的应用

先看一个防空导弹的例子,该导弹对于战术弹道导弹等高速目标则采用固定倾角(即发射高低角)发射方式,如发射倾角为 38°。固定倾角发射方式能减小发射准备时间,提高导弹作战的快速反应能力,但是限制了作战空域,特别是对于攻击近距离的高界和低界目标。该防空导弹弹身前部装有 180 个姿控固体小火箭,沿径向均匀分布,在拦截末段用作俯仰和偏航通道的姿态控制。采用固定倾角发射方式时,为了扩大作战空域,并快速地将导弹速度引导到指向预测命中点方向,导弹可以通过姿控固体小火箭实施离架后低速飞行段辅助的脉冲推力矢量控制。在弹体滚动稳定的条件下,这种脉冲式推力矢量的作用类似于 S - 400 导弹专门用于弹道转弯的冲量发动机,它具有"鸭式舵"的特征。

通过脉冲推力矢量控制,在低速飞行段快速改变弹体姿态,利用单级固体发动机推力和气动升力提供弹道转弯所需的法向机动力;同时在姿控固体小火箭点火期间附加的脉冲推力也能增强弹道的转弯能力,从而使导弹速度矢量快速地转向目标轨道预测命中点方向。事实上,这种固定倾角发射条件下的脉冲式推力矢量控制具有近似实现跟踪目标随动发射的效果。

火箭弹在倾斜发射后为了实现快速转弯,也可以利用小型脉冲发动机能够快速提供侧向力的能力来实现。在进行姿态控制时,弹体受力图如图 3 – 17 所示(不考虑侧喷干扰效应)[9]。

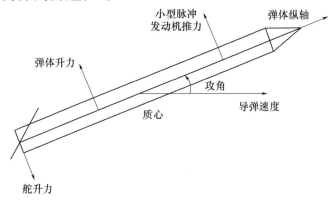

图 3 – 17　弹体受力情况

为了简化计算,这里只讨论俯仰方向的转弯,不考虑偏航方向(可以通过点火逻辑的设计来控制直接力的方向,从而控制弹体在偏航方向的转弯),即在二维平面内讨论弹体的转弯,快速转弯过程如图 3 – 18 所示。在快速转弯的过程中,火箭弹的速度很小,气动力的作用可以忽略不计。因此可以认为只有小型脉冲发动机的推力 P 控制转弯过程。如果令 $\Delta\vartheta = \vartheta_0 - \vartheta_g$,$\vartheta_0$ 为发射角,ϑ_g 是实际弹道要求的弹道倾角,则 $\Delta\vartheta$ 就是快速转弯过程中弹体需要转过的角位移。

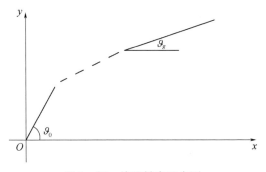

图 3 – 18　快速转弯示意图

在快速转弯段,首先,脉冲发动机以允许的最大力矩使弹体做加速角运动,满足一定条件后,脉冲发动机停止工作,弹体做匀速角运动,再满足一定条件后,脉冲发动机产生反向允许的最大力矩使弹体做减速角运动,最终达到期望的弹体姿态。这样,就可以通过选取合适值,来控制系统的响应时间和消耗的小脉冲发动机个数。

参考文献

[1] 龙乐豪,方心虎,刘淑贞,等. 总体设计[M]. 北京:宇航出版社,1989.

[2] 雷娟棉,居贤铭,吴甲生. 自旋尾翼鸭式布局导弹的滚转特性[J]. 北京理工大学学报,2004,24(8):657 – 659.

[3] 苗瑞生,居贤铭,吴甲生. 导弹空气动力学[M]. 北京:国防工业出版社,2005.

[4] George M S. Missile Guidance and Control Systems[M]. Springer – Verlag,New York,2004.

[5] 祁载康. 制导弹药技术[M]. 北京:北京理工大学出版社,2002.

[6] 陈佳实. 导弹制导和控制系统的分析与设计[M]. 北京:宇航出版社,1984.

[7] 于秀萍,刘涛. 制导与控制系统[M]. 哈尔滨:哈尔滨工程大学出版社,2013.

[8] 郝峰,张茹. 多管火箭弹简易控制系统分析[J]. 弹箭与制导学报,2006,26(2):89 – 90.

[9] 郑咏岚,李国雄. 小型脉冲发动机在现代防空导弹中的应用途径研究[J]. 现代防御技术,2008,36(1):31 – 35.

第4章

制导火箭弹弹道特性分析

4.1 概述

    普通无控火箭弹用于攻击地面固定目标,其弹道是一条预定的抛物线,不能中间变更。制导火箭弹是对无控火箭弹的改进,加装了制导控制装置,使用空气舵进行姿态控制,弹道方案为有控弹道式飞行弹道。在爬升段,俯仰控制系统根据名义弹道给出的速度倾角,使火箭弹按所要求的轨迹飞行,偏航通道则不断进行横向控制,使火箭弹侧向速度方向始终对准目标;在降弧段,采用滑翔或跳跃弹道,达到增程或突防的目的,并可通过弹道成型技术来满足大落角攻击要求。

    随着现代战争战役纵深的不断提高,远程火箭弹的射程已由40km延伸到150km,将来还会进一步延伸到300km以上,最大弹道高已达60km以上,大大超过了以前的高度。高空弹道气动力对于常规弹道导弹来说也许可以粗糙一些,因为它是垂直发射的,很快就会穿过大气层,在飞行过程中即使由于气动力的影响出现一些偏差,也可以通过控制系统加以修正,保证射击的准确性。而远程火箭弹却要长时间在此高度上有控飞行,因此对于此高度上的弹道气动力要求更为细致和准确。随着高度的增加,空气密度逐渐变小,温度、压强、空气密度、运动学黏性系数和声速等参数也发生了较大变化,其综合结果是使雷诺数与地面相比也发生较大变化,而雷诺数的变化会引起气动系数特别是摩阻和底阻的变化[1],从而影响到火箭弹的空气动力。远程火箭弹的另外一个特点是"大长细比",其飞行中必然产生柔性变形,因此在设计大威力的远程火箭弹时就必须对长细比弹箭柔性变形下的弹道理论进行深入分析和研究。

由于地球是个旋转体,火箭弹在不同地点发射时,其轨迹曲线会发生变化。即使在相同地点发射,也会因射向不同而轨迹不同。因此,需研究在相同射角情况下弹道诸元随射向变化的情况以及在不同纬度情况下,火箭弹弹道轨迹的变化,定量给出射向和纬度对弹道的影响。随着火箭弹射程的增加,飞行速度越来越快,气动热的问题愈加突出。为满足火箭弹气动热环境要求,在弹道设计阶段,应进行相应的气动热计算。因此,开展弹道计算和弹道特性分析,对于制导火箭弹特别是远程火箭弹的弹道气动力设计、试验射程标准化、制导系统弹道模型的建立等有着非常重要的影响。

4.2 标准气象条件

标准气象条件(包括空气温度、密度等参数随高度变化)对火箭弹飞行弹道有直接影响。火箭弹在大气中的飞行与大气状态密切相关,不同国家、不同年代制定的标准大气是有差别的,在不同的大气条件下,计算结果将有较大的差异。目前炮兵标准气象条件一般在30km高度以内,而在30km以上沿用的是北半球标准大气。火箭弹在稠密大气中运动时,认为空气为连续介质,并根据相应的气体动力学动量方程、连续方程、质量守恒方程等建立火箭弹的空气动力模型和进行相应数值计算、分析。但是,到了70km以上的高空,空气分子的平均自由程甚至达到毫米级,空气密度非常低[2],在这样低密度的空气中,如仍将空气看作连续介质而用稠密大气中的空气动力计算方法来计算火箭弹的气动力是不合适的。因此,研究适合制导火箭弹使用的弹道标准气象条件是非常必要的。

4.2.1 大气层基本结构

地球大气层又叫大气圈,地球就被这一层很厚的大气层包围着。自然状态下,大气是由混合气体、水汽和杂质组成。除去水汽和杂质的空气称为干洁空气。干洁空气的主要成分为78.09%的氮,20.94%的氧,0.93%的氩。这三种气体占总量的99.96%,其他各项气体含量合计不到0.1%,这些微量气体包括氖、氦、氪、氙等稀有气体。在近地层大气中上述气体的含量几乎不变,称为恒定组分。

大气层的空气密度随高度增加而减小,越高空气越稀薄。大气层的厚度大约在1000km以上,但没有明显的界限。整个大气层随高度不同表现出不同的特点,分为对流层、平流层、中间层、暖层和散逸层,再上面就是星际空间,其基本结构如图4-1所示。

1. 对流层

位于大气最下层,厚度(8~17 km)随季节和纬度而变化,在低纬度地区大

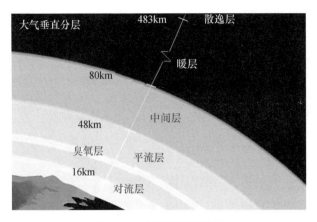

图 4 - 1　大气层基本结构

约 17 ~ 18km, 在中纬度的地区高 1 ~ 12km, 在高纬度地区只有 8 ~ 9km。对流层有如下特点：

（1）温度随高度的增加而降低。这是因为该层不能直接吸收太阳的短波辐射，但能吸收地面反射的长波辐射而从下垫面加热大气。因而靠近地面的空气受热多，远离地面的空气受热少。每升高 1km，气温约下降 6.5℃。

（2）空气对流。因为岩石圈与水圈的表面被太阳晒热，而热辐射将下层空气烤热，冷热空气发生垂直对流，又由于地面有海陆之分、昼夜之别以及纬度高低之差，因而不同地区温度也有差别，这就形成了空气的水平运动。

（3）温度、湿度等各要素水平分布不均匀。大气与地表接触，水蒸气、尘埃、微生物以及人类活动产生的有毒物质进入空气层，故该层中除气流做垂直和水平运动外，化学过程十分活跃，并伴随气团变冷或变热，水汽形成雨、雪、雹、霜、露、云、雾等一系列天气现象。

2. 平流层

对流层上面，直到高于海平面 50km 这一层，气流主要表现为水平方向运动，对流现象减弱，这一大气层叫做"平流层"，又称"同温层"，这里基本上没有水汽，晴朗无云，很少发生天气变化，适于飞机航行。在中纬度地区，平流层位于离地表 10 ~ 50km 高度，而在极地，此层则始于离地表 8km 左右。

3. 中间层

中间层又称中层，自平流层顶到 85km 之间的大气层。该层内因臭氧含量低，同时，能被氮、氧等直接吸收的太阳短波辐射已经大部分被上层大气所吸收，所以温度垂直递减率很大，对流运动强盛。

4. 暖层/ 电离层

暖层最突出的特征是当太阳光照射时，太阳光中的紫外线被该层中的氧原子大量吸收，气温随高度增加而增加，在 300km 高度时，气温可达 1000℃ 以上。

该层中的氮、氧气体成分,在强烈的太阳紫外线和宇宙射线作用下,已处于高度电离状态,所以称作"电离层"。

5. 散逸层

散逸层又名外层,是暖层顶以上的外大气层,延伸至距地球表面 1000km 处,这里的温度很高,可达数千摄氏度;大气已极其稀薄,其密度为海平面处的一亿亿分之一。

将火箭弹的弹道高度控制在 0~80km,下面列出若干特征高度的标准大气密度情况。

海平面标准大气密度:1.225kg/m³。

对流层顶标准大气密度:0.3646kg/m³,为海平面的 29.763%。

20km 高度标准大气密度:0.0889kg/m³,为海平面的 7.257%。

30km 高度标准大气密度:0.0183kg/m³,为海平面的 1.494%。

平流层顶标准大气密度:0.0009kg/m³,为海平面的 0.0735%。

80km 高度标准大气密度:0.0000157kg/m³,为海平面的 0.00128%。

4.2.2 气象参数随高度的变化规律

1. 空气状态方程和虚温

理想气体的状态方程为

$$pV = \nu RT$$

式中:p 为气体压强;V 为体积;R 为摩尔气体常数,其数值为 8.31432(J/mol·K);T 为热力学温度,其与温度 t 的关系为 $T = 273.15 + t$;ν 为气体质量 M 的物质的量,即 $\nu = M/M_r$;M_r 为摩尔气体质量。

气体状态方程通过引入符号 $\rho = M/V$ 可改写为

$$p = \rho RT/M_r$$

空气的摩尔质量 $M_d = 28.9644$(g/mol),将其代入上式得

$$p = \rho R_d T$$

式中:干空气气体常数 $R_d = R/M_d = 287.05$(J/kg·K)。

定义气块容积 V 内所含水汽质量 M_V 与容积 V 的比为绝对湿度,即

$$a = M_V/V$$

在常温常压范围内,水汽也服从状态方程,即

$$p_e = aR_V T$$

式中:$a = p_e/(R_V T)$;p_e 为水汽压强;R_V 为水汽的气体常数。

由于水汽的摩尔质量 $M_V = 18.05$(g/mol),从而有

$$R_V = R/M_V = \frac{R}{M_d} \cdot \frac{M_d}{M_V} = \frac{8}{5}R_d$$

若干气体密度 $\rho_d = p_d/(R_d T)$ ，根据道尔顿分压定律可知湿空气总压强 p 为干空气分压 p_d 和水汽分压 p_e 之和，密度为干空气密度 ρ_d 与水汽密度 a 之和，于是有

$$p = p_d + p_e$$

$$\rho = \rho_d + a = \frac{1}{R_d T}\left(p_d + \frac{5}{8}p_e\right)$$

整理后，得

$$\rho = \frac{p}{R_d}\left(1 - \frac{3}{8}\frac{p_e}{p}\right)/T$$

若称 $\tau = T/\left(1 - \dfrac{3}{8}\dfrac{p_e}{p}\right)$ 为虚温，则湿空气的状态方程为

$$p = \rho R_d \tau$$

饱和水汽压为

$$p_E = p_{E_0}\mathrm{e}^{\frac{7.45t}{t+235}}$$

式中： p_{E_0} 表示 $t = 0{}^\circ\!\mathrm{C}$ 时的饱和水汽压， $p_{E_0} \approx 6.11\mathrm{hPa}$ 。

$\varphi = p_e/p_E$ 为相对湿度，已知 φ 和 t ，可求得

$$p_e = \varphi \cdot p_E$$

2. 气压、密度与气温随高度的分布

设在距地面高度为 y 米处有一底面积为 A 、厚度为 $\mathrm{d}y$ 的空气微团，其下面受到向上的压力为 pA ，上面受到向下的压力为 $(p + \mathrm{d}p)A$ ，则有

$$pA - (p + \mathrm{d}p) \cdot A - \rho g A \mathrm{d}y = 0$$

式中： ρ 为空气微团的密度。将上式同除以面积 A 后得

$$\mathrm{d}p/\mathrm{d}y = -\rho g$$

将湿空气状态方程代入式中得

$$\frac{\mathrm{d}p}{p} = -\frac{g}{R_d}\mathrm{d}y = -\frac{\mathrm{d}y}{R_1 \tau}$$

式中： $R_1 = R_d/g = 287.05/9.80655 = 29.27$ ， $p = p_0 \exp\left(-\dfrac{1}{R_1}\displaystyle\int_0^{y_h}\dfrac{\mathrm{d}y}{\tau}\right)$ 为高压公式。

在对流层中，空气的热胀冷缩一般是接近瞬时进行，可看作绝热过程，故下式成立：

$$pV^k = p_0 V_0^k$$

式中： $V = 1/\rho$ 为气体的比热容。

结合湿空气的状态方程,得

$$p^{1-k}\tau^k = p_0^{1-k}\tau_0^k$$

式中:$k = c_p/c_V$ 为比热容,c_p 为定压热容,c_V 为定容热容。

对上式两边取对数并微分得

$$\frac{\mathrm{d}p}{p} = \frac{k}{k-1}\frac{\mathrm{d}\tau}{\tau}$$

令

$$G_1 = \frac{1}{R_1}\frac{k}{k-1}$$

则有

$$\mathrm{d}\tau = -G_1\mathrm{d}y$$

将其从 0 到 y 和从 τ_0 到 τ 进行积分,得到对流层内虚温随高度变化的关系式如下:

$$\tau = \tau_0 - G_1 y$$

在同温层内气温不变,则有

$$\tau = \tau_T$$

在亚同温层内,取

$$\tau = A + B(y - y_d) + C(y - y_d)^2$$

式中:y_d 为对流层高度;A、B、C 为常数。

对于高度大于对流层的大气温度的变化如图 4-2 所示。

3. 其他气象参数随高度变化

1)密度

空气密度公式为

$$\rho = p/R_1\tau$$

式中:τ 为虚温。

2)声速

声速随高度的变化,扰动传播速度为

$$v_B = \sqrt{\frac{\Delta p}{\Delta \rho}\frac{\rho + \Delta\rho}{\rho}}$$

$$v_B \geqslant c_s = \sqrt{\mathrm{d}p/\mathrm{d}\rho}$$

式中:c_s 为声速,由于 $\mathrm{d}p/\mathrm{d}\rho = kp/\rho$,故

$$v_B \geqslant c_s = \sqrt{kR_d\tau} = 20.047\sqrt{\tau}$$

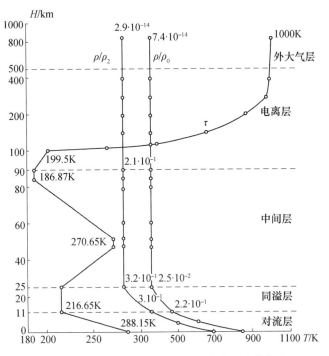

图 4 - 2 　大气温度、密度与压强随高度的变化规律

3）黏性系数

黏性系数随高度的分布,动力学黏性系数为

$$\mu = \frac{\tau}{\partial v_x / \partial y}$$

式中:τ 为摩擦应力;$\partial v_x / \partial y$ 为两气层间速度梯度。

运动学黏性系数为

$$\eta = \mu / \rho$$

$$\eta = \beta_a \frac{T^{3/2}}{T + T_s}$$

式中:$\mu = \beta_a = 1.45 \times 10^{-6} (\text{kg/s} \cdot \text{m} \cdot \text{K}^{1/2})$,$T_s = 110.4\text{K}$。

4）气压

标准气压随高度的分布,标准气压为

$$p = p_0 \exp\left(-\frac{1}{R_1} \int_0^{y_h} \frac{\mathrm{d}y}{\tau} \right)$$

式中:y_h 为离地高度。

4.2.3 标准大气参数计算

标准大气对于在火箭弹射击中减小修正误差来说是很重要的。标准大气是指人为规定的、特性随着高度平均分布的大气,它包括了大气温度、压力和密度以及大气成分和大气物理参数的垂直分布,它是理想化的,静态的和最接近实际大气的模型,可用于弹道计算和飞行性能分析。常规火箭弹的弹道模型及弹道气动力计算都立足于稠密大气层,而随着弹道高度的大幅度增加,气体变得越来越稀薄,当空气稀薄到一定程度,仅用常规连续介质空气动力学的方法已经不能准确地描述火箭弹的空气动力特性,需考虑稀薄气体的气动特性带来的影响。

1. 海平面大气参数值

运动学温度:$T_0 = 288.15\text{K}$。

标度温度:$T_{M0} = 288.15\text{K}$。

摄氏温度:$t_0 = 15℃$。

平均分子量:$M_0 = 28.9644\text{kg/kmol}$。

压强:$p_0 = 1.01325 \times 10^5 \text{N/m}^2 = 1.01325 \times 10^3 \text{b}$。

密度:$\rho_0 = 1.225\text{kg/m}^3$。

声速:$a_0 = 340.294\text{m/s}$。

重力加速度:$g_0 = 9.80665\text{m/s}^2$。

2. 第一种计算公式

1)理想气体状态方程

$$p = \frac{\rho R^* T}{M}$$

式中:p、ρ、T 分别为随高度 H 而变化的压强、密度和温度;M 为随高度而变化的平均分子量;$R^* = 8.31432 \times 10^3 \text{N} \cdot \text{m/(kmol} \cdot \text{K)}$。

2)几何高度 H 与位势高度 Z 的关系

$$H = \frac{r_0 Z}{r_0 - Z} \text{ 或 } Z = \frac{r_0 H}{r_0 + H}$$

式中:$r_0 = 6356766\text{m}$。

3)运动学温度 T 与标度温度 T_M 关系式

$$T = \frac{M}{M_0}T_M \quad \text{或} \quad T_M = \frac{M_0}{M}T$$

式中:$M = M_0 = 28.9644\text{kg/kmol}$。

4）标度温度 T_M 与位势高度 Z 关系式

$$T_M = T_{Mb} + L_{Mb}(Z - Z_b)$$

式中：T_{Mb}、L_{Mb}、Z_b 值与高度有关，按表4-1选取。

表4-1　温度梯度 L_{Mb} 随高度 Z 的变化

分层	高度		温度梯度 $L_{Mb}/(K/km)$	各层起始标度温度 T_{Mb}/K	各层起始大气压强 p_b/p_a	标度温度与位势高度函数式
	Z_b/km	H/km				
0	0	0	-6.5	288.150	1.01325×10^3	
1	11	11.019	0.0	216.650	2.2632×10^2	
2	20	20.063	1.0	216.650	5.4748×10^0	
3	32	32.162	2.8	228.650	8.6801×10^0	$T_M =$
4	47	47.350	0.0	270.650	1.1090×10^0	$T_{Mb} + L_{Mb}(Z - Z_b)$
5	51	51.413	-2.8	270.650	6.6938×10^{-1}	
6	71	71.802	-2.0	214.650	3.9564×10^{-2}	
7	84.852	86.000	—	186.950	3.7338×10^{-3}	

5）压强 p 与位势高度 Z 关系式

（1）$L_{Mb} \neq 0$ 情况：

$$p = p_b \left[\frac{T_{Mb}}{T_{Mb} + L_{Mb}(Z - Z_b)} \right]^{(g_0 M_0 / R^* L_{Mb})}$$

（2）$L_{Mb} = 0$ 情况：

$$p = p_b \exp\left[\frac{-g_0 M_0}{R^* T_{Mb}}(Z - Z_b) \right]$$

式中：自然对数底 $e = 2.718281828 \approx 2.7183$。

6）密度 ρ 与压强 p 和温度 T 关系式

$$\rho = \frac{pM}{R^* T} = \frac{pM_0}{R^* T_M}$$

7）声速 a 温度 T 关系式

$$a = \left(\frac{KR^* T}{M} \right)^{\frac{1}{2}} = \left(\frac{KR^* T_M}{M_0} \right)^{1/2}$$

式中：绝热指数 $K = 1.40$。

8）重力加速度 g 与高度 H 关系式

$$g = g_0 \left(\frac{r_0}{r_0 + H} \right)^2$$

3. 第二种计算公式

1) $0\mathrm{km} \leqslant H \leqslant 11.019\mathrm{km}$

$$T = 288.15 - \frac{6.5H}{1000}$$

$$p = 101325 \cdot \left(1 - \frac{2.25577H}{100000}\right)^{5.255879}$$

2) $11.0191\mathrm{km} < H \leqslant 20.0631\mathrm{km}$

$$T = 216.650$$

$$p = 22633.256 \cdot e^{-\frac{H-11019.1}{6341.615566}}$$

3) $20.0631\mathrm{km} < H \leqslant 32.1619\mathrm{km}$

$$T = 216.650 + \frac{H - 20063.1}{1000}$$

$$p = 5475.171562 \times \left(1 + \frac{4.615739 \times (H - 20063.1)}{1000000}\right)^{-34.1632}$$

4) $32.1619\mathrm{km} < H \leqslant 47.3501\mathrm{km}$

$$T = 228.65 + 2.8 \times \left(\frac{H - 32161.9}{1000}\right)$$

$$p = 868.063516 \times \left(1 + \frac{1.224579 \times (H - 32161.9)}{100000}\right)^{-12.20114957}$$

5) $47.3501 < H \leqslant 51.4125\mathrm{km}$

$$T = 270.650$$

$$p = 110.9118816 \cdot e^{\frac{-9.80665 \times (H - 47350.1)}{287.05287 \cdot T}}$$

6) $51.4125\mathrm{km} < H \leqslant 71.8020\mathrm{km}$

$$T = 270.65 + 2.8 \times \left(\frac{H - 51412.5}{1000}\right)$$

$$P = 66.94221482 \times \left(1 - \frac{1.0345464 \times (H - 51412.5)}{100000}\right)^{12.20114957}$$

7) $71.8020\mathrm{km} < H \leqslant 80.0000\mathrm{km}$

$$T = 214.65 + 2.0 \times \left(\frac{H - 71802.0}{1000}\right)$$

$$p = 3.95661 \times \left(1 - \frac{9.317493 \times (H - 71802.0)}{1000000}\right)^{17.081609}$$

8) 密度计算

$$\rho = \frac{p}{287.05287T}$$

9）声速计算

$$a = \sqrt{1.4 \times 287.05287T}$$

10）重力加速度计算

$$g = \frac{9.80665}{\left(1 + \dfrac{H}{r_0}\right)^2}$$

4.2.4 气象数据实例

火箭弹发射后的初始段速度较低,受气象条件影响较大,下面给出某地四个季节的实测气象数据(图4-3~图4-6),比较季节变化对气象的影响。

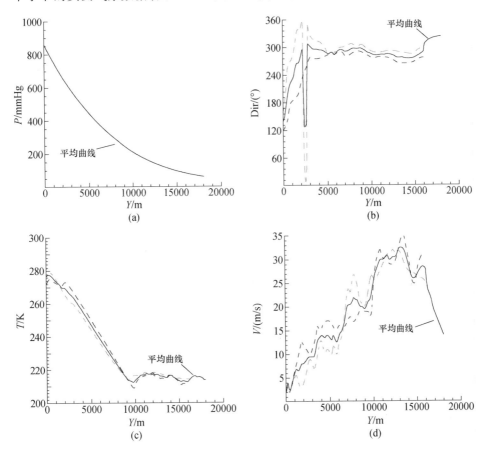

图4-3 某地春季气象数据

（a）气压；（b）风向；（c）风速；（d）虚温。

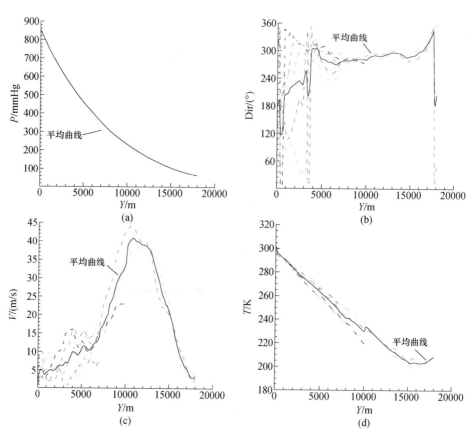

图 4-4 某地夏季气象数据

(a) 气压；(b) 风向；(c) 风速；(d) 虚温。

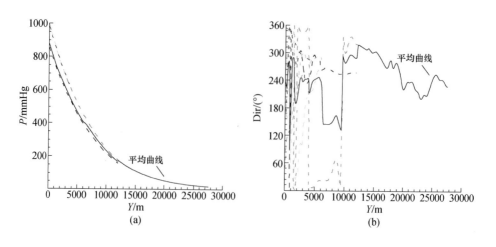

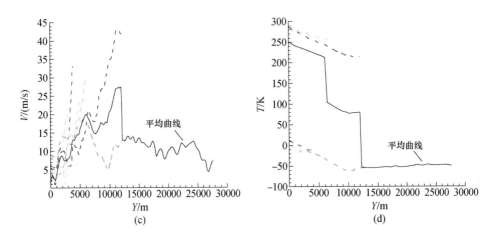

图 4-5　某地秋季气象数据
（a）气压；（b）风向；（c）风速；（d）虚温。

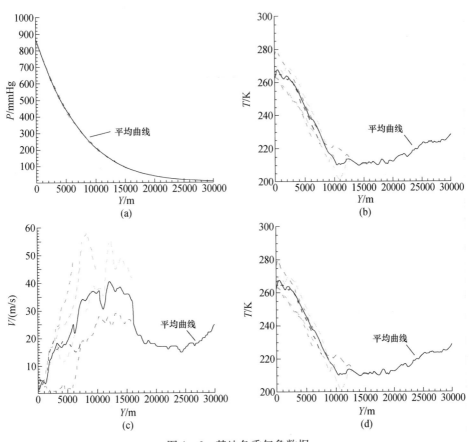

图 4-6　某地冬季气象数据
（a）气压；（b）风向；（c）风速；（d）虚温。

4.3 气动热的数值计算

火箭弹在大气中飞行,由于迎面气流与头部相遇时受到突然压缩,因而局部气流受到阻滞;同时,空气具有黏性,与表面相接触的气流也受到阻滞,这两种情况均使气流速度大为降低,使原来气流中的动能转变为热能。因而,弹体周围的气流温度会升高,弹体表面也将被加热,这种高速气流与弹体表面的对流换热,即称为气动热[3]。

随着火箭弹射程的增加,飞行速度越来越快,气动热的问题愈加突出。原因在于,高温不仅将给结构材料的强度与刚度带来不利影响,导致一般材料难以忍受,人们不得不寻求耐高温的新材料或采取防热措施;更应引起重视的是,弹体表面的热要进入弹舱内部,影响发动机和战斗部的装药,影响制导舱内仪器、电子设备及其元器件的正常工作。弄清火箭弹的热环境,确定飞行中弹体各部位的表面热流与温度,为结构设计和弹道优化提供可靠依据,是气动热设计的主要任务。

研究气动加热主要有三种手段:地面热环境试验、飞行试验、数值计算方法,在弹道设计阶段,主要依托数值方法进行气动热计算。

4.3.1 控制方程

物质的流动遵循质量守恒、动量守恒和能量守恒三大定律,对非定常可压缩黏性流体的流动,一般采用微分形式对 N - S 方程进行描述。

1) 连续性方程

$$\frac{\partial \rho}{\partial t} + \frac{\partial(\rho u)}{\partial x} + \frac{\partial(\rho v)}{\partial y} + \frac{\partial(\rho w)}{\partial z} = 0 \tag{4.1}$$

式中:ρ 为气体的密度;t 为时间;u、v、w 为速度在直角坐标系 x、y、z 轴上的分量。

2) 动量方程

$$\begin{cases} \rho\left(\dfrac{\partial u}{\partial t} + u\dfrac{\partial u}{\partial x} + v\dfrac{\partial u}{\partial y} + w\dfrac{\partial u}{\partial z}\right) = \rho F_x + \dfrac{\partial p_{xx}}{\partial x} + \dfrac{\partial p_{xy}}{\partial y} + \dfrac{\partial p_{xz}}{\partial z} \\[2mm] \rho\left(\dfrac{\partial v}{\partial t} + u\dfrac{\partial v}{\partial x} + v\dfrac{\partial v}{\partial y} + w\dfrac{\partial v}{\partial z}\right) = \rho F_y + \dfrac{\partial p_{yx}}{\partial x} + \dfrac{\partial p_{yy}}{\partial y} + \dfrac{\partial p_{yz}}{\partial z} \\[2mm] \rho\left(\dfrac{\partial w}{\partial t} + u\dfrac{\partial w}{\partial x} + v\dfrac{\partial w}{\partial y} + w\dfrac{\partial w}{\partial z}\right) = \rho F_z + \dfrac{\partial p_{zx}}{\partial x} + \dfrac{\partial p_{zy}}{\partial y} + \dfrac{\partial p_{zz}}{\partial z} \end{cases} \tag{4.2}$$

式中:F_x、F_y、F_z 分别为体积力 F 在三个轴上的分量,而应力张量的分量表示为

$$P = \begin{pmatrix} P_{xx} & p_{xy} & p_{xz} \\ P_{yx} & p_{yy} & p_{yz} \\ P_{zx} & p_{zy} & p_{zz} \end{pmatrix}$$

应力张量与切应力张量之间的函数关系为

$$\begin{pmatrix} P_{xx} & p_{xy} & p_{xz} \\ P_{yx} & p_{yy} & p_{yz} \\ P_{zx} & p_{zy} & p_{zz} \end{pmatrix} = \begin{pmatrix} -p & 0 & 0 \\ 0 & -p & 0 \\ 0 & 0 & -p \end{pmatrix} + \begin{pmatrix} \tau_{xx} & \tau_{xy} & \tau_{xz} \\ \tau_{yx} & \tau_{yy} & \tau_{yz} \\ \tau_{zx} & \tau_{zy} & \tau_{zz} \end{pmatrix}$$

式中:p 为根据纯力学考虑定义出来的运动流体的压力函数。

3) 能量方程

$$\rho\left(\frac{\partial}{\partial t} + u\frac{\partial}{\partial x} + v\frac{\partial}{\partial y} + w\frac{\partial}{\partial z}\right)\left[e + \frac{1}{2}(u^2 + v^2 + w^2)\right]$$

$$= \rho(uF_x + vF_y + wF_z) + \frac{\partial}{\partial x}(p_{xx}u + p_{xy}v + p_{zx}w) +$$

$$\frac{\partial}{\partial y}(p_{yx}u + p_{yy}v + p_{yz}w) + \frac{\partial}{\partial z}(p_{zx}u + p_{yz}v + p_{zz}w) +$$

$$\frac{\partial}{\partial x}\left(k\frac{\partial T}{\partial x}\right) + \frac{\partial}{\partial y}\left(k\frac{\partial T}{\partial y}\right) + \frac{\partial}{\partial z}\left(k\frac{\partial T}{\partial z}\right) + \rho q \quad (4.3)$$

式中:e 为单位质量气体的内能;k 为热传导系数;T 为温度;q 为由于辐射或其他原因在单位时间内传入单位质量气体的热量分布函数。

4) 气体状态方程

为了求出未知量 ρ、u、v、w、p 和 T,五个方程尚不足以求出六个未知量,因此需要补充相应的状态方程来使方程封闭。假设气体为理想气体,其状态方程为

$$p = \rho RT \quad (4.4)$$

式中:R 为气体常量。

4.3.2 湍流模拟

湍流是广泛存在于自然界和工程中的流动现象,火箭弹飞行过程中周围空气的运动,呈湍流状态。湍流是十分复杂的多尺度不规则流动,一般通过物理实验和数值模拟方法解决湍流问题,随着计算机技术的发展,湍流的数值模拟日益得到重视。湍流的数值模拟方法有 3 种:直接模拟法 DNS、雷诺平均法 RANS 和 LES 法。

1. 直接数值模拟和雷诺平均法

湍流的直接数值模拟就是直接求解 N – S 方程

$$\frac{\partial u_i}{\partial t} + u_j \frac{\partial u_i}{\partial x_j} = -\frac{1}{\rho}\frac{\partial p}{\partial x_i} + \nu \frac{\partial^2 u_i}{\partial x_j \partial x_i} + f_i$$

$$\frac{\partial u_i}{\partial x_i} = 0 \tag{4.5}$$

方程(4.5)无量纲化后,$\rho = 1$,$\nu = 1/Re$,雷诺数 $Re = UL/\nu$,U 是流动的特征速度,L 是流动的特征长度。根据给定的流动边界条件和初始条件,数值求解 N-S 方程得到一个样本流动。

初始条件:

$$u_i(x,0) = V_i(x) \tag{4.6}$$

边界条件:

$$u_i \big|_{\Sigma} = U_i(x,t), \quad p(x_0)p_0 \tag{4.7}$$

式中:$V_i(x)$、$U_i(x,t)$ 和 p_0 为已知函数或常数;Σ 为流动的已知边界;x_0 为流场中给定点的坐标。

理论上讲,利用直接数值模拟可以获得湍流的所有信息,但实际上,要想完成直接数值模拟需要耗费巨大的计算机资源。由于湍流的多尺度不规则性,为了保证计算精度,必须将空间网格和时间步长设置到很小的状态,受计算机资源的限制,目前可以实现的湍流直接数值模拟的雷诺数较低,但直接数值模拟是研究低雷诺数湍流机理的有效工具。雷诺平均法是在给定平均运动的边界条件和初始条件下数值求解雷诺方程

$$\frac{\partial \langle u_i \rangle}{\partial t} + \langle u_j \rangle \frac{\partial \langle u_i \rangle}{\partial x_j} = -\frac{1}{\rho}\frac{\partial \langle p \rangle}{\partial x_i} + \nu \frac{\partial^2 \langle u_i \rangle}{\partial x_j \partial x_i} - \frac{\partial \langle u'_i u'_j \rangle}{\partial x_j} + \langle f_i \rangle$$

$$\frac{\partial \langle u_i \rangle}{\partial x_i} = 0 \tag{4.8}$$

初始条件:

$$\langle u_i \rangle(x,0) = V_i(x) \tag{4.9}$$

边界条件:

$$\langle u_i \rangle \big|_{\Sigma} = U_i(x,t), \quad \langle p \rangle(x_0) = p_0 \tag{4.10}$$

式中:$\langle u'_i u'_j \rangle$ 为未知量。

必须附加方程才能封闭上述方程,这里介绍采用涡黏模式的微分方程对其进行封闭,具体表示为

$$-\langle u'_i u'_j \rangle = 2\nu_t \langle S_{ij} \rangle - \frac{1}{3}\langle u'_k u'_k \rangle \delta_{ij} \tag{4.11}$$

式中:ν_t 为湍流涡黏系数;$\langle S_{ij} \rangle = \frac{1}{2}\left(\frac{\partial \langle u_i \rangle}{\partial x_j} + \frac{\partial \langle u_j \rangle}{\partial x_i}\right)$ 为平均运动的变形率。

2. 大涡模拟

前面介绍了两种数值模拟方法,DNS 方法需要较高的时间和空间分辨率,虽然计算精度较高,但缺少计算机资源来实现高雷诺数复杂流动的数值模拟;RANS 方法对计算机的要求相对较低,但它只计算平均运动,只能提供湍流的平均信息,不能真实反映湍流的瞬态信息。LES 方法能对大尺度量进行直接模拟,而对小尺度量则通过采用亚网格模型进行模型假定来计算。因此,对于大尺度量,LES 方法得到的是其真实流态,而对小尺度量则利用其各向同性的特点进行亚网格模型模拟。LES 方法通过对可压缩 N-S 方程进行滤波,从而把所有变量分解成大尺度量和小尺度量。

对可压缩 N-S 方程进行 Favre 滤波可得

连续性方程:

$$\frac{\partial \bar{\rho}}{\partial t} + \frac{\partial}{\partial x_j}(\bar{\rho}\tilde{u}_j) = 0 \tag{4.12}$$

动量方程:

$$\frac{\partial \bar{\rho}\tilde{u}_i}{\partial t} + \frac{\partial}{\partial x_j}(\bar{\rho}\tilde{u}_i\tilde{u}_j) = -\frac{\partial \bar{p}}{\partial x_i} + \frac{\partial \sigma_{ij}}{\partial x_j} \tag{4.13}$$

能量方程:

$$\frac{\partial \bar{\rho}\widetilde{E}}{\partial t} + \frac{\partial}{\partial x_j}(\bar{\rho}\tilde{u}_j\widetilde{E} + \bar{p}\tilde{u}_j) = -\frac{\partial \bar{q}_j}{\partial x_j} + \frac{\partial}{\partial x_j}(\tilde{u}_i\sigma_{ij}) \tag{4.14}$$

气体状态方程:

$$\bar{p} = \bar{\rho}R\widetilde{T} \tag{4.15}$$

式中:ρ,u_i,p 和 E 分别为密度、速度、压力和比总能。

$\sigma_{ij} = \mu_{\text{eff}}\left(\frac{\partial \tilde{u}_i}{\partial x_j} + \frac{\partial \tilde{u}_j}{\partial x_i} - \frac{2}{3}\delta_{ij}\left(\frac{\partial \tilde{u}_k}{ux_k}\right)\right)$ 为有效黏性应力张量,$u_{\text{eff}} = \mu_{\text{lam}} + \mu_{\text{sgs}}$,$\mu_{\text{eff}}$ 为湍流有效黏性系数,μ_{lam} 为流体运动黏性系数,μ_{sgs} 为亚网格黏性系数。

$q_j = -\lambda_{\text{eff}}\frac{\partial \bar{T}}{\partial x_j}$ 为有效热通量,$\lambda_{\text{eff}} = \lambda_{\text{lam}} + \lambda_{\text{sgs}} = \frac{\mu_{\text{lam}}c_p}{Pr_{\text{lam}}} + \frac{\mu_{\text{sgs}}c_p}{Pr_{\text{sgs}}}$,$\lambda_{\text{eff}}$ 为有效热传导系数,λ_{sgs} 为亚网格热传导系数。取 $Pr_{\text{lam}} = 0.72$,Pr_{sgs} 由亚网格模型得出。亚网格模型选为 Smagorinsky-Lilly 格式,$\mu_{\text{sgs}} = 2C_s^2\Delta^2|\bar{S}|$,其中 $C_s = 0.1$ 为模型常数。Δ 为空间滤波尺度,$|\bar{S}| = \sqrt{2S_{ij}S_{ij}}$,$S_{ij} = \frac{1}{2}\left(\frac{\partial \tilde{u}_i}{\partial x_j} + \frac{\partial \tilde{u}_j}{\partial x_i}\right)$。

3. 分离涡模拟

能准确描述火箭弹流场的 LES 与 DNS 方法,对边界层模拟时,因其对边界层网格的划分与数量要求极高,大大增加相应的计算资源,目前为止尚不能满足工程数值模拟的需要。而用于高速火箭弹流场的 RANS 方法,虽然计算量较少,但所得流场为其对时间的雷诺平均,因此不能准确描述流场的瞬态变化。

为了保证计算模型更接近实际情况,采用分离涡模拟 DES 方法对三维火箭弹进行数值计算。DES 方法对近壁面的边界层流动采用 RANS 方法进行数值模拟,可大大降低 LES 与 DNS 方法对边界层流动模拟所需的网格数量;而边界层外的流场则利用 LES 方法进行数值模拟,且能模拟与揭示流场中湍流的瞬态流动,从而既避免了 LES 方法较高的计算成本,又充分利用了其优越性,实现了对整个流场的准确计算。由于 Spalart – Allmaras 模型适合于模拟中等复杂的内流和外流以及压力梯度下的边界层流动,如翼型、弹体等,选择其作为湍流模型,其输运方程如下:

$$\frac{D\tilde{v}}{Dt} = c_{b1}(1-f_{t2})\tilde{S} + \frac{1}{\sigma}\{\nabla[(v+\tilde{v})\nabla\tilde{v}] + c_{b2}(\nabla\tilde{v})^2\} -$$

$$\left(c_{w1}f_w - \frac{c_{b1}}{\kappa^2}f_{t2}\right)\left(\frac{\tilde{v}}{\tilde{d}}\right) + f_{t1}\Delta U^2 \tag{4.16}$$

式中:v 为分子黏度;$\tilde{v}$ 为湍流运动黏度量;v_t 为湍流运动黏度,其中 $v_t = \tilde{v}f_{v1}$,而 $f_{v1} = \frac{\chi^3}{\chi^3 + c_{v1}^3}$,$\chi = \frac{\tilde{v}}{v}$;$S$ 为涡量大小;$\tilde{d}$ 为离壁面最近的距离;$\tilde{S} \equiv S + \frac{\tilde{v}}{\kappa^2\tilde{d}^2}f_{v2}$,$f_{v2} = 1 - \frac{\chi}{1+\chi f_{v1}}$;其他的函数关系表达式为 $f_w = g\left(\frac{1+c_{w3}^6}{g^6 + c_{w3}^6}\right)^{\frac{1}{6}}$,$g = r + c_{w2}(r^6 - r)$,$r \equiv \frac{\tilde{v}}{\tilde{S}\kappa^2\tilde{d}^2}$,$f_{t2} = c_{t3}e^{-c_{t4}\chi^2}$,$f_{t1} = c_{t1}g_t e^{-c_{t2}\frac{w_i^2}{\Delta U^2}(\tilde{a}^2 + g_t^2\tilde{a}^2 t)}$。

4.3.3 火箭弹的主要流场与气动热特性

采用耦合传热方法,对鸭式布局火箭弹示例的气动加热问题进行三维非定常数值模拟,研究火箭弹的稳定流场结构,弹体表面温度分布,以及壁面热流密度的分布。由于气动热的计算较为复杂,且对于高超声速流,弹体表面的热边界层向弹表面的传热较复杂,因此,主要考虑边界层对弹体表面的耦合传热,即对流与辐射。

图 4 – 7、图 4 – 8 和图 4 – 9 分别为弹体、鸭舵和尾翼的表面热流密度与压力等值线分布,图 4 – 10 为弹体表面与周围流场温度的等值分布。计算结果表明:弹体表面热流密度与压力的分布具有相同的趋势,即弹头、舵片与尾翼的前缘处热流密度与压力值最大。

图 4 - 7　弹体表面热流密度和压力的等值分布

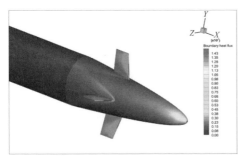

图 4 - 8　鸭舵表面热流密度和压力的等值分布

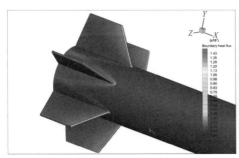

图 4 - 9　尾翼表面热流密度和压力的等值分布

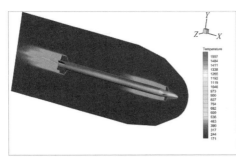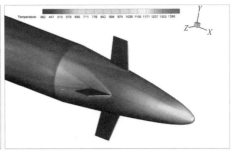

图 4 - 10　弹体表面与周围流场温度的等值分布

进一步研究表明:由于弹头部斜激波与舵片相互作用,导致附加热流增加,其最大热流密度位置出现在舵片前缘的激波作用区,其值比弹头附近高;尾翼热流密度虽比舵片小,但仍比弹头附近高,这是由于尾翼的来流已由弹头部的激波加热过,因此其温度比弹头部高。

4.4 外弹道特性分析

4.4.1 制导火箭弹射表编拟

射表是是炮兵决定射击诸元、实施准确射击的基本依据,是武器装备的重要组成部分,其内容包括基本诸元、修正诸元和散布诸元三大部分[3]。基本诸元是在一定的标准射击条件下给出的,对于无控火箭弹而言,除了气象条件为标准值外,对弹体质量、装药量、药温和比冲等弹道条件,也必须确定为标准条件;修正诸元包括某些弹道条件和非标准值的修正量,以便在实际射击时将标准条件下的射程换算为非标准条件下的射程,同时修正射向;散布诸元是指距离和方向概率误差等,用以估计摧毁目标所需的弹药量。无控火箭弹射表编拟的基本原理是理论与试验相结合,即用试验结果对理论弹道进行修正,使修正后的弹道与实际弹道相一致,而后以修正后的理论弹道为依据编拟计算射表[4]。

火箭弹配有固体推进剂火箭发动机,火箭弹的射程取决于推进剂的装药量和比冲,制导火箭弹仍可沿用常规火箭弹射表编制方法,射程大小通过射角的变化来实现,即大射角对应大射程,小射角对应小射程。图 4 - 11 给出了射角不同时的弹道轨迹曲线。

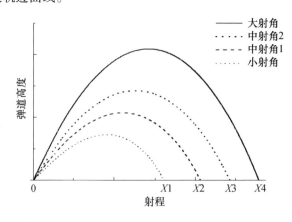

图 4 - 11　不同射角时的弹道轨迹曲线

制导火箭弹的作战使用不同于无控或简控火箭弹,主要体现在两个方面:

(1)制导控制技术不仅能有效抑制弹道风、推力偏心、初始扰动等各种扰动因素引起的落点散布,实现射击精度与射程无关,而且还可以赋予火箭弹一定的机动控制能力;

(2)制导火箭弹具有较强的弹道修正能力,无须装定修正诸元,使发射诸元快速装定成为可能。

4.4.2　小射程弹道特性

图4-12为小射程动压与高度变化曲线。图4-13为小射程速度变化曲线。

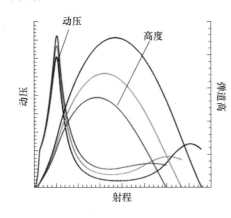

图4-12　小射程动压与
高度变化曲线

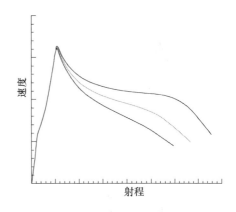

图4-13　小射程速度变化曲线

从图4-12中可以看到,在主动段末时,各小射程的动压曲线达到最高(第一峰值),并在接近落地点处达到第二峰值。另外,动压最大值第一峰值随着射程的减小不断增大,第二峰值则相反。根据动压方程,可知动压与速度 V 的平方和空气密度 ρ 成正比,结合图4-13的速度变化曲线可知,在弹道主动段内,火箭弹飞行速度不断增加,动压主要受火箭弹速度影响,主动段末时速度最大,因而其动压值最大。随后,受空气阻力与重力作用而产生减速,火箭弹仍惯性爬升,空气密度不断减小,故动压在弹道被动上升段不断减小。火箭弹在弹道顶点的法向速度为零,但总速度不一定是最小,其原因是小射程的射角较小,导致水平速度在总速度中所占比重较大;受空气阻力的影响水平速度在飞行过程中一直下降,而法向速度在下降段受重力作用逐渐增加,但相比水平速度所占比重太小,小射程火箭弹的终点速度主要受水平速度影响,因而,最小速度出现在弹道终点。随着射程的增加,初始射角增大,水平速度在总速度中所占比重变小,而法向速度所占比重增加,因此在弹道下降阶段,速度下降趋势减缓。

4.4.3 大射程外弹道特性

常规野战火箭弹的弹道高度一般不超过30km,不存在弹道高度限制问题。远程制导火箭弹随着射程的增加,弹道高度不可避免地要随之增加,但采用空气舵控制的制导火箭弹对弹道高度是有限制的,一般将动压大小作为弹道设计的约束条件,设置弹道高度的"天花板"。表4-2给出了某个仿真例子中的弹道高度与动压对照表,假设以动压值1000Pa作为约束条件,可将最大弹道高度限制为50km,火箭弹最大射程受此"天花板"限制。

表4-2 弹道高度与动压对准表

弹道高度/km	速度/(m/s)	动压/Pa
30	1520	21320
40	1450	4300
45	1410	2020
50	1380	1000
55	1340	520

图4-14为大射程动压与高度变化曲线,图4-15为大射程速度变化曲线。从图4-14中可以看到,在主动段末时,动压曲线达到第一峰值,其值比小射程小得多,且此值随着药温的增加而增大。大射程的射角较大,水平速度在总速度中所占比重比法向速度要小,因此,火箭弹速度在弹道顶点达到最小值后,下降段会随高度降低而增加,随着下落速度与空气密度的增加,动压在弹道末段会出现第二个峰值,这个峰值比第一个峰值要大,气动热影响也会更严重些。

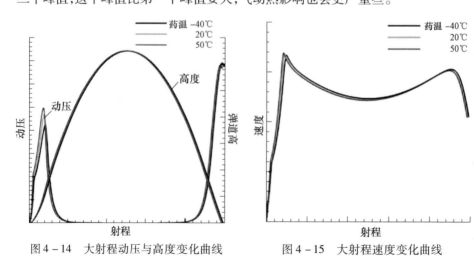

图4-14 大射程动压与高度变化曲线　　图4-15 大射程速度变化曲线

4.4.4 射向对弹道的影响

由于地球是旋转体,远程火箭弹在飞行过程中受到哥氏力的作用,会偏离初始目标曲面,其结果是射向会对射程和侧偏造成较大的影响。在 0°～360°之间取不同射向,对某火箭弹模型进行仿真计算。图 4－16 给出了射向由 0°增大到 180°时弹道轨迹的射程及侧偏变化曲线,图 4－17 所示为射向由 180°增大到360°时弹道轨迹的射程及侧偏变化曲线,由图中可以看到,射向对射程和侧偏的影响都是比较大的。

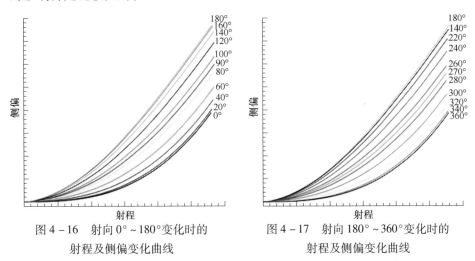

图 4－16　射向 0°～180°变化时的　　　　图 4－17　射向 180°～360°变化时的
　　　　　　射程及侧偏变化曲线　　　　　　　　　　　射程及侧偏变化曲线

下面将射向与射程、射向与侧偏的关系分别进行讨论。

图 4－18 为射向 0°～360°变化时的射程变化曲线,初始射向为零(正北方向),可以看到,随着射向的增加,即发射方向偏向东时,射程也随之增加,并在射向为 90°左右时达到最大,此时火箭弹自西向东发射;当射向大于 90°后,射程随着射向的增加而减小,在射向达到 270°左右时,射程达到最小,此时火箭弹自东向西发射;在射向大于 270°以后,射程又随着射向的增加而增大,并在 360°时回到初始发射状态。

图 4－19 为射向 0°～360°变化时的侧偏变化曲线,初始射向为零(正北方向),可以看到,当射向从 0°增加到 180°时,侧偏是单调递增的,并在射向为180°左右时达到最大,而射向从 180°增加到 360°时,侧偏是单调递减的。

4.4.5 机动变轨控制弹道

火箭武器系统为了实现有效突防可采用以下三种手段:

(1)采用机动发射技术增强火箭弹攻击的突然性,使对方预警系统难以提供较长时间的预警,使拦截导弹无法升空和进行有效拦截;

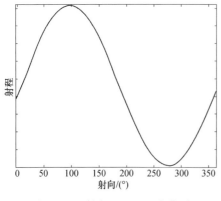

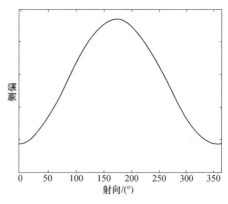

图 4 – 18　射向 0°～360°变化时
射程变化曲线

图 4 – 19　射向 0°～360°变化时
侧偏变化曲线

（2）采用多弹齐射模式，敌方面对多弹同时攻击，其反应能力必然下降，从而提高整体突防能力；

（3）采用机动变轨技术，机动变轨就是改变火箭弹飞行的惯性弹道，通过多次改变飞行弹道，以有效突破敌防御系统的拦截。

制导火箭弹采用气动舵控制方式，火箭弹一般在弹道的初始爬升段和末段具有较大的过载能力，机动变轨控制能力的研究重点也就放在爬升段和末制导段。

1. 爬升段机动变轨

爬升段机动变轨控制方案的设计思想就是合理设计弹道倾角跟踪方案，使火箭弹爬升段的弹道可控，实现多种射角发射攻击同一目标，或同一射角攻击不同射程的目标。图 4 – 20 给出了不同射角发射攻击同一目标时初始爬升段的弹道倾角变化情况，从图中可以看到，在爬升段，根据装定的同一条弹道倾角曲线实施控制，实现火箭弹按相同的轨迹飞行。图 4 – 21 所示为同一射角发射攻击不同射程目标时初始爬升段的弹道倾角变化情况，从图中可以看到，根据装定的不同的弹道倾角曲线实施控制，实现火箭弹按不同的弹道轨迹飞行。

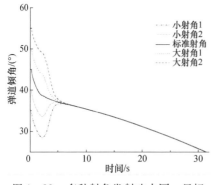

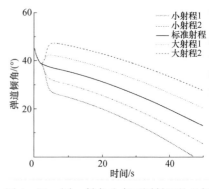

图 4 – 20　多种射角发射攻击同一目标

图 4 – 21　同一射角攻击不同射程的目标

2. 末制导段机动变轨

制导火箭弹受弹道高度"天花板"的限制,如果全程按照抛物线弹道飞行,射程也是受限的,因此,在末制导段,可通过滑翔或二次跃起等手段实现增程。

图 4 – 22 所示为二次跃起弹道示意图,制导火箭弹末段具有速度高、可用过载大的特点,采用二次跃起弹道,可以实现增程和突防的目的。

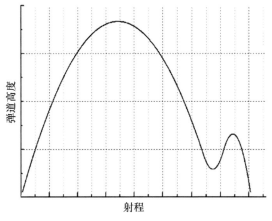

图 4 – 22 二次跃起弹道示意图

参考文献

[1] 臧国才,李树青. 弹箭空气动力学[M]. 北京:兵器工业出版社,1989.

[2] 沈青. 稀薄气体动力学[M]. 北京:国防工业出版社,2003.

[3] 王敏忠. 炮兵应用外弹道学及仿真[M]. 北京:国防工业出版社,2009.

[4] 闫章更,祁载康. 射表技术[M]. 北京:国防工业出版社,2000.

第5章
惯性导航系统和组合导航系统

惯性导航系统(Inertial Navigation System,INS)是随着惯性传感器(陀螺仪和加速度计)技术的发展而发展起来的一门导航技术,具有完全自主、不受任何干扰、隐蔽性强、输出信息量大、输出信息实时性强等优点,在军事领域得到了广泛的应用,已被许多武器系统选为标准导航设备,特别是由于现代战争所面临的电磁环境日益复杂,对惯性导航技术的依赖和要求也越来越高。惯性导航系统的主要缺点是定位误差随时间积累,长时间工作会产生很大的积累误差,这就要求必须提高惯性传感器的精度,而导致高昂的成本。为了满足远距离精确导航与制导的要求,以惯性导航系统作为基本导航设备,综合利用其他导航设备的信息构成的组合导航系统随之出现[1]。

组合导航技术是指使用两种或两种以上的不同导航系统对同一信息源作测量,并将这些测量值进行比较,进而利用卡尔曼滤波技术提取出各系统的误差并加以校正,从而提高导航系统的精度和可靠性,降低导航系统成本。

由于惯性导航系统和卫星导航系统在性能上互补,所以,以该两子系统为主构造的组合导航系统是一种最佳的导航方案。随着惯性器件、卫星定位装置野战环境适应性不断提高,成本不断降低,原先只在导弹上采用的惯性导航系统和组合导航系统,被移植到野战火箭中,使野战火箭武器系统具备了精确打击能力。

5.1 惯性导航系统

5.1.1 概述

惯性导航系统是一个自主式的空间基准保持系统,由惯性测量装置和导航计算机组成。惯性测量装置包括3个加速度计和3个陀螺仪,前者用来测量运载体的 3 个平移运动的线加速度,指示当地地垂线的方向;后者用来测量运载体的 3 个转动运动的角位移,指示地球自转轴的方向,对测出的加速度进行两次积分,可算出运载体在所选择的导航参考坐标系的位置。

最早采用惯性导航系统制导的武器是第二次世界大战时德国的 V-2 地地弹道导弹,战后发展的各种中远程导弹,大都采用惯性导航系统作为中段制导或全程制导。惯性导航系统的精度、成本主要取决于惯性传感器—陀螺仪和加速度计的精度和成本,尤其是陀螺仪的漂移率对惯性导航系统位置误差的影响是时间的三次方函数,而高精度的陀螺仪制造困难,成本高昂。因此,惯性技术界一直在寻求各种有效方法来提高陀螺仪的精度,同时降低系统成本。第一代惯性导航系统采用精密稳定平台,陀螺仪采用液浮或静电悬浮陀螺仪,不仅体积重量大,而且系统性能受机械结构的复杂性和极限精度的制约,再加上产品可靠性和维护方面的问题,成本十分昂贵,只应用于战略武器上。第二代惯性导航系统采用动力调谐陀螺仪,精度达到惯性级,成本相对下降,并开始应用于常规武器。第三代惯性导航系统采用激光陀螺捷联惯性导航或光纤陀螺捷联惯性导航技术,具有结构简单、成本低、体积重量小、准备时间短等优点。近年来,微机电系统(MEMS)技术制造出的惯性传感器成本更为低廉,使惯性导航系统正由"贵族"产品走向"货架"产品[2]。

捷联式惯性导航系统是将陀螺仪与加速度计直接固连在弹体上,由计算机软件建立一个数学平台,取代机械惯性平台,但惯性仪表工作条件较差,对陀螺仪耐冲击、振动,角速度测量范围的要求较高,采用激光陀螺、光纤陀螺和 MEMS 等新型陀螺较为理想。

捷联惯性导航系统与平台式惯性导航系统相比,具有下述特点:

(1)取消了平台,大大减少了系统中的机械零件,加之采用多敏感元件实现冗余度,所以,捷联惯性导航系统的可靠性比平台系统高,并具有维护简便、故障率低、反应速度快、体积小、重量轻、造价低廉等优点,代价是增加了计算机的负担,需要一个复杂且精度较高的实时程序。

(2)捷联惯性导航系统可以提供所需要的全部惯性基准信号,特别是可以直接给角速率信息,而平台系统则无法给出。

对制导火箭弹而言,激光陀螺捷联惯性导航系统可以满足精度要求,但生产工艺相对复杂,供电种类多,成本相对较高,在体积和重量方面也难以达到要求;挠性陀螺捷联惯性导航系统在体积和重量方面可以满足要求,但其动态条件下的导航精度差,抗振动、冲击能力较差,不适用于制导火箭弹的工作环境。综合导航精度、体积重量、成本等因素,光纤陀螺和 MEMS 捷联惯性导航系统适用于制导火箭弹的应用。

5.1.2 捷联惯性导航系统

捷联惯性导航系统的基本原理是根据相对惯性空间的牛顿力学定律,利用陀螺仪、加速度计等惯性元件感受弹体在运动过程中的加速度,通过计算机进行积分运算,从而得到弹体的姿态、速度、位置等导航参数。

捷联惯性导航系统采用数学平台,即在计算机中实时计算出姿态矩阵,建立起数学平台,姿态更新计算、导航计算是捷联惯性导航系统的算法核心,也是影响其精度的主要因素[3]。姿态更新算法主要有欧拉角法、方向余弦法和四元数法,其中四元数法算法简单,计算量小,因而在工程实际中经常采用。由于刚体转动的不可交换性,在姿态更新计算中不可避免地引入了不可交换误差,但这种误差属于算法误差,因此它是能够通过算法的改进而得以减小的[4]。

捷联惯性导航系统需要用到的坐标系有[2]:

(1)惯性坐标系(简称 i 系)。相对于太阳或其他恒星没有转动的坐标系,可分别以太阳或地球的中心作为原点组成日心惯性系和地心惯性系。在捷联惯性导航系统研究中,通常取地心惯性坐标系。

(2)地理坐标系(简称 t 系)。原点位于弹体重心所在的当地地理位置的表面,根据计算和习惯等不同表示的需要,通常取东北天作为地理坐标系的轴向,即 X_t 轴指东, Y_t 轴指北, Z_t 轴指天。

(3)弹体坐标系(简称 b 系)。弹体坐标系是固连在弹体上的坐标系,其原点是弹体的重心,纵轴 Oy_b 沿弹体首尾线方向并指向前,横轴 Ox_b 指向弹体的右侧, Oz_b 轴垂直于弹体的水平面。当弹体没有滚转时, x_bOy_b 平面即为水平面, Oz_b 轴指向天顶。

(4)导航坐标系(简称 n 系)。它是惯性导航系统在求解导航参数时所用的坐标系。通常在计算过程中,将导航坐标系取地理坐标系。

(5)计算机坐标系(简称 c 系)。惯性导航系统利用本身计算的载体位置来描述导航坐标系时,坐标系因惯性导航系统有位置误差而有误差,这种坐标系称为计算机坐标系。一般它在描述惯性导航误差和推导惯性导航误差方程时有用。

姿态矩阵是弹体系与导航坐标系之间的方位关系。

下面是常用参数的说明。

(1)位置:

L:当地纬度。

λ:当地经度。

h:当地高度。

(2)姿态角:

H:航向角。火箭弹纵轴在水平面上的投影与地理子午线之间的夹角即为火箭弹的航向角。航向角的数值是以地理北向为起点逆时针方向计算的,北偏东为正,北偏西为负。

ψ:俯仰角。火箭弹纵轴和纵向水平轴之间的夹角即为俯仰角,向上为正,向下为负。

θ:横滚角(也称为倾斜角)。火箭弹纵向对称面与纵向铅垂平面之间的夹角为横滚角。横滚角从铅垂平面算起,右倾为正,左倾为负。

(3)比力:

f^n:导航坐标系下的比力。

f_b:弹体坐标系下的比力。

(4)地球半径。

把地球看作一个球体时,地球半径 $a = 6378.137\text{km}$。

把地球近似看作一个参考椭球体,那么在地球表面任意一点的曲率半径不再是一个定值,e 为椭圆度,$e = 1/298.257$。

R_n 为载体所在的子午圈的曲率半径:$R_n = a(1 - 2e + 3e\sin^2 L)$。

R_e 为载体所在的卯酉圈的曲率半径:$R_e = a(1 + e\sin^2 L)$。

1. 姿态矩阵计算

导航计算机实时地计算姿态矩阵,通过姿态矩阵把加速度计测量的弹体坐标系下的加速度变换到导航坐标系,然后进行导航计算。同时从姿态矩阵的元素中提取姿态和航向信息。图 5 - 1 是捷联惯性导航系统的原理示意图。

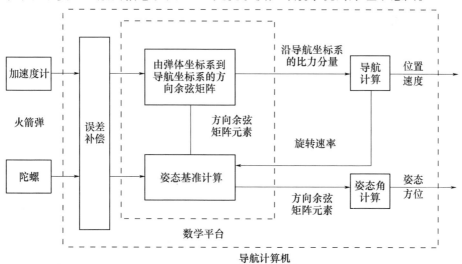

图 5 - 1 捷联惯性导航系统的原理示意图

角速率陀螺和加速度计沿弹体坐标系三轴方向安装,固定在弹体上,测量的是弹体坐标系下的物理量。陀螺仪输出的是弹体相对惯性空间转动的角速率在弹体系中的投影 ω_{ib}^b;加速度计测量的是弹体坐标系相对于惯性空间的加速度在弹体坐标系下的投影 f_{ib}^n,该量也称比力。

计算时首先要将弹体坐标系中的量 f_{ib}^b 转化为导航坐标系中物理量 f_{ib}^n,这一转换由捷联矩阵(又称姿态矩阵) $\boldsymbol{C}_b^n$ 来完成。加速度计测量的比力信息 f^b 用 $\boldsymbol{C}_b^n$ 进行变换,得到 f^n,最后进行导航计算。因此有如下比力变换式:

$$f_{ib}^n = \boldsymbol{C}_b^n \cdot f_{ib}^b \tag{5.1}$$

由姿态矩阵求得弹体的姿态角:航向角 H、俯仰角 ψ、横滚角 θ。

弹体的航向和姿态角由弹体坐标系和地理坐标系之间的方位关系表示,如图 5 – 2 所示。

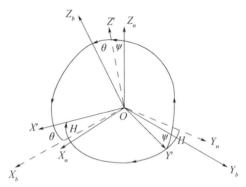

图 5 – 2　姿态角坐标变换

导航坐标系和弹体坐标系之间的转换矩阵为

$$
\boldsymbol{C}_n^b = \begin{pmatrix} \cos\theta & 0 & -\sin\theta \\ 0 & 1 & 0 \\ \sin\theta & 0 & \cos\theta \end{pmatrix} \begin{pmatrix} 1 & 0 & 0 \\ 0 & \cos\psi & \sin\psi \\ 0 & -\sin\psi & \cos\psi \end{pmatrix} \begin{pmatrix} \cos H & \sin H & 0 \\ -\sin H & \cos H & 0 \\ 0 & 0 & 1 \end{pmatrix}
$$

$$
= \begin{pmatrix} \cos\theta\cos H - \sin\theta\sin\psi\sin H & \cos\theta\sin H + \sin\theta\sin\psi\cos H & -\sin\theta\cos\psi \\ -\cos\psi\sin H & \cos\psi\cos H & \sin\psi \\ \sin\theta\cos H + \cos\theta\sin\psi\sin H & 0 & \cos\theta\cos\psi \end{pmatrix}
$$

$$\tag{5.2}$$

$\boldsymbol{C}_n^b$ 反映了导航坐标系(亦可记成 $\boldsymbol{C}_t^b$)和弹体坐标系之间的方位关系。对于不同的旋转次序,$\boldsymbol{C}_n^b$ 的表达式各不相同。由于 $\boldsymbol{C}_n^b$ 是正交矩阵,故有

$$\boldsymbol{T} = \boldsymbol{C}_b^n = (\boldsymbol{C}_n^b)^{-1} = (\boldsymbol{C}_n^b)^{\mathrm{T}} \tag{5.3}$$

姿态矩阵的计算是捷联惯性导航系统实现的基础和关键,确定姿态矩阵的本质是确定弹体坐标系和导航坐标系之间的方位关系。描述动坐标系相对参考坐标系方位关系的方法主要有三参数法、四参数法、九参数法和等效转动矢量法。

导航系统的姿态矩阵计算采用计算量较小的四元数法[2]。

1）四元数与姿态矩阵

两个 3 维空间矢量 $\boldsymbol{R}^n$ 与 $\boldsymbol{R}^b$ 的各轴分量之间的关系,可以由弹体坐标系到导航坐标系的坐标变换矩阵 $\boldsymbol{C}_b^n$ 表示,用四元数可表示为

$$\boldsymbol{R}^n = 0 + x_n \boldsymbol{i}_n + y_n \boldsymbol{j}_n + z_n \boldsymbol{k}_n \tag{5.4}$$

$$\boldsymbol{R}^b = 0 + x_b \boldsymbol{i}_b + y_b \boldsymbol{j}_b + z_b \boldsymbol{k}_b \tag{5.5}$$

$$\begin{bmatrix} 0 \\ x_b \\ y_b \\ z_b \end{bmatrix} = \begin{bmatrix} q_0^2 + q_1^2 + q_2^2 + q_3^2 & 0 & 0 & 0 \\ 0 & q_0^2 + q_1^2 - q_2^2 - q_3^2 & 2(q_1 q_2 + q_0 q_3) & 2(q_1 q_3 - q_0 q_2) \\ 0 & 2(q_1 q_2 - q_0 q_3) & q_0^2 - q_1^2 + q_2^2 - q_3^2 & 2(q_2 q_3 + q_0 q_1) \\ 0 & 2(q_1 q_3 + q_0 q_2) & 2(q_1 q_3 - q_0 q_1) & q_0^2 - q_1^2 - q_2^2 + q_3^2 \end{bmatrix} \begin{bmatrix} 0 \\ x_n \\ y_n \\ z_n \end{bmatrix}$$

$$\tag{5.6}$$

2）四元数微分方程

根据刚体转动理论,为了表示弹体转动四元数与转动角速度 ω_b 间的关系,建立如下四元数微分方程:

$$\dot{\Lambda} = \frac{1}{2} W(\omega_{nb}^b) \Lambda \tag{5.7}$$

式中:Λ 是从弹体系到导航系的转动四元数;ω_{nb}^b 表示弹体坐标系相对导航坐标系的转动角速度在弹体坐标系上的投影,它由陀螺仪的输出变换而得。它与其他速率的关系是:

$$\begin{aligned} \omega_{nb}^b &= \omega_{ib}^b - \omega_{in}^b \\ &= \omega_{ib}^b - \boldsymbol{C}_n^b \omega_{in}^n \\ &= \omega_{ib}^b - \boldsymbol{C}_n^b (\omega_{ie}^n + \omega_{en}^n) \end{aligned} \tag{5.8}$$

式中:ω_{ib}^b 为角速率陀螺的输出;ω_{ie}^n 为地球角速率,是已知的;ω_{en}^n 为导航坐标系相对地球的角速度,它可以由瞬时速度 V_{en}^n 求得。

只要求出四元数,即可求出姿态角,所以式(5.7)也称为四元数形式的姿态微分方程。

3）四元数微分方程的求解

对方程的求解,类似矩阵微分方程的求解,用毕卡逼近法,则姿态矩阵可由四元数的组合得到,即

$$\boldsymbol{C}_b^n = \begin{bmatrix} q_0^2 + q_1^2 - q_2^2 - q_3^2 & 2(q_1 q_2 - q_0 q_3) & 2(q_1 q_3 + q_0 q_2) \\ 2(q_1 q_2 + q_0 q_3) & q_0^2 - q_1^2 + q_2^2 - q_3^2 & 2(q_2 q_3 - q_0 q_1) \\ 2(q_1 q_3 - q_0 q_2) & 2(q_2 q_3 + q_0 q_1) & q_0^2 - q_1^2 - q_2^2 + q_3^2 \end{bmatrix} \tag{5.9}$$

2. 姿态矩阵的正交化

直角坐标系的坐标变换是正交变换,实现这一变换的矩阵应为正交矩阵,故姿态矩阵是正交矩阵。如果姿态阵失去正交性,即

$$CC^{\mathrm{T}} \neq I$$

那么通过它转换后得到的向量的大小和方向都会出现误差。计算中的舍入误差和截断误差,都会造成姿态矩阵不正交。工程实际中,角增量不可能很小,从而产生不可交换误差。计算所得的四元数失去了规范性,其范数不再等于1,因此,必须对四元数进行周期的规范化处理:

四元数:

$$\Lambda = \hat{q}_0 + \hat{q}_1 i + \hat{q}_2 j + \hat{q}_3 k \tag{5.10}$$

其模为

$$N = \sqrt{\hat{q}_0^2 + \hat{q}_1^2 + \hat{q}_2^2 + \hat{q}_3^2} \tag{5.11}$$

将各个元素除以它的模 P,得到:

$$q_i = \frac{\hat{q}_i}{\sqrt{\hat{q}_0^2 + \hat{q}_1^2 + \hat{q}_2^2 + \hat{q}_3^2}} \tag{5.12}$$

那么有

$$q_0^2 + q_1^2 + q_2^2 + q_3^2 = 1 \tag{5.13}$$

式中:$\hat{q}_i$ 为计算所得的四元数;q_i 为规范化后的四元数。q 满足四元数的归一化条件,保证姿态矩阵的正交化。

3. 姿态角的提取方法

航向角、俯仰角、横滚角定义为[2]:

航向角 H:$-180° \sim 180°$,北偏东为正。

俯仰角 ψ:$-90° \sim 90°$,弹体抬头为正。

横滚角 θ:$-180° \sim 180°$,OX 轴与水平面夹角,右端向下为正。

由式

$$C_n^b = \begin{pmatrix} \cos\theta\cos H - \sin\theta\sin\psi\sin H & \cos\theta\sin H + \sin\theta\sin\psi\cos H & -\sin\theta\cos\psi \\ -\cos\psi\sin H & \cos\psi\cos H & \sin\psi \\ \sin\theta\cos H + \cos\theta\sin\psi\sin H & 0 & \cos\theta\cos\psi \end{pmatrix}$$

$$\tag{5.14}$$

可见,C_b^n 是 H、ψ、θ 的函数。

设 $C_b^n = \begin{pmatrix} C_{11} & C_{12} & C_{13} \\ C_{21} & C_{22} & C_{23} \\ C_{31} & C_{32} & C_{33} \end{pmatrix}$,则

$$\text{航向角}: H^* = \arctan\left(\frac{C_{12}}{C_{22}}\right) \tag{5.15}$$

$$\text{俯仰角}: \psi^* = \arcsin(-C_{32}) \tag{5.16}$$

$$\text{横滚角}: \theta^* = \arctan\left(-\frac{C_{31}}{C_{33}}\right) \tag{5.17}$$

通过 H^*、ψ^* 和 θ^* 可以由下式判断出 H、ψ 和 θ 的真实值。

$$H = \begin{cases} H^*, & \text{当 } C_{22} > 0 \text{ 时} \\ H^* + \pi, & \text{当 } C_{22} < 0, H^* < 0 \text{ 时} \\ H^* - \pi, & \text{当 } C_{22} < 0, H^* > 0 \text{ 时} \\ \dfrac{\pi}{2}, & \text{当 } C_{22} = 0, C_{12} > 0 \text{ 时} \\ -\dfrac{\pi}{2}, & \text{当 } C_{22} = 0, C_{12} < 0 \text{ 时} \end{cases} \tag{5.18}$$

$$\psi = \psi^* \tag{5.19}$$

$$\theta = \begin{cases} \theta^*, & \text{当 } C_{33} > 0 \text{ 时} \\ \theta^* + \pi, & \text{当 } C_{33} < 0, \theta^* < 0 \text{ 时} \\ \theta^* - \pi, & \text{当 } C_{33} < 0, \theta^* > 0 \text{ 时} \\ \dfrac{\pi}{2}, & \text{当 } C_{33} = 0, C_{31} > 0 \text{ 时} \\ -\dfrac{\pi}{2}, & \text{当 } C_{33} = 0, C_{31} < 0 \text{ 时} \end{cases} \tag{5.20}$$

4. 速度、位置计算

1）速度计算

由比力微分方程可求出弹体速度：

$$\boldsymbol{V}_{en}^n = \boldsymbol{f}_{ib}^n - (\boldsymbol{\omega}_{en}^n + 2\boldsymbol{\omega}_{ie}^n) \times \boldsymbol{V}_{en}^n + \boldsymbol{g}^n \tag{5.21}$$

式中：$\boldsymbol{f}_{ib}^n$ 为加速度计的输出；$2\boldsymbol{\omega}_{ie}^n \times \boldsymbol{V}_{en}^n$ 为哥氏加速度，由于地球自转和弹体运动的合成而形成；$\boldsymbol{\omega}_{en}^n \times \boldsymbol{V}_{en}^n$ 为牵连加速度，由于弹体在地球表面运动而形成；$\boldsymbol{g}^n$ 为重力加速度矢量。

由于加速度计固连在弹体上，测得的是弹体系中的量，因而需要把原始输出 $\boldsymbol{f}_{ib}^b$ 转换为导航系中的比力 $\boldsymbol{f}_{ib}^n$。

$$\boldsymbol{f}_{ib}^n = \boldsymbol{C}_b^n \boldsymbol{f}_{ib}^b$$

通常把 $-(\boldsymbol{\omega}_{en}^n + 2\boldsymbol{\omega}_{ie}^n) \times \boldsymbol{V}_{en}^n + \boldsymbol{g}^n$ 项称为有害加速度，必须从加速度计等效输出中扣除，才能得到实时的弹体速度。

式（5.21）是惯性导航中最基本的方程，不论采用什么方案，都要用到它。

写成分量形式有

$$
\begin{bmatrix} \dot{V}_{enx}^{n} \\ \dot{V}_{eny}^{n} \\ \dot{V}_{enz}^{n} \end{bmatrix} = \begin{bmatrix} a_{ibx}^{n} \\ a_{iby}^{n} \\ a_{ibz}^{n} \end{bmatrix}
$$

$$
- \begin{bmatrix} 0 & -(2\omega_{iez}^{n} + \omega_{enz}^{n}) & 2\omega_{iey}^{n} + \omega_{eny}^{n} \\ 2\omega_{iez}^{n} + \omega_{enz}^{n} & 0 & -(2\omega_{iex}^{n} + \omega_{enx}^{n}) \\ -(2\omega_{iey}^{n} + \omega_{eny}^{n}) & 2\omega_{iex}^{n} + \omega_{enx}^{n} & 0 \end{bmatrix} \begin{bmatrix} V_{enx}^{n} \\ V_{eny}^{n} \\ V_{enz}^{n} \end{bmatrix} + \begin{bmatrix} 0 \\ 0 \\ g \end{bmatrix}
$$

$$
(5.22)
$$

ω_{ie}^{n} 是地球自转速度,在东北天坐标系中,其分量表示为

$$
\begin{cases} \omega_{iex}^{n} = 0 \\ \omega_{iey}^{n} = \omega_{ie}^{n}\cos L \\ \omega_{iez}^{n} = \omega_{ie}^{n}\sin L \end{cases}
\tag{5.23}
$$

$\boldsymbol{\omega}_{en}^{n}$ 是导航坐标系相对地球的角速度,其分量表示为

$$
\begin{cases} \omega_{enx}^{n} = -\dfrac{V_{eny}^{n}}{R_{n}} \\[3mm] \omega_{eny}^{n} = = \dfrac{V_{enx}^{n}}{R_{e}} \\[3mm] \omega_{enz}^{n} = \dfrac{V_{enx}^{n}}{R_{e}}tgL \end{cases}
\tag{5.24}
$$

式中:$R_{n} = a(1 - 2e + 3e\sin^{2}L)$ 为地球子午面内的曲率半径;$R_{e} = a(1 + e\sin^{2}L)$ 为地球卯酉面内的曲率半径;a 为地球长半径;e 为地球椭球率;L 为纬度。

其中,$a = 6378393\mathrm{m}$,$e = 1/297$。

2) 位置计算

位置计算,也就是计算弹体在地球上的纬度、经度和高度。若已知弹体在地理坐标系下的速度矢量,惯性导航系统的位置可由下式确定:

$$
\text{纬度}:L = L_{0} + \int_{0}^{T_{n}} \frac{V_{eny}^{n}}{R_{n}} \mathrm{d}t
\tag{5.25}
$$

$$
\text{经度}:\lambda = \lambda_{0} + \int_{0}^{T_{n}} \frac{V_{enx}^{n}}{R_{e}\cos L} \mathrm{d}t
\tag{5.26}
$$

$$
\text{高度}:h = h_{0} + \int_{0}^{T_{n}} V_{enz}^{n} \mathrm{d}t
\tag{5.27}
$$

5.1.3　捷联惯性导航系统误差分析

在捷联惯性导航系统中,惯性器件直接固连在弹体上,其安装误差、元器件误差以及初始条件误差成为误差分析的重点。

误差方程写成如下形式(东北天坐标系)[2]:

1. 位置误差方程(经度、纬度、高度)

$$\delta \dot{\lambda} = \frac{\delta V_E}{R_e + h}\sec L + \frac{V_E}{R_e + h}\sec L \tan L \delta L - \frac{V_E \delta h}{R_e + h}\sec L \tag{5.28}$$

$$\delta \dot{L} = \frac{\delta V_N}{R_n + h} - \frac{V_N}{(R_n + h)^2}h \tag{5.29}$$

$$\delta \dot{h} = \delta V_U - K_1 \delta h \tag{5.30}$$

2. 速度误差方程

$$\delta \dot{V}_E = -f_N \phi_U + f_U \phi_N + \left(\frac{V_{eny}^n}{R_e + h}\tan L - \frac{V_{enz}^n}{R_e + h}\right)\delta V_E$$

$$+ \left(2\omega_{iez} + \frac{V_{enx}^n}{R_e + h}\tan L\right)\delta V_N - \left(2\omega_{iey} + \frac{V_{enx}^n}{R_e + h}\right)\delta V_U$$

$$+ \left(2\omega_{iey}V_{eny}^n + \frac{V_{enx}^n V_{eny}^n}{R_e + h}\sec^2 L + 2\omega_{iez}V_{enz}^n\right)\delta L + \nabla E \tag{5.31}$$

$$\delta \dot{V}_N = -f_U \phi_E + f_E \phi_U - \left(2\omega_{iez} + \frac{V_{enx}^n}{R_e + h}\tan L\right)\delta V_E - \frac{V_{enz}^n}{R_n + h}\delta V_N$$

$$+ \frac{V_{eny}^n}{R_e + h}\delta V_U - \left(2\omega_{iey}V_{enx}^n + \frac{V_{enx}^n V_{enx}^n}{R_e + h}\sec^2 L\right)\delta L + \nabla N \tag{5.32}$$

$$\delta \dot{V}_U = f_N \phi_E - f_E \phi_N + \left(2\omega_{iey} + \frac{V_{enx}^n}{R_e + h}\right)\delta V_E - \frac{V_{eny}^n}{R_n + h}\delta V_N$$

$$- 2\omega_{iey}V_{enx}^n \sin L \delta L - \frac{V_{enx}^n V_{enx}^n + V_{eny}^n V_{eny}^n}{(R_e + h)^2}\delta h + \nabla U \tag{5.33}$$

3. 数学平台的误差方程

$$\begin{bmatrix} E_E \\ E_N \\ E_V \end{bmatrix} = \boldsymbol{C}_b^p \begin{bmatrix} K_{gx} & \xi_{xx} & -\xi_{xy} \\ -\xi_{yz} & K_{gy} & \xi_{yx} \\ \xi_{zy} & -\xi_{zx} & K_{gz} \end{bmatrix} \begin{bmatrix} \omega_x^b \\ \omega_y^b \\ \omega_z^b \end{bmatrix} + \begin{bmatrix} \varepsilon_x^b \\ \varepsilon_y^b \\ \varepsilon_z^b \end{bmatrix} \tag{5.34}$$

$$\dot{\phi}_E = \frac{V_N}{(R_n + h)^2}\delta h - \frac{\delta V_{eny}^n}{R_e + h} + \left(\Omega \sin L + \frac{V_E \tan L}{R_e + h}\right)\phi_N -$$

$$\left(\Omega \cos L + \frac{V_E \tan L}{R_e + h} \right) \phi_U - E_E \qquad (5.35)$$

$$\dot{\phi}_N = - \Omega \sin L \delta L - \frac{V_E}{(R_n + h)^2} \delta h + \frac{\delta V_E}{R_E + h}$$

$$- \left(\Omega \sin L + \frac{V_E \tan L}{R_e + h} \right) \phi_E + \frac{V_N}{R_n + h} \phi_U - E_N \qquad (5.36)$$

$$\dot{\phi}_U = \left(\Omega \cos L + \frac{V_E}{R_e + h} \right) \phi_E - \frac{V_E}{R_n + h} \phi_N + \frac{\delta V_E \tan L}{R_e + h}$$

$$+ \left(\Omega \cos L + \frac{V_E}{R_e + h} \sec^2 L \right) \delta L - E_U \qquad (5.37)$$

4. 加速度计和陀螺误差方程

陀螺误差方程(看成随机常数和一阶 Markov 过程):

$$\varepsilon(t) = \varepsilon_\varepsilon + \varepsilon_r$$

$$\dot{\varepsilon} = 0$$

$$\dot{\varepsilon} = - \beta_\varepsilon \varepsilon_r + W_1$$

$$W_1 = \sqrt{2 \sigma_\varepsilon^2 \beta_\nabla} \, \eta_1$$

加速度计误差方程(考虑为一阶 Markov 过程):

$$\dot{\nabla}_r = - \mu_\nabla \nabla_r + W_2$$

$$W_2 = \sqrt{2 \sigma_\nabla^2 \beta_\nabla} \, \eta_2$$

5. 系统的误差方程

$$\dot{\boldsymbol{X}}(t) = \boldsymbol{F}(t) \boldsymbol{X}(t) + \boldsymbol{W}(t) \qquad (5.38)$$

式中:$\boldsymbol{F}(t)$ 为 39×39 的系统矩阵,其中不为零的系数与误差方程的系数对应,

$\boldsymbol{X}(t) = [\, \delta \lambda \ \delta L \ \delta h \ \delta V_E \delta V_N \ \delta V_V \boldsymbol{\Phi}_E \boldsymbol{\Phi}_N \boldsymbol{\Phi}_V \ \nabla_{bx} \ \nabla_{by} \ \nabla_{bz} \varepsilon_{bx} \ \varepsilon_{by} \ \varepsilon_{bz} \ K_{ax} \ K_{ay} \ K_{az} \ \theta_{xy}$

$\theta_{xz} \ \theta_{yx} \ \theta_{yz} \ \theta_{zx} \ \theta_{zy} \ K_{gx} \ K_{gy} \ K_{gz} \ \xi_{xy} \ \xi_{xz} \ \xi_{yx} \ \xi_{yz} \ \xi_{zx} \ \xi_{zy} \ \nabla_{rx} \ \nabla_{ry} \ \nabla_{rz} \ \varepsilon_{rx} \ \nabla_{ry} \ \nabla_{rz} \,]^T$

符号说明如下:

$\boldsymbol{\Omega}$——地球自转角速度;

R_e, R_n——地球主曲率半径;

K_1, K_2——高度通道中的系数;

$\boldsymbol{C}_b^p$——捷联矩阵;

∇_i——加速度计 i 轴的偏值;

f_i——加速度计在 i 轴的分量;

$\xi_{ij}(\theta_{ij})$——陀螺(加速度计)在平面 ij 中安装轴和正交轴夹角;

$K_{a_i}(K_{g_i})$——加速度计(a)和陀螺(g)i 轴的标度因数;

E_i——数学平台漂移在 i 轴上的分量；

ε_i——陀螺漂移在 i 轴的分量；

ε_{ri}——陀螺随机漂移在 i 轴的分量；

$1/\beta_x$——陀螺的相关时间；

σ^2——随机过程的方程；

μ_∇——加速度计反相关时间；

$W(t)$——白噪声矢量；

η_1, η_2——强度为 1 的白噪声；

上下标 b——表示在弹体坐标系中的分解；

下标 E、N、V——表示相互垂直的东、北、天。

对捷联惯性导航系统而言,引起误差的因素相当多,而各种误差源一般来说还是随机变量,若把所有误差因素都取最大值作为整个系统误差来考虑,显然是不切实际的,这就需选择合适的试验设计方法[5]。

传统的试验设计方法有经验法和正交设计法,它们都只适用于水平相对不多的试验。而均匀设计法则解决了此种试验次数多的问题,它将数论与多元统计相结合,将试验点均匀散布在试验范围内的一种新试验方法。它对于试验范围大、因素水平多的复杂试验,具有独特的优越性,不但试验次数大为减少,而且为表格形式,使用颇为简单。

以三因素六水平试验为例,将均匀设计法与经验法、正交设计法作简单对比,见表 5-1。由表 5-1 可见,如果采用经验方法,要实现偏差为零,须进行216 次试验,工作量相当大。正交设计法的试验次数相对有所减少,需 6^2 次试验,即使如此,在短时间内也难以完成。采用均匀设计法的偏差虽比正交设计法稍有增加,但其试验次数却大为降低,只需 6 次即可获得比较多的试验信息。

表 5-1　不同试验方法的试验次数和偏差

试验方法	采用表的类型	试验次数	偏差
试验法	全组合	216	0
正交设计法	$L_{36}6^3$	36	0.1597
均匀设计法	$U_6(6^4)$	6	0.1875

均匀设计法中表 $U_n(q^s)$ 的说明:最多因素个数 $= [s/2] + 1$,$[x]$ 为取整运算,所得整数小于或等于 x；q 为每个因素对应的水平数；n 表示试验次数。

假设捷联惯性导航系统有 6 种误差因素,每个因素取 13 个水平,试验的响应为北向误差和东向误差,根据因素和水平,选取均匀设计表 $U_{13}(13^{12})$,由试验方案得到如表 5-2 所列的试验结果[5]。

表 5 - 2　均匀设计表

序号	加速度计安装误差角/(°)	速度误差/(m/s)	水平及方位姿态误差角/(°)	加速度计随机误差/(×10⁻⁴g)	陀螺随机漂移/(×10⁻⁴/h)	陀螺刻度系数误差/(×10⁻³)	北向误差/m	东向误差/m
1	0.0	0.042	2.125	2.975	3.4	0.9	0.98	4.4
2	0.0425	0.016	4.675	0.85	1.7	0.6	0.6	0.6
3	0.085	0.21	1.7	4.25	0.0	0.3	6.7	9.8
4	0.1275	0.294	4.25	2.15	3.825	0.0	6.3	1.3
5	0.17	0.378	1.275	0	2.125	1.0	10.2	11.6
6	0.2125	0.462	3.825	3.4	4.675	0.8	5.2	10.1
7	0.255	0	0.85	1.275	4.25	0.4	−0.2	1.4
8	0.2975	0.084	3.4	4.675	2.55	0.1	1.6	7.5
9	0.34	0.168	0.425	2.55	0.85	1.1	5.5	7.1
10	0.3825	0.252	2.975	0.425	4.675	0.8	5.2	10.1
11	0.425	0.336	0	3.825	4.675	0.5	11.5	12.2
12	0.425	0.336	0	3.825	4.675	0.5	11.5	12.2
13	0.51	0.504	0	3.825	4.675	0.5	11.5	12.2

　　另外,要专门开展捷联惯性导航系统标定试验研究,获得捷联惯性导航组件的误差模型系数,通过误差补偿,确定该模型是否正确及补偿效果是否合适。

　　陀螺仪和加速度计测量值的误差补偿模型简化后的方程为

$$N_{gx} = D_{fx} + D_{x1}a_x + D_{x2}a_y + D_{x3}a_z + S_{gx}\omega_x + S_{gx1}\omega_y + S_{gx2}\omega_z$$
$$N_{gy} = D_{fy} + D_{y1}a_x + D_{y2}a_y + D_{y3}a_z + S_{gy}\omega_x + S_{gy1}\omega_y + S_{gy2}\omega_z$$
$$N_{gz} = D_{fz} + D_{z1}a_x + D_{z2}a_y + D_{z3}a_z + S_{gz}\omega_x + S_{gz1}\omega_y + S_{gz2}\omega_z$$
$$N_{ax} = K_{ax0} + K_{ax1}a_y + D_{ax2}a_z + D_{ax3}a_{2x} + S_{ax}a_x$$
$$N_{ay} = K_{ay0} + K_{ay1}a_y + D_{ay2}a_z + D_{ay3}a_{2y} + S_{ay}a_y$$
$$N_{az} = K_{az0} + K_{az1}a_z + D_{ax2}a_y + D_{ax3}a_{2x} + S_{az}a_z$$

符号说明如下:

N_g——陀螺仪测量值(字数);

D_f——陀螺仪的常值漂移(字数);

D_{ij}——陀螺仪 i 轴与 a_j 有关的漂移误差系数(字数/g);

S_{gi}——陀螺仪 i 轴的标度因数(字数/((°)/s));

K_{gi}——陀螺仪 i 轴的标度因数安装误差系数(字数/((°)/s));

N_e—— 加速度计测量值(字数);

K_{ai}——加速度计偏值(字数);

S_{ai}——加速度计的标度因数(字数/g);

K_{ai}——加速度计 i 轴的安装误差系数(字数/g)。

利用实际数据,即可求得误差补偿后的测量值,用于捷联解算。

5.1.4 捷联惯性导航系统程序编排

图 5 - 3 给出的是捷联惯性导航系统的导航解算程序流程图[2]。

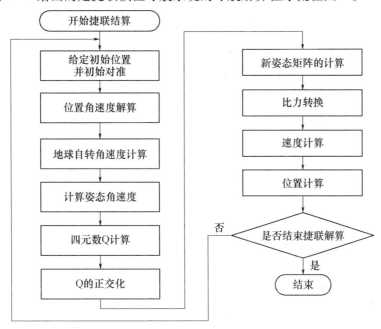

图 5 - 3 捷联惯性导航计算流程图

在捷联惯性导航解算中,姿态更新算法是其算法的核心,也是影响捷联惯性导航系统精度的主要因素之一,因此,设计和采用合理的姿态更新算法是非常重要的。

在常规的姿态算法中,载体坐标系和参考坐标系间的转换是通过一系列的转动来实现的,并且假设这些转动的次序是不重要的,是基于无限小转动矢量的原理得到的。但实际系统应用中,由于火箭弹在高动态条件下飞行,工作在恶劣振动环境下,弹体的转动常常是有限转动,而有限转动不是矢量,其转动次序不能交换,因而将姿态更新周期中的所有陀螺输出的角增量求和后再求解四元数的传统方法将带来较大的姿态误差,即圆锥误差。为了防止姿态误差积累,必须进行必要的补偿。进一步研究结果还表明,基于类似原因而产生的划船误差也可以通过圆锥误差来等效,因此如何消除和补偿圆锥误差至关重要[6]。

自 20 世纪 60 年代开始,Bortz 的转动矢量微分方程为计算捷联惯性导航系统的姿态矩阵建立了新的理论基础,表明转动矢量的变化速率是角速度矢量与非互易角速度矢量之和,对非互易矢量进行补偿的过程就是圆锥补偿,相应的算法就是圆锥补偿算法。

转动矢量微分方程是圆锥补偿算法的基础和依据,是圆锥补偿算法研究的出发点,在圆锥补偿算法研究中具有十分重要的地位。

弹体的转动矢量微分方程为

$$(\boldsymbol{\Phi} \times) = \begin{bmatrix} 0 & -\phi_z & \phi_y \\ \phi_z & 0 & -\phi_x \\ -\phi_y & \phi_x & 0 \end{bmatrix} \dot{\boldsymbol{\Phi}}$$

$$= \boldsymbol{\omega} + \frac{1}{2}(\boldsymbol{\Phi} \times)\boldsymbol{\omega} + \frac{1}{\phi^2}\left[1 - \frac{\phi\sin\phi}{2(1-\cos\phi)}\right](\boldsymbol{\Phi} \times)^2\boldsymbol{\omega} \quad (5.39)$$

式中:$\boldsymbol{\Phi} = [\phi_x, \phi_y, \phi_z]^T$ 为旋转矢量,其方向和大小分别与进行转动所绕轴的方向及转动的角度大小相对应;$\boldsymbol{\Phi} \times$ 为矢量的斜对称矩阵;$\phi = (\boldsymbol{\Phi}^T\boldsymbol{\Phi})^{\frac{1}{2}}$ 为旋转运动的幅度(角度)大小,是旋转矢量的模。

当 $\boldsymbol{\Phi}$ 很小时,可对式(5.39)进行二阶近似,通过分析,可得

$$\dot{\boldsymbol{\Phi}} = \boldsymbol{\omega} + \frac{1}{2}\boldsymbol{\alpha} \times \boldsymbol{\omega} \quad (5.40)$$

其中

$$\boldsymbol{\alpha}(t) = \int_{t-1}^{t} \boldsymbol{\omega}\mathrm{d}\tau$$

显然,$\boldsymbol{\alpha}$ 为对应时间内的角增量。

对(5.40)两边积分,得

$$\boldsymbol{\Phi} = \int\boldsymbol{\omega}\mathrm{d}t + \frac{1}{2}\int\boldsymbol{\alpha} \times \boldsymbol{\omega}\mathrm{d}\tau \quad (5.41)$$

若令

$$\boldsymbol{\delta}_\phi = \frac{1}{2}\int\boldsymbol{\alpha} \times \boldsymbol{\omega}\mathrm{d}\tau$$

则式(5.41)可表示为

$$\boldsymbol{\Phi} = \boldsymbol{\alpha} + \boldsymbol{\delta}_\phi \quad (5.42)$$

式中:$\boldsymbol{\delta}_\phi$ 为对应时间内需要进行补偿的非互易向量,也就是常说的圆锥效应。

由式(5.42)知道,旋转向量的时间导数和角速度是不同的,而且,旋转向量和角增量也是互不相同的概念,旋转向量不仅包含角增量 $\boldsymbol{\alpha}$,还包括非互易向量项 $\boldsymbol{\delta}_\phi$。

5.1.5 纯惯性导航与惯性导航系统的初始对准

纯惯性导航是指惯性导航系统不依靠外部信息(主要指卫星定位系统)进行辅助[2],仅通过内部陀螺和加速度计测量弹体角运动和线运动数据,经导航计算机解算后,计算出弹体运动的位置、速度、航向和姿态等信息。

由于制导火箭弹飞行时间较短,其纯惯性导航精度主要由初始对准精度和惯性器件动态测量精度决定,其中惯性器件的动态测量误差(如加速度计的标度因子刻度)在产品交付前可通过测试进行补偿,而初始对准误差无法消除,只能通过提高初始对准精度来保证纯惯性导航精度。在火箭弹飞行过程中,惯性制导误差会随着制导时间而积累,其主要是由加速度计测量误差和陀螺漂移误差造成的。

初始对准技术是惯性导航系统最重要的关键技术之一,初始对准精度会影响惯性导航系统的性能,初始对准时间标志着快速反应能力,因此要求初始对准精度高、对准时间短,即精而快。为了达到这一要求,陀螺和加速度计必须具有高的精度和稳定性,即系统的鲁棒性要好,对外界的干扰不敏感。

对捷联惯性导航系统来说,初始对准就是确定初始时刻的姿态矩阵。初始对准按对准的阶段分,可分为粗对准和精对准;按对准轴系分,可分为水平对准和方位对准;按基座的运动状态分,可分为静基座对准和动基座对准;按对外部信息的依赖程度分,可分为主动式对准和非主动式对准。对准精度和对准时间是惯性导航系统初始对准的两项重要技术指标。

制导火箭武器系统采用动基座对准方式,即利用发射平台上精度较高的主惯性导航系统来校准火箭弹上的子惯性导航系统。在对准过程中,系统导航运算所需的初始值由主惯性导航提供,主惯性导航系统的精度一般比子惯性导航系统的精度高几个数量级,因此,采用传递对准可以有效地提高对准精度,极大地缩短对准时间,从而有效提高火箭弹的射击精度。

由于安装误差、杆臂效应等因素的影响,子惯性导航与主惯性导航之间存在对准角误差。传递对准的主要任务是设法估计不对准角误差并消除其带来的影响。传递对准的方法可分为两类:一类是计算参数匹配,另一类是测量参数匹配。计算参数匹配把失准角当作一个整体,利用主、子惯性导航系统计算出位置之差来对子惯性导航进行对准;测量参数匹配则是利用主、子惯性导航系统测得的角速度之差和加速度之差来对失准角进行估计。一般来说,计算匹配法的估计精度较高,但对准速度较低;而测量参数法匹配的速度较快,但其精度受弹体弹性变形的影响较大[7]。

具体而言,制导火箭弹初始对准方案采用车载高精度主惯性导航和弹载子惯性导航的调炮传递对准方案,即车载高精度主惯性导航系统安装在发射架上,弹载子惯性导航系统和车载主惯性导航系统通过发射架固连。在调炮过程中弹载子惯性导航系统和车载主惯性导航系统同时敏感发射架的运动,车载主惯性导航通过总线把导航数据实时传输给弹载子惯性导航,弹载子惯性导航的传递对准算法在调炮过程中辨识出主子惯性导航之间的安装误差,实现子惯性导航的初始对准。采用该传递对准方案,发射架的机械误差可通过传递对准算法予以消除,弹载子惯性导航初始航向误差只与车载主惯性导航的航向误差和传递对准误差有关。传递对准采用姿态阵+速度匹配方法,即车载主惯性导航向弹载子惯性导航传递调炮过程中发射架的实时导航参数,弹载子惯性导航以速度和姿态角参数为观测量,进行卡尔曼滤波,辨识出主子惯性导航安装误差、加速度传感器的偏置、陀螺的常值漂移等误差,完成弹载惯性导航系统初始航向和姿态修正,实现系统的初始对准。

5.1.6　惯性导航系统的测试与标定

惯性导航系统测试是将惯性测量装置或一套完整的导航系统安装到测试设备上,然后对该组件转动一系列精确已知的角度,并定位到相对于当地重力矢量的不同取向上。主要的敏感器误差则可以从该组件在每个方向上得到的加速度和旋转速率的静态测量值确定[2]。

惯性导航系统测试的主要流程:

1. 静态加速度测试

将惯性导航系统安装到水平台上,使其每个敏感轴分别指向上和下(六位置测试),得到相对于一组基准安装面的加速度计零偏、标度因数误差和敏感轴安装误差的估计,这些估计值可以通过对各种组合的加速度计测量值求和及求差计算得到。

2. 静态速率测试

通过检测系统在预先设定的时间周期内,以及该装置多个不同的安装方向所给出的角速率测量值,从中得出陀螺仪固定零偏和与重力加速度 g 相关的零偏。如同前面的测试,通过求和及求差的方法来分离各种误差分量。

3. 角度测试

采用一台精密多位置测试台,惯性测量装置可以转动非常精确的已知角度,通过对这些已知的旋转角度与自由陀螺仪给出的速率输出积分导出的这些旋转角度的估值进行比较,就可以求出陀螺仪测量值各种误差的估值。例如,如果转台顺时针和逆时针方向旋转过相同的角度,陀螺仪对于壳体安装误差的估值连同陀螺仪零偏和标度因数误差就可以求出。

4. 惯性导航系统多位置测试

只要进行足够数量的旋转测试,可得到捷联惯性导航系统中大部分主要敏感器误差的估计。

下面举一实例进行说明。

在对特定装置的测试选择合适的一组旋转中,如表 5 – 3 所示,包含绕每个轴旋转 90°和 180°。对于包含常规陀螺仪的系统测试,符合此要求使得陀螺仪的固定零偏、与相关的误差和安装误差以多种不同的线性组合出现在测量方程中,并可变为可观测量。此外,在各单独的方向测试时,必须保证装置的每个轴与当地垂直线对准,包括向上和向下两个位置,以便对加速度计零偏、标度因数误差和安装误差加以辨识。

表 5 – 3 一种捷联惯性测量装置的测试旋转方案[2]

旋转序号	起始位置	转动	测试位置
1		绕 y 轴转 90°	
2		绕 x 轴转 90°	
3		绕 x 轴转 –180°	
4		绕 x 轴转 90°	
5		绕 y 轴转 –180°	

弹上惯性测量组件(包括陀螺仪和加速度计,简称 IMU)作为捷联惯性导航系统的敏感元件,其误差是影响系统导航精度的重要因素,直接决定了火箭弹的落点偏差。减小惯性器件误差的方法有两种,一种是提高惯性器件本身的精度,另一种是采用误差补偿技术。只有对惯性器件的误差进行标定并在导航解算过程中进行动态补偿,才能保证系统具有足够的导航精度,从而减小火箭弹的落点偏差。由于对惯性器件离线标定所得的误差并不能完全反映实际使用时的误差状况,因此,针对火箭弹倾斜发射存在的这一普遍问题,研究如何在惯

测组件一次通电情况下在线标定其误差是当前的一个重要内容,对于提高制导火箭武器系统的高机动性具有重要意义。

5.1.7 惯性导航系统免维护免测试技术

为实现低成本制导控制系统,很大程度上需要减小惯性导航系统的成本比例,除从惯性导航系统自身的成本着手外,还要从配置的辅助检测和维护设备考虑。

按目前惯性导航系统的使用要求,需要定期(至少半年)对惯性导航系统通电检测,到一定周期(3~5年)还要卸下返厂重新标定,造成惯性导航系统维护成本偏高,部队使用不便。上述使用要求对外部环境条件和人员素质有较高要求,对于野战火箭弹而言,在相当长的时间内很难做到。因此。要实现制导火箭弹批量装备,不解决惯性导航系统在贮存过程中的测试和维护问题,就不能真正降低成本,不能做到方便好用,也体现不了野战武器的特点。因此,需开展惯性导航系统免维护免测试技术研究,具体可从以下几方面着手:

(1)研究贮存和使用环境条件的特点,通过加速寿命试验方法,研究惯性导航系统的性能变化规律。

(2)研究环境、老化和筛选等试验方法,制定合理的工艺过程,惯性导航系统通过规定的试验过程后,可保证长期贮存后的性能在规定的范围内变化,不影响制定控制系统的使用。

(3)研究误差模型和补偿方法,在系统算法中对贮存中的参数变化进行自适应补偿。通过外部数据对贮存引起的误差进行补偿,可采用组合导航技术,在火箭弹发射后用卫星定位数据修正惯性导航系统误差,确保系统导航精度。

(4)研究快速标定方法,研制便携式简易测试设备,在发射前对惯性导航系统进行修正。

通过上述技术途径的研究,最终实现惯性导航系统在长期贮存过程中无须通电检测,在寿命期内无须返厂维护。

5.2 卫星导航系统

5.2.1 概述

卫星导航定位系统为导航带来了革命性的变化,它在全球范围内能为海陆空天用户提供精确的实时位置、速度和时间信息。第一次海湾战争美军首次正式使用全球卫星导航定位系统(GPS)于实战,标志着卫星在实战中的作用发生了性质上的改变,从辅助变为主导,从被动变为主动,从单一功能变成多功能;

到阿富汗战争和伊拉克战争时，美军使用精确制导武器的比例比海湾战争增加了近100倍，而它们基本上都全部或部分依靠GPS进行目标引导。全球卫星定位系统在这些战场上发挥着不可限量的作用，其提供精确打击能力是其他任何一个系统都无法比拟的，从而继电子战、信息战之后又引发了"导航战"这一新的战争方式。为继续推进GPS在军民领域独霸式的地位，美国政府除宣布将进一步提高民用C/A码（距离信号编码）精度外，正继续完善GPS系统，由波音公司研制的首颗GPS-3卫星已于2013年发射，GPS-3全面运行预计在2015至2020年实现。GPS-3的信号发射功率将提高100倍，信号抗干扰能力提高1000倍以上，定位精度提高到0.2~0.5m，可使卫星制导弹药的精度达到1m以内。

面对这种居高临下的强势，为减少对GPS的依赖，俄罗斯、欧盟、中国等世界主要科技体选择了独立发展、联合生存的道路[8]。GLONASS是俄罗斯的全球卫星定位导航系统，最早开发于苏联时期，后由俄罗斯继续该计划，GLONASS也由24颗卫星组成，原理和方案都与GPS类似，不过，其24颗卫星分布在3个轨道平面上，这3个轨道平面两两相隔120°，同平面内的卫星之间相隔45°，俄罗斯自称，多功能的GLONASS系统定位精度可达1m，可用来为精确打击武器制导。欧盟启动了"伽利略"导航卫星计划，"伽利略"系统由分布在3个轨道上的30颗卫星组成，该系统与GPS类似，可以向全球任何地点提供精确定位信号，定位精度可以达到1m。

目前，世界上正在运行的卫星导航定位系统有美国的全球定位系统、俄罗斯的GLONASS和我国的北斗系统，它们在定位体制上大体类似，具有全球、全天候、全天时无源三维连续定位能力，具有很高的定位精度。

5.2.2 GPS卫星导航原理

1. GPS组成

目前世界使用最多的全球卫星导航定位系统是美国的GPS系统，一共由24颗卫星组成。它采用时间测距定位原理，可对地面车辆、海上船只、飞机、导弹、卫星和飞船等各种移动用户进行全天候的、实时的高精度三维定位测速和精确授时。整个全球定位系统由3部分组成：卫星星座、地面控制/监视网络和用户接收设备。GPS系统由空间部分、地面控制部分和用户设备部分构成[9]。

1）空间部分

GPS的空间部分由24颗工作卫星组成，它位于距地表20200km的上空，均匀分布在6个轨道面上（每个轨道面4颗），轨道倾角为55°。此外，还有4颗有源备份卫星在轨运行。卫星的分布使得在全球任何地方、任何时间都可观测到4颗以上的卫星，并能保持良好定位解算精度的几何图像。这就提供了在时间上连续的全球导航能力。GPS卫星产生两组电码，一组称为C/A码

（1.023MHz），一组称为 P 码（10.23MHz）。P 码因频率较高，不易受干扰，定位精度高，因此受美国军方管制，并设有密码，一般民间无法解读，主要为美国军方服务。C/A 码人为采取措施而刻意降低精度后，主要开放给民间使用。

2）地面控制部分

地面控制部分由 1 个主控站、5 个全球监测站和 3 个地面控制站组成。监测站均配装有精密的铯钟和能够连续测量到所有可见卫星的接收机。监测站将取得的卫星观测数据包括电离层和气象数据，经过初步处理后，传送到主控站。主控站从各监测站收集跟踪数据，计算出卫星的轨道和时钟参数，然后将结果送到 3 个地面控制站。地面控制站在每颗卫星运行至上空时，把这些导航数据及主控站指令注入到卫星。每天对每颗 GPS 卫星注入一次，并在卫星离开注入站作用范围之前进行最后的注入。如果某地面站发生故障，那么在卫星中预存的导航信息还可用一段时间，但导航精度会逐渐降低。

3）用户设备部分

用户设备部分即 GPS 信号接收机。其主要功能是能够捕获到按一定卫星截止角所选择的待测卫星，并跟踪这些卫星的运行。当接收机捕获到跟踪的卫星信号后，即可测量出接收天线至卫星的伪距离和距离的变化率，解调出卫星轨道参数等数据。根据这些数据，接收机中的微处理计算机就可按定位解算方法进行定位计算，计算出用户所在地理位置的经纬度、高度、速度、时间等信息。接收机硬件和机内软件以及 GPS 数据的后处理软件包构成完整的 GPS 用户设备。GPS 接收机的结构分为天线单元和接收单元两部分。接收机一般采用机内和机外两种直流电源。设置机内电源的目的在于更换外电源时不中断连续观测。在用机外电源时机内电池自动充电。关机后，机内电池为 RAM 存储器供电，以防止数据丢失。目前各种类型的接收机体积越来越小，重量越来越轻，便于野外观测使用。

2. GPS 原理

GPS 导航系统的基本原理是测量出已知位置的卫星到用户接收机之间的距离，然后综合多颗卫星的数据就可知道接收机的具体位置。要达到这一目的，卫星的位置可以根据星载时钟所记录的时间在卫星星历中查出。而用户到卫星的距离则通过记录卫星信号传播到用户所经历的时间，再将其乘以光速得到（由于大气层电离层的干扰，这一距离并不是用户与卫星之间的真实距离，而是伪距（PR）：当 GPS 卫星正常工作时，会不断地用 1 和 0 二进制码元组成的伪随机码（简称伪码）发射导航电文）。GPS 系统使用的伪码一共有两种，分别是民用的 C/A 码和军用的 P（Y）码。C/A 码频率 1.023MHz，重复周期 1ms，码间距 1μs，相当于 300m；P 码频率 10.23MHz，重复周期 266.4 天，码间距 0.1μs，相当于 30m。而 Y 码是在 P 码的基础上形成的，保密性能更佳。导航电文包括卫星星历、工作状况、时钟改正、电离层时延修正、大气折射修正等信息。它是从卫星信号中解调制出来,以 50b/s 调制在载频上发射的。导航电文每个主帧中包含 5 个子帧,每帧长 6s。前三帧各 10 个字码,每 30 秒重复一次,每小时更新一次。后两帧共 15000b。导航电文中的内容主要有遥测码,转换码,第 1、2、3 数据块,其中最重要的则为星历数据。当用户接收到导航电文时,提取出卫星时间,并将其与自己的时钟做对比,便可得知卫星与用户的距离,再利用导航电文中的卫星星历数据推算出卫星发射电文时所处位置,用户在大地坐标系中的位置、速度等信息便可得知。

可见,GPS 导航系统卫星部分的作用就是不断地发射导航电文。然而,由于用户接收机使用的时钟与卫星星载时钟不可能总是同步,所以除了用户的三维坐标 x、y、z 外,还要引进一个 Δt 即卫星与接收机之间的时间差作为未知数,然后用 4 个方程将这 4 个未知数解出来。所以如果想知道接收机所处的位置,至少要能接收到 4 个卫星的信号。

GPS 有三类基本观测量,即伪距测量、相位测量和积分多普勒测量。GPS 就是根据这三类测量来完成相应的定位、测速、授时等基本功能[9]。

1)伪距测量

伪距测量是使接收机伪码发生器复现与卫星结构相同的伪随机码,经过延时器延时 τ 后得到的测距码与本机复制码的相关处理,测定信号从卫星至接收机的传播时间 τ',根据 $\rho = C \cdot \tau'$ 得到卫星到接收机的距离 ρ。经过卫星星历计算卫星的精确位置,这样同时测量到 4 个卫星,用户接收机所在的位置可通过求解下列方程得出。

$$\rho_k^j = \left[(x^j - x^k)^2 + (y^j - y^k)^2 + (z^j - z^k)^2 \right]^{\frac{1}{2}} +$$
$$b^k - C \cdot \delta T^j \quad (j = 1,2,3,4) \tag{5.43}$$

式中:x^j,y^j,z^j,δT^j 分别为卫星由广播星历计算得到的卫星三维坐标值和卫星钟差;b^k 则为接收机钟差引起的距离偏差。

由于伪距测量存在较大偏差,故必须对观测值进行必要的修正,如电离层、对流星修正等。

2)载波相位测量

在对 GPS 卫星信号的观测量中,原始数据除了伪距观测量以外,还有载波相位观测量,载波相位观测量是测定 GPS 载波信号在传播路程上的相位变化值,以确定信号传播的距离。GPS 接收机中对信号测量精度大约是一个码元长度的 1%,由此可见,伪距测量的测距码的码元长度较长,测量精度不会很高,对 P 码而言约为 30cm,而 C/A 码则为 3m 左右。相比较,载波的波长要短得多,$\lambda_1 = 19$cm,$\lambda_2 = 24$cm,即载波定位理论精度可以达到 0.1mm。若把载波作为信号,对载波相位测量,就可以达到很高的定位精度。载波相位测量同伪距测量

一样,受卫星钟差和接收机钟差以及电离层、对流层的影响,其观测方程为

$$\varphi \cdot \lambda = \rho + C(\Delta t - \Delta T) - \Delta D_{iono} + \Delta D_{trop} \qquad (5.44)$$

式中:φ 为载波相位测量;λ 为载波波长;ρ 为从卫星至接收机的几何距离;C 为光速;Δt 为接收机钟差;ΔT 为卫星钟差;ΔD_{iono} 为电离层延迟;ΔD_{trop} 为对流层延迟。

通过测量载波相位可以确定 ρ,同理,当同时测定 4 颗以上卫星时便可以确定出用户接收机的位置。

3)积分多普勒测量

积分多普勒测量是对卫星多普勒频移的连续积分,实际上,它是两个历元上载波相位测量之差。积分多普勒的整数部分是相位观测之间的整周数,小数部分即是小数相位读数,它可以用于数据连接和速度解算。

GPS 定位的基本原理是根据高速运动的卫星瞬间位置作为已知的起算数据,采用空间距离后方交会的方法,确定待测点的位置。如图 5 - 4 所示,假设 t 时刻在地面待测点上安置 GPS 接收机,可以测定 GPS 信号到达接收机的时间 $\triangle t$,再加上接收机所接收到的卫星星历等其他数据可以确定以下 4 个方程式。

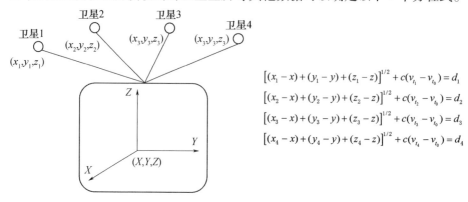

图 5 - 4　GPS 定位原理示意图

5.2.3　北斗卫星导航系统

北斗卫星导航系统是我国正在实施的自主研发、独立运行的全球卫星导航系统。系统建设目标是:建成独立自主、开放兼容、技术先进、稳定可靠的覆盖全球的北斗卫星导航系统。

北斗卫星导航系统由空间段、地面段和用户段三部分组成,空间段是由地球静止轨道(Geostationary Orbit,GEO)、倾斜地球同步轨道(Inclined Geosynchronous Orbit,IGSO)和中高度圆轨道(Medium Earth Orbit,MEO)3 种不同轨道高度的异质卫星组成的混合星座导航系统[10],地面段包括主控站、注入站和监测站

等若干个地面站,用户段包括北斗用户终端以及与其他卫星导航系统兼容的终
端。不同于 GPS,"北斗"的指挥中心和终端之间可以双向交流。北斗卫星导航
系统不仅具备在任何时间、任何地点为用户确定其所在的地理经纬度和海拔高
度的能力,而且在定位性能上有所创新。北斗系统与其他系统最大的不同,在
于它不仅能使用户知道自己的所在位置,还可以告诉别人自己的位置,特别适
用于需要导航与移动数据通信的场合。图 5 – 5 所示为北斗卫星导航系统构
成图。

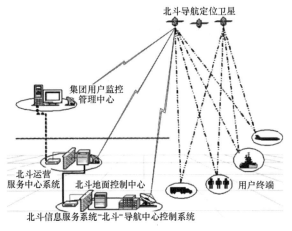

图 5 – 5　北斗卫星导航系统构成图

5.2.4　卫星抗干扰技术

随着卫星定位技术在战场上的广泛应用,卫星干扰战术也开始活跃在战争
舞台上。以 1W 为零电平分贝,GPS 卫星发射的信号到达地面时的最小信号功
率分别为 –160dBW(C/A 码)、–163dBW(L1 P 码)和 –166 dBW(L2 P 码);如
果再考虑其他不利因素的影响,上述信号的最大信号电平分别不超
出 –153dBW、–155dBW 和 –158dBW。由于 GPS 卫星的信号发射功率不可能
很大,卫星距地面又远(20200km),信号到达地面时会很弱。因此,GPS 用户接
收机很容易受到外界干扰[11]。

对接收系统的干扰可以分为压制性干扰和欺骗式干扰。

压制式干扰是通过发射机发射一定电平的干扰信号将卫星接收机前端的
卫星信号压制住,使卫星扩频增益失效,达到使卫星接收机不能解扩卫星信号
目的的干扰方式。经理论计算,3pW 的入射干扰就可以使 L1 波段干信比为
44.6dB 的 C/A 码接收机失锁。进一步试验表明,功率为 1W 的干扰机可以使
85km 以内的 C/A 码接收机无法工作。目前,4W 的 GPS 干扰机使机载 GPS 接
收机在 145km 以外就受到干扰。由于 P 码周期长达约 267 天,且结构保密,压

制性干扰仅对 C/A 码接收机有效,而对 P 码接收机则不容易达到干扰效果。如果单靠提高干扰源功率,则会降低干扰源的隐蔽性,容易被反干扰武器摧毁。压制式干扰可分为窄带干扰(瞄准式)和宽带干扰(阻塞式),按干扰作用时间又可分为连续干扰和脉冲干扰。压制式干扰的特点是技术难度较小,但所需干扰功率较大。

欺骗式干扰是通过发射机发射与卫星信号具有相同参数但信息码不同的假信号,使卫星接收机接收错误定位信息。欺骗式干扰给出虚假导航电文,或者增加信号传播时延,使测量的伪距产生偏差。这种干扰的特点是显而易见的,所需干扰功率小,干扰效果大大好于压制式干扰。当然,欺骗式干扰的技术难度要远远大于压制式干扰。

此外,GPS 向用户广播导航信号,实现无源定位,使得用户的数量不受限制,但也因此失去了自我校正功能,用户无法通过本系统判别信号真伪。可以自主产生或通过转发的形式对用户终端实施欺骗性干扰。可见,GPS 卫星信号在抗电子干扰方面异常脆弱,而信号功率小、卫星星历和信号频率公开是 GPS 易受干扰的主要原因。

提高卫星系统抗干扰能力的重要措施包括:提高卫星接收机的抗干扰能力,使用抗干扰天线和提高导航卫星自身的抗干扰能力[12]。

1. 提高接收机的抗干扰能力

接收机功能模块化和数字化是卫星接收机的一个发展趋势。卫星接收机应用组件(GRAM)和防欺骗模块的有选择利用(SAASM)是当前两项最为重要的技术,其中 GRAM 是一种标准电子插件,采用开放式系统结构,能灵活地增加、替代或取消系统中某些元件,确保安全性、互通性、减少非标准接口、定义和功能的数量;SAASM 是第二代 GPS 技术产品安全模块,集成到接收机应用模块中,用于保护经加密的 GPS 算法、数据和校准。这种集成技术将提高 GPS 系统的安全性,缩短维修时间,降低维护难度和维护费用。未来的 GPS 接收机结构体系将是开放式的,开放式的结构允许包括 SAASM 在内的部件加装、替代或者拆除,而不需要重新设计整个系统。

接收机干扰主要集中在抗射频干扰的影响。射频干扰使输入信号解扩后噪声增大,降低卫星信号的有效载噪比(C/N_0),增加卫星接收机跟踪弱相关信号的难度。因此,用户接收机射频部分抗干扰研究的最终目标是提高其干扰容限。目前,研究的热点是自适应空时滤波技术,即在空域滤波的基础上,对各天线阵子上的信号加延时单元,通过对不同阵子上不同相位的信号加权求和,实现空域时域的联合滤波。空域时域联合的最小均方误差算法能同时有效抑制多个宽带和窄带干扰信号。在选星环节上,同时考虑星座所在位置的几何误差因子和干扰信号方向,能显著提高空域滤波效果,提高进入信号的载噪比。

2. 使用自适应调零天线阵

自适应调零天线阵是将阵列天线与自适应信号处理技术相结合,用自适应信号处理的理论、方法以及自动控制技术等调准天线阵方向图,使天线阵方向图的主波束对准有用信号方向,零点指向干扰方向,从而在干扰方向形成零陷,抑制干扰信号,并使有用信号得到加强,提高干信比,达到抗干扰的目的。有用信号和干扰的来波方向变化时,信号处理装置按照设计的自适应准则和算法及时调整权集,使波束自动、实时地跟踪这种变化。在形成窄的主波束同时最大限度地抑制与来波方向不一致的干扰,使得接收机中信号的干信比有明显的改善,从而增强抗干扰性能。

天线阵的布置方式受弹体结构的制约。因此,在弹体上布置天线阵的时候,需要从天线方向图特性和弹体结构两方面着手,在弹体可以承受的前提下,使天线阵的方向图最佳。如采用四阵元自适应调零天线阵,天线阵在弹上的示意图以及在弹体坐标系下的布置方式如图 5 – 6 和图 5 – 7 所示[13]。

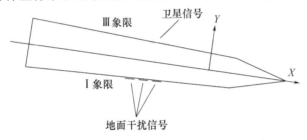

图 5 – 6　Ⅰ、Ⅲ象限抗干扰天线阵收星示意图

在图 5 – 7 中,XOZ 平面上的 3 个阵元均匀分布在半径为 $\lambda/2$(入射信号波长,以 GPS 信号为例取值 0.1m)的圆上,第 4 个阵元在该圆圆心上方 1m 处。主天线是天线 4,用于接收卫星信号,辅天线是天线 1～3,用于抵消地面干扰信号。这种天线阵的方向图具有良好的主瓣增益和旁瓣抑制能力,可以满足主天线接收导航信号,辅天线抵消干扰信号的要求。

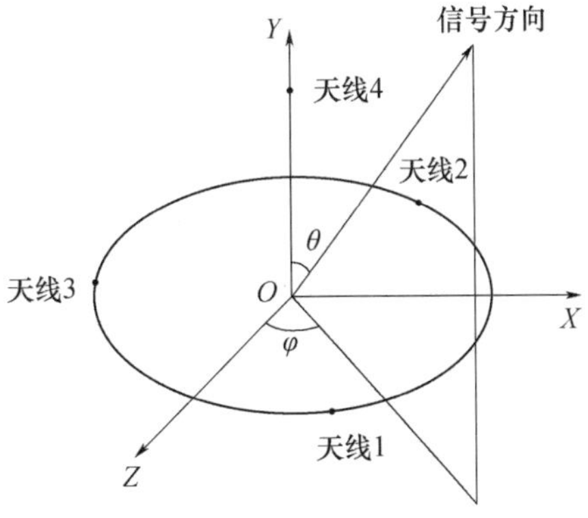

图 5 – 7　天线阵布置

3. 提高卫星系统的抗干扰能力

提高卫星系统抗干扰能力的重要措施包括增强卫星信号功率、采用加密的军用码、以及点波束等手段。目前在轨的大多数卫星都还是常规卫星,对干扰十分敏感。对卫星进行抗干扰改进,提

高卫星的信号功率,开发新的军用定位信号码,该信号能够有助于在对抗情况下很好地使用卫星定位系统。

4. 伪卫星法

伪卫星(PSL),又称"地面辅助定位卫星",是从地面某特定地点发射类卫星信号来增强卫星导航定位功能,采用的导航电文格式与卫星基本一致。由于伪卫星发射的是类似于卫星的信号,并工作在卫星的频率上,所以用户的卫星接收机可以同时接收真实的卫星信号和伪卫星信号,而不必增设另一套伪卫星接收设备,只需将现有的卫星接收机软件稍作改动就能接收虚拟卫星星座的信号。利用4架无人机或地面上虚拟机转发经过放大的卫星信号,在战场上空构成一个虚拟卫星星座,即"机载伪卫星"计划。机载伪卫星采用波束成形天线,在受到干扰情况下仍能正确接收卫星的信号、确定自己的位置,把定位信息"转告"给卫星接收机。

利用伪卫星抗干扰的优点是:其发射信号功率比实际卫星高,使用起来比大功率卫星更快捷,伪卫星导航实施简单,不必改动现有卫星用户接收机的硬件,而只要对软件做些改变就可以使用伪卫星发射的信号。该方案的缺点是,载机的运动导致伪卫星的位置不太确定,因此。与采用真实卫星星座相比,伪卫星的导航定位误差将增加约20%。

5.2.5 高动态条件卫星信号的捕获与跟踪

解决卫星定位在高动态、高过载情况下的可靠定位问题,将有助于提高导航系统的稳定性与精度。

快速捕获技术主要是用于捕获P码,稍加改动即可用于M码。由于P码具有周期长、码速率高的特点,P码接收机具有很高的抗噪能力,处理增益是43dB,如果采取抗干扰措施其抗干扰容限可以提高35dB。

由于C/A码周期短,码速率比较低,C/A码接收机通常采用串行的时频二维搜索捕获技术即可满足一般用户需要。由于P码周期长且码速率高,所以必须借助C/A码辅助捕获,或采用其他搜索技术,实现军码直捕。

典型的军码直捕技术有时域相关和频域相关,其核心就是要提高接收机的并行相关能力。并行相关能力是指相关器能同时并行搜索的时频单元数。并行相关能力直接关系到搜索速度的大小,是评价搜索方案最重要的性能指标之一,探索新军码直捕技术的核心就是研究如何提高其并行相关能力。

基于FFT的频域处理方法具有简单灵活、并行性好等特点,在实现时频单元的平行搜索、多普勒补偿、抗干扰等方面都有显著的优势,是研究GPS军码直接捕获的主流,其原理如图5-8所示[12]。

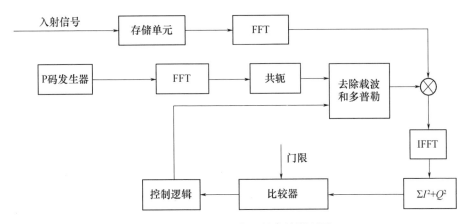

图 5-8　基于 FFI 的 P 码直捕原理图

首先对卫星信号进行缓存,并做 FFT 变换。同时对本地码进行 FFT 和共轭处理并去除多普勒影响,然后与卫星信号 FFT 后的结果相乘,再做 IFFT 处理,进行包络检测和峰值检测。当检测到大于门限者就表示捕获成功,否则移动本地码相位再次进行搜索。该方法是利用 FFT 进行 P 码直接捕获的基本原理,以后出现的各种频域相关技术基本都是对该方法的改进和不断完善。其中影响较为深远的有电光相关器、XFAST 扩展复制重叠捕获技术,以及直接平均算法。电光相关器方法实质上是利用光器件来实现 FFT,XFAST 则是通过对本地码进行折叠达到了加快搜索进程的目的,直接平均的方法则是通过对本地码和卫星信号分别进行分段平均而加快了搜索进程。不过受目前器件处理速度和资源的影响,FFT 成为进一步提高并行搜索速度的瓶颈。如何节省资源、提高 FFT 转换速度是频域搜捕方法进一步研究的方向。

卫星定位装置与捷联惯性导航系统实现紧耦合为高动态接收技术提供了较理想的解决方案,能有效解决短时间的卫星信号故障和干扰,对宽带噪声干扰、扫频干扰、音频干扰、脉冲干扰等都具有很好的抑制作用,是火箭弹等高速运动物体抗干扰的最重要解决方案。

5.3　组合导航系统

惯性导航系统主要优点是:不依赖任何外界系统的支持而能独立自主地进行导航,能连续地提供包括姿态基准在内的全部导航和制导参数,具有对准后良好的短期精度和稳定性。其主要缺点是:结构复杂、造价较高,导航误差随时间积累而增大,加温和对准时间较长,因此,不能满足远距离或长时间航行以及高精度导航或制导的要求。

为了提高导航定位精度,出现了多种组合导航的方式,即把各具特点的不同类型的导航系统匹配组合,使之相互取长补短,从而形成一种更为优良的新型导航系统——组合导航系统,如惯性导航与多普勒组合导航系统、惯性导航与测向/测距(VOR/DME)组合导航系统、惯性导航与罗兰(LORAN)、地面参照导航(TRN)或地形特征匹配(TCM)组合导航系统,以及惯性导航与全球定位系统(INS/GPS)组合导航系统。在上述组合导航系统中,以最后一种最为先进,应用最为广泛。

惯性导航与卫星定位组合制导主要关键技术包括:

(1)卫星接收机技术,主要是高效、低成本的器件技术;

(2)捷联惯性导航技术,包括各种新型惯性传感器技术,如激光陀螺、光纤陀螺,以及各种微机电制造技术等;

(3)惯性导航/卫星定位耦合技术,包括卡尔曼滤波配置、误差估值技术等;

(4)卫星定位/惯性导航的弹载综合技术,包括动态传递对准、卫星定位/惯性导航的转换、建模与精度分析等;

(5)卫星抗干扰技术,包括接收机抗干扰技术、加密与解密技术、精度补偿技术等。

5.3.1 卡尔曼滤波与组合导航原理

惯性导航与卫星定位组合导航系统用于武器制导,能充分发挥两者各自优势并取长补短,利用卫星定位系统的长期稳定性与适中精度,来弥补惯性导航系统的误差随时间传播或增大的缺点,利用惯性导航系统的短期高精度来弥补卫星接收机在受干扰时误差增大或遮挡时丢失信号等的缺点,进一步突出捷联式惯性导航系统结构简单、可靠性高、体积小、重量轻、造价低的优势,并借助惯性导航系统的姿态信息和角速度信息,提高卫星接收机天线的定向操纵性能,使之快速捕获或重新捕获卫星信号,同时借助卫星定位系统连续提供的高精度位置信息和速度信息,估计并校正惯性导航系统的位置误差、速度误差和系统其他误差参数,实现对其空中传递对准和标定,从而可放宽对其精度提出的要求,使得整个组合制导系统达到最优化,具有很高的效费比。

惯性导航与卫星定位导航两者组合的关键器件,是作为两者的接口并起数据融合作用的卡尔曼滤波器。卡尔曼滤波技术是由 R. C. 卡尔曼和 R. S. 布西于 20 世纪 60 年代初期,为满足应用高速数字式计算机进行人造地球卫星轨道和导航等计算要求,而提出的一类新的线性滤波的模型和方法,通称为卡尔曼滤波。采用卡尔曼滤波器,可以将惯性导航系统的误差、陀螺的随机漂移、加速度计的误差,作为状态变量列出离散化的状态方程,建立描述系统的统计数学模型,然后用该状态方程和测量方程共同描述惯性导航/卫星定位组合系统的动态特性,由滤波方程经数据处理,给出系统状态变量的最优估值,控制器根据这些误差的最优估值对惯性导航系统进行校正综合,使组合系统的导航定位误差为最小。

由于卡尔曼滤波器是一种具有无偏性的递推线性最小方差估计,即其估计误差的均值或其数学期望为零,因此,惯性导航/卫星定位组合系统是最优的组合制导系统[14]。

根据所估计的系统状态的不同,组合导航系统的卡尔曼滤波在应用时有两种方法:直接法和间接法。在直接法滤波中,直接以导航系统输出的导航参数作为状态,卡尔曼滤波器经过计算,得到导航参数的最优估计值;而在间接法滤波中,以导航子系统输出参数的误差量作为状态,卡尔曼滤波器经过计算,获得各导航参数误差量的最优估计值。在实际应用中,由于直接法滤波的系统状态方程是非线性方程,必须采用对非线性方程进行线性化的扩展卡尔曼滤波,这就给滤波器设计带来一定困难,而且参数估计的精度也不高,甚至可能导致滤波发散。因此,在 INS/GPS 组合导航系统中,目前一般都采用间接法的卡尔曼滤波。

然而,若能解决系统状态方程的非线性问题,那么相比于间接法的卡尔曼滤波,直接法具有以下优点:①系统状态方程直接描述导航参数的动态变化过程,它能较准确地反映真实状态的演变情况,比间接法的一阶近似更精确;②系统状态方程以惯性导航力学编排方程为主,滤波器既能达到力学编排方程解算导航参数的目的,又能起到滤波估计的作用,因此可使惯性导航系统避免力学编排方程的许多重复计算。因此,非线性问题是束缚直接法卡尔曼滤波最直接的原因。为了改善非线性滤波的效果,20 世纪 90 年代 Julier 等人提出采用无迹卡尔曼滤波(UKF)方法来处理非线性问题。UKF 方法利用一系列近似高斯分布的采样点,通过 Unscented 变换来进行状态与误差协方差的递推和更新,在每个更新过程中,采样点随着非线性状态方程传播并随着量测方程变换,由此不仅保证了状态估计的精度,而且避免了非线性方程的线性化过程。

1. INS/GPS 组合导航系统直接法滤波的结构

在 INS/GPS 组合导航系统的直接法滤波中,首先由 INS 和 GPS 分别对火箭弹的运动参数进行测量,然后将 INS 测得的比力和 GPS 输出的导航参数送入 UKF 滤波器进行滤波计算,从而获得系统导航参数及姿态误差角的最优估计值,并作为组合导航系统的输出,其结构如图 5-9 所示。

图 5-9　INS/GPS 组合导航系统直接法滤波结构图

2. 组合导航系统状态方程和量测方程

取导航坐标系为东、北、天地理坐标系,考虑到由于存在倾角而导致产生其他轴向的比力分量,则惯性导航系统的力学编排方程和姿态误差方程分别为[14]

$$\dot{\nu}_E = \left(2\omega_k\sin L + \frac{\nu_E}{R_N + h}\tan L\right)\nu_N - \left(2\omega_k\cos L + \frac{\nu_E}{R_N + h}\right)\nu_U + f_E + f_N\phi_U - f_U\phi_N$$

$$\dot{\nu}_N = -\left(2\omega_k\sin L + \frac{\nu_E}{R_N + h}\tan L\right)\nu_E - \left(2\omega_k\cos L + \frac{\nu_E}{R_N + h}\right)\nu_U + f_N + f_E\phi_U - f_U\phi_E$$

$$\dot{\nu}_U = \left(2\omega_k\cos L + \frac{\nu_E}{R_N + h}\right)\nu_E + \frac{\nu_N^2}{R_M + h} - g + f_U + f_N\phi_E - f_E\phi_N$$

$$\dot{L} = \frac{\nu_N}{R_M + h}$$

$$\dot{\lambda} = \frac{\nu_E}{(R_N + h)\cos L}$$

$$\dot{h} = \nu_U \quad (5.45)$$

$$\dot{\phi}_E = \left(\omega_k\sin L + \frac{\nu_E}{R_N + h}\tan L\right)\phi_N - \left(\omega_k\cos L + \frac{\nu_E}{R_N + h}\right)\phi_U$$

$$+ \frac{\delta\nu_N}{R_M + h} + \frac{\nu_N}{(R_M + h)^2}\delta h + \varepsilon_{bE} + \omega_{gE}$$

$$\dot{\phi}_N = -\left(\omega_k\sin L + \frac{\nu_E}{R_N + h}\tan L\right)\phi_E - \frac{\nu_N}{R_M + h}\phi_U + \frac{\delta\nu_E}{R_N + h}$$

$$- \frac{\nu_E}{(R_M + h)^2}\delta h - \omega_k\sin L\delta L\delta L + \varepsilon_{bN} + \omega_{gN}$$

$$\dot{\phi}_U = \left(\omega_k\sin L + \frac{\nu_E}{R_N + h}\tan L\right)\phi_E + \frac{\nu_N}{R_M + h}\phi_N + \frac{\tan L\delta\nu_E}{R_N + h} - \frac{\nu_E\tan L}{(R_N + h^2)}\delta h$$

$$+ \left(\omega_k\cos L + \frac{\nu_E\sec^2 L}{R_N + h}\right)\delta L + \frac{\nu_N}{(R_M + h)^2}\delta h + \varepsilon_{bU} + \omega_{gU}$$

$$(5.46)$$

式中:f_E、f_N、f_U 为东、北、天向的比力量测值,其来自加速度计的输出;$\delta\nu_E$、$\delta\nu_N$、$\delta\nu_U$、δL、$\delta\lambda$、δh 在实际计算中可以由惯性导航系统的速度、位置输出减去 GPS 的对应输出来近似获得;而陀螺常值漂移 ε_{bE}、ε_{bN}、ε_{bU} 可用随机数来描述,即

$$\dot{\varepsilon}_{bi} = 0 \quad (i = E, N, U) \quad (5.47)$$

于是,基于上述惯性导航系统力学编排方程和姿态误差方程,选取系统状态变量为:INS 输出的弹体速度信息 ν_E、ν_N、ν_U,位置信息 L、λ、h,姿态误差角 ϕ_E、ϕ_N、ϕ_U,陀螺常值漂移 ε_{bE}、ε_{bN}、ε_{bU}。因此,IMU/GPS 组合导航系统的状态向量 x 为

$$x = [\nu_E, \nu_N, \nu_U, L, \lambda, h, \phi_E, \phi_N, \phi_U, \varepsilon_{bE}, \varepsilon_{bN}, \varepsilon_{bU}]^T$$

根据所选取的系统状态矢量 x，并结合方程(3.38)~(3.40)，可以列写出 IMU/GPS 组合导航系统的状态方程为

$$\dot{x}(t) = f[x(t), W(t), t] \tag{5.48}$$

式中：$f[\cdot]$ 为非线性的连续函数；$W(t) = [\omega_{gE}, \omega_{gN}, \omega_{gU}]$ 为系统噪声。

选取 GPS 输出的弹体速度信息 ν_{Eg}、ν_{Ng}、ν_{Ug}，位置信息 L_g、λ_g、h_g 作为量测 Z，即

$$Z = [\nu_{Eg} \nu_{Ng}, \nu_{Ug}, L_g, \lambda_g, h_g]^T$$

3. UKF 方法的原理及算法

UKF 是由 Julier 等人提出的一种解决非线性滤波问题的新方法，它可以克服扩展卡尔曼滤波的模型线性化近似的缺点。UKF 方法利用一系列近似高斯分布的采样点，通过 Unscented 变换来进行状态与误差协方差的递推和更新，在每次更新过程中，采样点随着非线性状态方程传播并随着量测方程变换，可以完全捕获高斯随机变量的真实均值和协方差，并对任何非线性系统都可精确到泰勒展开的二阶精度，由此不仅保证了状态估计的精度，而且避免了对非线性方程的线性化过程，还具有较好的鲁棒性。

对于离散非线性系统：

$$x_{k+1} = F[x_k, W_k] \tag{5.49}$$

$$Z_k = H[x_k, V_k] \tag{5.50}$$

式中：x_k 为 n 维矢量；W_k 为 p 维系统噪声，其方差阵为 O_k；V_k 为 q 维量测噪声，其方差阵为 R_k，则其 UKF 滤波算法为

首先，选取 UKF 方法的状态变量为 $x_k^a = [x_k^T, W_k^T, V_k^T]^T$，则 x_k^a 的状态协方差阵为

$$P_k^a = E[(x_k^a - \hat{x}_k^a)(x_k^a - \hat{x}_k^a)^T] = \begin{bmatrix} P_k & 0 & 0 \\ 0 & Q_k & 0 \\ 0 & 0 & R_k \end{bmatrix} \tag{5.51}$$

设 UKF 方法的状态变量 x_k^a 为 L 维列向量，显然 $L = n + p + q$，选取 U 变换的向量 X_k^a，其具有如下表达式

$$X_k^a = [\hat{x}_k^a, \hat{x}_k^a + \sqrt{(L+\lambda)P_k^a}, \hat{x}_k^a - \sqrt{(L+\lambda)P_k^a}] \tag{5.52}$$

在上述 X_k^a 的表达式中，$X_{0k}^a = \hat{x}_k^a$ 为状态变量均值，而

$$X_{i,k}^a = \hat{x}_k^a + (\sqrt{(L+\lambda)P_k^a})_i \quad (i = 1, \cdots, L);$$

$$X_{i,k}^a = \hat{x}_k^a - (\sqrt{(L+\lambda)P_k^a})_{i-L} \quad (i = L+1, \cdots, 2L) \tag{5.53}$$

式中：X_{ik}^a 为状态变量均值附近的第 i 个采样点；$(\cdot)_i$ 表示矩阵 $(\cdot)$ 的第 i 列；

系数 $\lambda = \alpha^2(L + \gamma) - L$；$\alpha$ 和 γ 为待选调节参数，当状态变量为多变量时，一般选择 $\gamma = 3 - L, 0 \leqslant \alpha \leqslant 1$，其中 α 是一个小量，以避免状态方程非线性严重时采样点的非局域性影响，适当调节 α、γ 可以提高估计均值的精度。

于是，UKF 的时间更新方程如下：

$$
\begin{cases}
\boldsymbol{X}_{i,k}^k(-) = F(\boldsymbol{X}_{i,k-1}^x, \boldsymbol{X}_{i,k-1}^W) \quad (i = 0, 1, \cdots, 2L) \\
\hat{\boldsymbol{x}}_k^- = \sum_{i=0}^{2L} W_i \boldsymbol{X}_{i,k}^x(-) \\
\boldsymbol{P}_k(-) = \sum_{i=0}^{2L} W_i^C [\boldsymbol{X}_{i,k}^x(-) - \hat{\boldsymbol{x}}_k^-][\boldsymbol{X}_{i,k}^x(-) - \hat{\boldsymbol{x}}_k^-]^T \\
\boldsymbol{Z}_{i,k}(-) = H(\boldsymbol{X}_{i,k}^x(-), \boldsymbol{X}_{i,k}^v), \quad (i = 0, 1, \cdots, 2L) \\
\hat{\boldsymbol{Z}}_k^- = \sum_{i=0}^{2L} W_i \boldsymbol{Z}_{i,k}(-)
\end{cases} \tag{5.54}
$$

UKF 的测量更新方程如下：

$$
\begin{cases}
\boldsymbol{P}_{Z_K Z_k}(-) = \sum_{i=0}^{2L} W_i^C [\boldsymbol{Z}_{i,k}(-) - \hat{\boldsymbol{Z}}_k^-][\boldsymbol{Z}_{i,k}(-) - \hat{\boldsymbol{Z}}_k^-]^T \\
\boldsymbol{P}_{X_K I_k}(-) = \sum_{i=0}^{2L} W_i^C [\boldsymbol{X}_{i,k}(-) - \hat{\boldsymbol{x}}_k^-][\boldsymbol{Z}_{i,k}(-) - \hat{\boldsymbol{Z}}_k^-]^T \\
\boldsymbol{K}_k = \boldsymbol{P}_{X_K Z_k} \boldsymbol{P}_{Z_K Z_k}^{-1} \\
\hat{\boldsymbol{x}}_k = \hat{\boldsymbol{x}}_k^- + \boldsymbol{K}_k(\boldsymbol{Z}_k - \hat{\boldsymbol{Z}}_k^-) \\
\boldsymbol{P}_k = \boldsymbol{P}_k^-(-) + \boldsymbol{K}_k \boldsymbol{P}_{Z_K, Z_k} \boldsymbol{K}_K^T
\end{cases} \tag{5.55}
$$

5.3.2 惯性导航与卫星导航紧耦合技术

在组合导航领域中，以惯性导航系统和以 GPS 为代表的卫星定位系统有着很强的互补性，一直是组合导航技术研究领域中的热点。两者组合不仅可以充分发挥各自的优势，而且具有极强的优势互补性，可有效提高导航精度和可靠性。大量的研究表明，惯性导航与卫星定位系统的组合应用，与各自的独立应用相比，其优势主要表现在：

（1）可以较高的速率输出全部的导航信息，包括位置、速度和姿态；

（2）更为优越的短期和长期精度；

（3）极大地提高了系统的可用性；

（4）定位输出轨迹更为平滑。

随着耦合程度的加深，系统的总体性能要远优于各自独立系统，被认为是目前导航领域较为理想的组合方式。因此，对于 INS/GPS 组合导航技术的研究具有十分重要的意义。

从结构上或信息交换及组合程度看,INS 与 GPS 的组合可分为松耦合(Loosely‑Coupled)、紧耦合(Tightly‑Coupled)和超紧耦合(Ultra‑Coupled)等三种耦合方式,绝大多数情况是松耦合或紧耦合两种方式,图 5‑10 所示为松耦合、紧耦合和超紧耦合结构示意图[15]。

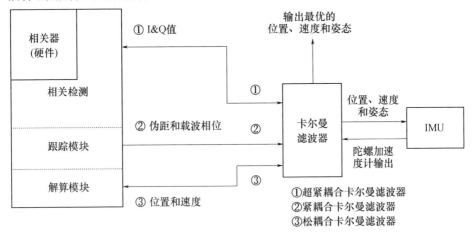

图 5‑10　松耦合、紧耦合和超紧耦合结构示意图

松耦合是最简单的组合应用方式,在松耦合工作方式下,INS 和 GPS 接收机各自独立工作,由融合算法综合两者数据给出最优的结果,并反馈给 INS 进行修正。该耦合方式可以提供比单独 GPS 定位方式更高的带宽和更好的噪声特性,但在耦合中的惯性测量单元(IMU)只有采用质量较高的惯性传感器(导航级或战术级)才能发挥较佳的性能,若使用质量较低的惯性传感器(商业级),当卫星失锁不能定位时,系统的组合就被完全破坏,整体性能将会因系统无法对 IMU 进行校正而迅速恶化。

紧耦合方式是一种相对复杂的组合方式,卫星接收机提供给融合算法伪距(Pseudo Range,PR)、载波相位(Carrier Phase,CP)和多普勒(Doppler)等用于定位解算的原始信息用于 IMU 校正。紧耦合除了具有松耦合的优点以外,由于它采用的伪距和多普勒信息等观测量与松耦合中采用的位置和速度等信息不相关,因而可获得较高的导航定位精度,更适用于姿态测量和载波相位定位。松耦合和紧耦合的相同之处在于两者均基于最优估计理论将 GPS 接收机和 IMU 的量测信息组合,组合策略通常可分为两步:首先,利用卫星定位信息完成 INS 系统的初始化,即 INS 的初始对准;然后定期利用卫星定位信息在线补偿和校准 INS,并利用 INS 和卫星定位信息共同进行定位解算。

超紧耦合方式是今后组合导航领域发展的重要方向,它除了具有紧耦合方式的特点以外,还可将 INS 的量测信息反馈给卫星接收机,或直接利用 IMU 量测信息辅助 GPS 的码跟踪环和载波跟踪环,从而使接收机不仅从信道中,还可从 INS 信息中校正多普勒频移导致的误差,减小了接收机沿信号传播方向的动态性,增强接收机对信号的跟踪锁定能力,从而提高组合整体的鲁棒性、跟踪能力和导航精度。

INS/GPS 的超紧耦合结构的 GPS 跟踪环路不受环路的时间相关误差和不必要相关过程的影响,它在技术上具有以下优势:

(1) 紧耦合方式不仅对多路径效应已有较好的抑制作用和校正能力,而且对高动态和强机动环境具有更好的适应性,工作性能优异;

(2) 由于超紧耦合方式的特点,使得低品质的惯性测量单元如 MEMS – IMU 与 GPS 的组合应用成为可能;

(3) 超紧耦合方式在不需要先验信息的情况下,GPS 码跟踪回路能够确认接收到的导航电文数据位,为 GPS 在干扰信号或弱信号下码抽取提供了容错性;

(4) INS/GPS 的超紧耦合设计,在可能出现有意或无意干扰的情况下,仍可以输出可靠的导航结果,适用于需要高度完整性的导航应用场合。

对于制导火箭弹,如果从降低导航系统成本的角度出发,选用成本较低的光纤陀螺,辅之以 GPS 更新惯性导航系统所固有的漂移将是一种理想的组合。这两套系统具有极好的互补性,不仅可在低成本条件下提供精确导航能力,在军事上也有一定的保密性。近年来获得成功的应用方案是:在以光纤陀螺为基础的惯性导航系统黑匣子中,嵌入结实的、抗干扰的 GPS 接收机(OEMB 板),这种嵌入式配置不需要在惯性导航和单独的 GPS 接收机之间设置另外的安全总线,从而使 GPS 的伪距/伪距率数据不会遭到威胁信号的拦截。这种 INS 和 GPS 的深耦合系统被称作"嵌入式惯性导航系统中的 GPS"。

另外,GPS/INS 组合技术也是实现惯性导航系统快速对准的有效方法,研究结果表明:组合系统不仅可获得较高的导航精度,而且使方位对准时间缩短,该方法工程实现比较容易,较好地解决了对准精度与对准时间的矛盾。

参考文献

[1] 董绪荣,张守信. GPS/INS 组合导航定位及其应用[M]. 长沙:国防科学技术大学出版社,1998.

[2] David H T, John L W. 捷联惯性导航技术[M]. 张天光,王秀萍,王丽霞,等译. 北京:国防工业出版社,2007.

[3] 郑谔. 捷联式惯性导航原理[M]. 北京,国防工业出版社,1981.

[4] 张士邈,刘放,秦永元. 捷联惯性导航姿态算法若干问题的研究[J]. 中国惯性技术学报,2002,10 (2):1 – 6.

[5] 刘勤,杜小菁,俞仁顺,等. 捷联惯性导航误差分析与误差补偿[J]. 弹箭与制导学报,2001,21

(2):16 - 19.

[6] 刘危,解旭辉,李圣怡. 捷联惯性导航系统的姿态算法[J]. 北京航空航天大学学报,2005,31 (1):45 - 50.

[7] 杨亚非,谭久彬,邓正隆. 惯性导航系统初始对准技术综述[J]. 中国惯性技术学报,2002,10 (2):68 - 72.

[8] 马芮,孔星炜. GNSS 系统的现状与发展[J]. 现代防御技术,2008,36(2):73 - 77.

[9] 王惠南. GPS 原理与应用[M]. 北京:科学出版社,2004.

[10] 连远锋,赵剡,吴发林. 北斗二代卫星导航系统全球可用性分析[J]. 电子测量技术,2010,33(2): 15 - 18.

[11] 王婷婷,王圣东,陈欣. GPS 干扰与抗干扰技术发展现状分析[J]. 指挥控制与仿真,2008,30(6): 118 - 120.

[12] 刘海波,吴德伟,董成喜,等. GPS 抗干扰技术发展趋势[J]. 火力与指挥控制,2011,36(1):1 - 5.

[13] 田冠锁,祝学军,王丽华. 一种提高战术导弹导航系统总体抗干扰能力的方法[J],导弹与航天运载 技术,2012,323(6):10 - 14.

[14] 秦永元,张洪,汪叔华. 卡尔曼滤波与组合导航原理[M]. 西安:西北工业大学出版社,1998.

[15] 黄汛,高启孝,李安,等. INS/GPS 超紧耦合导航技术研究现状与展望[J],飞航导弹,2009, (4):42 - 47.

第6章
制导方式与制导规律

6.1 地面目标的特性分析

武器系统作战效能的研究离不开对于目标特性的分析。目标的几何和物理特性不同,武器系统所采取的目标识别和进攻方法也不相同,采取的制导方式、战斗部类型也不一样[1]。目标的特性分析是制导火箭弹新型号需求研究及战术技术指标要求提出的前提条件,对于制导火箭弹制导控制系统总体设计非常关键。

目标的特性主要包括运动特性、几何特性、散射特性、结构特性和易损特性等,其中目标的运动特性是影响弹目交会环境的重要因素;目标的几何与散射特性是目标探测、识别及导引头信号处理的主要依据;目标的结构和易损特性是战斗部威力评估的必要基础。

制导火箭弹所攻击的地面目标包括固定目标和运动目标。

6.1.1 地面固定目标特性

制导火箭弹就其发展的目的和需求来看,它攻击的地面固定目标包括机场、大中型桥梁、铁路枢纽、常规军事力量、经济和工业基地等主要目标,下面进行简要介绍[1]。

1. 机场

机场通常包括跑道、停机坪、机库、弹药库、指挥所和营房等一系列设施,但并不是所有的这些目标都能攻击,如弹药库在地下,指挥系统有两套(地上地下各一套),因此即使破坏了地面指挥塔也不能使机场的通信、指挥、控制系统完全失灵。在现有的条件下,攻击机场跑道是最经济、最合理的,而且也是可行的。机场跑道的几何特征主要是长、宽、厚和材料等,根据跑道的不同承载能力分成不同的级,国外飞机跑道承载能力如表 6 - 1 所示。

表 6 - 1　国外飞机跑道承载能力

跑道类比	负荷类型	长/m	宽/m	厚/mm
一级	重型轰炸机	2500 ~ 5000	60 ~ 100	>60
二级	中型轰炸机	2500	45 ~ 60	400
	歼击轰炸机	2000	45	280 ~ 300
三级	歼击机	1800 ~ 2000	40	180 ~ 220
四级	教练机	<1800	30	150 ~ 180

　　机场的面积大、特征明显又不易伪装,所以白天目视就能看见;由于混凝土和土壤的微波辐射率差别不大,故在厘米波雷达上不易辨认跑道;在毫米波段混凝土的反射率比在厘米波段上更小,故用毫米波雷达探测混凝土跑道的对比度要明显;在红外波段上,混凝土和土壤的微波反射率差别比前两者都大,所以红外探测更有效。

2. 大中型桥梁

　　破坏大中型桥梁是切断敌人运输的有效方法,对于一座被破坏的大桥临时性维修需十几昼夜至几十昼夜,永久性的维修时间就更长,这将对对敌作战产生重大影响。铁路桥梁一般分为桥台、桥墩、桥跨等几部分,前两项由钢筋混凝土组成,桥跨由钢铁组成。桥梁的强度不决定于桥长,而是与跨度有关,跨度越大,桥架就越高,梁杆也越粗,强度也就越大。通常,铁路桥的抗压强度为 $1.568 \times 10^5 \text{Pa}$。

　　由于钢铁与水的红外辐射率相差不大,故不适于红外探测;桥梁特征明显,空中目视和电视制导都有满意的探测效果;钢铁的桥架散射电磁波强,故厘米波、毫米波雷达均可探测。当桥梁有伪装,在离桥一定距离的水面上布置能模拟桥梁散射特性的角反射器,或施放烟雾来遮掩时,对厘米波雷达和电视制导系统能起干扰作用,而对分辨力高的毫米波雷达则不会产生影响。

3. 铁路枢纽

　　铁路枢纽是由连接几条铁路线的包括各种车站(编组站、客运站、货运站等)、铁路和连接各车站的环线及联络线组成。通常破坏编组站对铁路枢纽影响最大,而编组站内有调车场、到达场、出发场和货场及机务段、道岔区等具体目标,其中调车场和道岔区为要害部位。调车场被破坏,将使铁路指挥失灵陷入瘫痪;道岔区是车站的咽喉,因此被破坏后将使铁路运输中断,且又难以修复。通常,铁路枢纽的抗压强度为 $1.078 \times 10^5 \text{Pa}$。铁路枢纽占地面积大,地面建筑和车辆较多,不易伪装,空中目视在数十千米外就能看见。

　　由于车站上的钢铁构件较多,对微波反射强,所以厘米波雷达就可探测到,但难以区分车站内的各个点目标;当车站靠近城市时,雷达信号又与城市信号混在一起,使用毫米波雷达可将点目标区分出来;车站内红外辐射源较多,所以用红外成像来探测点目标也是可行的。

4. 常规军事力量

野战条件下集结地域的兵力一般情况下都是疏散配置。集结地域内的战斗车辆通常都有伪装并利用地形、地物遮蔽,空中目视难以发现,因而不适于电视制导;厘米波雷达由于辨别能力差,也无法辨别单个点目标,但毫米波雷达可以发现单个战车,所以毫米波制导适用;战时的战斗车辆都有大量的红外辐射,因而红外探测也适用。

5. 经济和工业基地

经济和工业基地的面积通常为数十到数百平方千米,该面积内有一系列的配套设备、厂房和一些辅助设施,因而攻击时主要打击它的要害部位,如石油基地中的炼油厂、电力工业中大型火力发电厂及水力发电站、军事工业中的飞机、坦克制造厂等,这些工业基地内的要害目标的抗压强度都不高。

工业基地面积大、目标明显,难以伪装,上空常有工业烟雾,空中目视很远就可以发现。工业基地上钢铁构件多,在微波雷达上景像明显,但在厘米波雷达上是一片亮区,难以区分单个目标,而用毫米波雷达可以区分;工业基地内的目标一般有大量的红外辐射,因而红外探测也是可行的。

6.1.2　地面运动目标特性

制导火箭弹所攻击的地面运动目标包括坦克和装甲车等,现简要介绍坦克的特性[2]。

坦克按其尺寸和质量可以分为轻型、中型和重型,轻型坦克的质量在 20 ~ 30t,长度在 4 ~ 5m;中型坦克的质量在 30 ~ 50t,长度在 5 ~ 7m;重型坦克的质量超过 55t,长度超过 7m。

坦克的运动特性:一般在公路运动速度 50 ~ 100km/h,越野速度达 40 ~ 80km/h,目前坦克的加速度性能都较好,在 6 ~ 14s 内就能将速度从 0 加速到 32km/h,具有制动和转向机动性能。

6.2　各类制导方式及原理

制导方式是实现导引和控制火箭弹按照特定规律,选择飞行路线去寻找和攻击目标的运动过程中所采用的技术手段和方法,采用某种制导方式的系统称为制导系统。粗略地分,火箭弹制导系统可以分为两种类型,即程序制导系统和从目标获取信息的制导系统。

在程序制导系统中,控制信号由程序机构产生。该信号确定所需的飞行弹道,制导系统的任务是力图消除弹道偏差。飞行程序在火箭弹发射前根据目标坐标给定,因此这种制导系统只能导引火箭弹攻击固定目标。相反,带有接收目标状态信息的制导系统,可以在飞行过程中根据目标的运动改变飞行器的弹道,因此这种系统既可以攻击固定目标也可以攻击活动目标[3]。

制导系统按其制导作用原理可分为自主式制导系统、寻的制导系统和复合制导系统[4]。

6.2.1　自主式制导

导引指令信号仅由弹上制导设备敏感地球或宇宙空间物质的物理特性(如物体惯性、星体位置、地磁场和地形等)参数而产生,火箭弹在飞行过程中,制导系统和目标、制导站不发生联系的制导方式,称为自主制导[5]。自主制导火箭弹的弹道在发射前预先确定,具有"发射后不管"的特性。

自主式制导系统的工作过程是:火箭弹在飞行中,弹上制导系统的敏感元件不断测量预定的参数,如弹体加速度、姿态、天体位置、地貌特征等。这些参数经弹上控制计算机计算处理后,得到火箭弹的实际运动参数,进而与预定的弹道运动参数进行比较,一旦出现偏差,便产生导引指令使火箭弹消除偏差,沿着预定弹道飞向预定目标。

自主式制导的全部制导设备均安装于弹上,是由具有各种不同作用原理的仪表所组成的十分复杂的动力学系统。采用自主制导系统的火箭弹,由于和目标和指导站不发生任何联系,故隐蔽性好,抗干扰能力强,火箭弹的射程远,制导精度也较高。但火箭弹一经发射,其飞行弹道就不能再变。因此,自主制导系统只能用于攻击固定目标或运动轨迹已知的运动目标,一般用于火箭弹的初始飞行段。

自主式制导按照控制信号形成方式的不同,可分为方案制导、天文导航和地图匹配制导等几大类。

1. 方案制导

方案制导就是根据预先拟制的一种火箭弹飞行弹道程序(或称飞行方案,一般是指设计弹道时所选定的某个运动参数随时间的变化规律),制导系统按此飞行程序导引火箭弹飞向目标。方案制导系统实际上是一个程序控制系统,因而也称为程序制导。火箭弹在飞行中的导引指令一般是根据火箭弹的实际参数值与预定值的偏差来形成。

方案制导系统一般由程序机构和控制系统两个基本部分组成。程序机构根据弹上传感器的输出量(一般为火箭弹的实际飞行时间和飞行高度),按照预定飞行方案输出控制信号;弹上控制系统接收到控制信号,并综合姿态测量元件输出的姿态角信息,操纵执行机构,对火箭弹的质心运动和飞行姿态进行控制,使火箭弹按照预定的飞行方案所确定的弹道稳定的飞向目标。方案制导系统的原理方框图见图6-1。

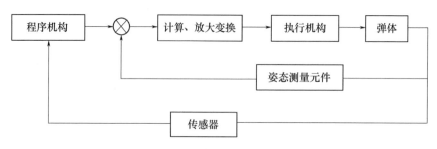

图6-1　方案制导系统原理图

　　方案制导的火箭弹在弹上设有自动稳定系统,在飞行中能消除由于干扰引起的弹道高度和横偏误差。其优点是设备简单,制导系统与外界没有关系,抗干扰性好。但制导误差随飞行时间的增加而增加。程序制导系统常用于火箭弹的主动段制导以及无人驾驶侦察机和靶机的全程制导。

2. 地图匹配制导

　　地图匹配制导,就是利用地图信息进行制导的一种自主式制导技术。地图匹配制导有两种模式,即地形等高线匹配制导(TERCOM)和景象匹配制导(SMAC)[5]。两种制导系统的基本原理相同,都是利用弹载计算机预存的地形图或景象图与火箭弹飞行到预定位置时弹上传感器测出的地形图或景象图进行相关比较,确定出火箭弹所在位置与预定位置的纵向和横向偏差,形成制导指令,将火箭弹导向目标。

　　由于地球表面起伏不平,给定的地理位置可以用它周围地形的等高线来确定。地形等高线匹配,就是将实时测得的地形剖面与预先储存的地形剖面进行比较,用最佳匹配方法确定出地形剖面的地理位置。地形匹配制导系统即为利用地形等高线匹配来确定火箭弹的地理位置,并将弹体引向目标的制导系统。地形匹配制导系统由雷达高度表、气压高度表、数字计算机和地形数据存储器组成,其简化原理方框图如图6-2所示。

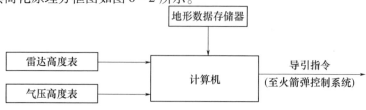

图6-2　地形匹配制导系统简化原理图

景象匹配制导是利用弹上传感器,将其获得的景物实际图像与存储的基准图像相比较,得到最佳匹配,从而确定出火箭弹相对目标或预定轨道的偏差,形成指令引导火箭弹飞向目标。

目前,地形匹配制导系统的制导精度可达几十米以内,而采用景象匹配制导的制导精度更高,制导误差一般仅有几米左右。

6.2.2 寻的制导

制导火箭弹常用的制导体制为捷联惯性导航/卫星定位组合制导,虽然惯性导航/卫星组合制导体制有比较高的导引精度,但为了打击移动目标或高价值点目标,末段制导还可以采用寻的制导体制。

寻的制导体制又称为自动导引制导体制,它是利用装在弹上的导引头接收目标辐射的或反射的某种特征量,确定火箭弹和目标的相对位置,在弹上形成控制指令,自动将火箭弹导向目标。寻的制导系统与自主制导系统的区别是,寻的制导系统在火箭弹飞行过程中自行探测目标运动信息,因而很适用于攻击活动目标。

导引头是寻的制导控制回路的测量敏感元件,尽管在不同的寻的制导体制中,它可以完成不同的功能,但其基本功用都是一样的,体现为以下两点:

(1)截获并跟踪目标;

(2)输出实现导引规律所需要的信息,如比例导引律就要求输出视线角速度和弹目接近速度等信息。

制导火箭弹末制导寻的主要采用激光导引头、红外导引头和毫米波导引头。

1. 激光导引头

激光导引头通过接收目标漫反射的激光,随时测定它与目标的相对位置和相对运动,根据偏差的大小和方位形成控制信号,控制火箭弹的运动轨道,使之最终命中目标。

激光制导是利用目标漫反射的特定编码和波长的激光回波信号,通过接收装置形成制导指令,导引火箭弹飞向目标的一个制导过程。它具有以下优点:

(1)除浓雾天气外,在任何气候条件下均能有效地工作,且不受电子干扰的影响,或受其影响很小;

(2)能在各种复杂的人为干扰及背景干扰中实现对选定目标的识别与跟踪,具有较强的抗红外干扰能力;

(3)制导精度高,且有较高的目标命中率;

(4)对信息处理系统要求低,且有较高的空间分辨率;

(5)结构简单,成本低,可以和其他寻的制导系统兼容。

激光制导可分为主动式和半主动式。主动式制导时,弹上导引头主动向目标发射激光,并接收目标漫反射回的能量,形成制导指令,由于技术上的难点,该方式在工程上应用还存在困难。激光半主动寻的方式时,弹外激光目标照射器向目标发射激光,激光导引头接受从目标散射回来的能量,形成制导指令,这也是目前大多数激光制导武器采用的方式[6]。

激光导引头一般由位标器、信息变换处理设备和伺服系统组成。根据光学系统或探测器与弹体耦合情况的不同,激光导引头分为捷联式、万向支架式、陀螺稳定式、陀螺光学耦合式和陀螺稳定探测器式五种,目前应用最广泛的是陀螺光学耦合式。

在火箭弹末制导中采用陀螺光学耦合式激光导引头,陀螺光学耦合式的特点是陀螺只稳定反射镜,而探测器等其他部件固定在弹体上,因此陀螺的负载小,便于导引头小型化和目标的快速跟踪。

激光导引头用四象限光电元件作探测器,根据光斑在四象限上的位置来确定目标的方位角和偏差角,即火箭弹的横向偏差和纵向偏差,四象限元件通常采用和差电路定向方法,其原理图如图6-3所示[6]。

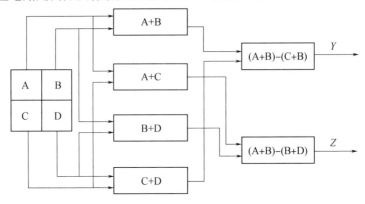

图6-3 四象限元件的定向原理

以四象限的中心为坐标原点 O,十字交叉线为直角坐标系 Y 轴与 Z 轴,光斑中心 O' 的坐标为 (y,z),光斑半径为 r,假定光斑是均匀分布的,若跟踪器完全对准目标中心,即 $z=0$,$y=0$,则各象限的输出电压相等,有

$$V_1 = V_2 = V_3 = V_4$$

当目标偏离中心时,用和差法确定表示光斑中心的位置,公式为

$$R_y = k\frac{(V_1 + V_2) - (V_3 + V_4)}{V_1 + V_2 + V_3 + V_4} \tag{6.1}$$

$$R_z = k\frac{(V_1 + V_4) - (V_2 + V_3)}{V_1 + V_2 + V_3 + V_4} \tag{6.2}$$

光斑的功率密度为 P，探测器的光电灵敏度为 η，光斑照在 j 象限的面积为 S_j，负载电阻为 R_L，当光斑分布均匀时，则有

$$V_j = S_j P_r \eta R_L \quad (j = 1,2,3,4) \tag{6.3}$$

当光斑分布不均匀时，则有

$$V_f = \eta R_L \iint\limits_{S_j} P_r(y,z)\,\mathrm{d}y\mathrm{d}z \quad (j = 1,2,3,4) \tag{6.4}$$

设：

$$
\begin{aligned}
V_1 + V_2 &= V_a, & S_1 + S_2 &= S_a \\
V_3 + V_4 &= V_a, & S_3 + S_4 &= S_b \\
V_1 + V_4 &= V_c, & S_1 + S_4 &= S_c \\
V_2 + V_3 &= V_d, & S_2 + S_3 &= S_d
\end{aligned}
$$

则

$$R_y = k\,\frac{V_a - V_b}{V_a + V_b}, \quad R_z = k\,\frac{V_c - V_d}{V_a + V_b} \tag{6.5}$$

如果光斑均匀分布，式(6.5)将变为

$$R_y = k\,\frac{S_a - S_b}{S_a + S_b}, R_z = k\,\frac{S_c - S_d}{S_a + S_b} \tag{6.6}$$

当导引头光学系统无遮拦时，有

$$S_a + S_b = \pi r^2 \tag{6.7}$$

$$S_a - S_b = 2\left(r^2\sin^{-1}\left(\frac{y}{r}\right) + y\,\sqrt{r^2 - z^2}\right) \tag{6.8}$$

$$S_c - S_d = 2\left(r^2\sin^{-1}\left(\frac{z}{r}\right) + z\,\sqrt{r^2 - z^2}\right) \tag{6.9}$$

因此又可得

$$R_y = k\,\frac{2}{\pi r^2}\left(r^2\sin^{-1}\left(\frac{y}{r}\right) + y\,\sqrt{r^2 - z^2}\right) \tag{6.10}$$

$$R_z = k\,\frac{2}{\pi r^2}\left(r^2\sin^{-1}\left(\frac{z}{r}\right) + z\,\sqrt{r^2 - z^2}\right) \tag{6.11}$$

如果目标中心不在跟踪系统的光轴上，则光斑中心 O' 偏离零点。设目标偏离量为 (O_y, O_z) 时，光斑在四象限探测器的偏离量为 (y, z)。目标的角偏差可表示为

$$\theta_y \approx \frac{O_y}{R} = \frac{y}{f} \quad (R \gg O_y, f \gg y) \tag{6.12}$$

$$\theta_z \approx \frac{O_z}{R} = \frac{z}{f} \quad (R \gg O_y, f \gg z) \tag{6.13}$$

式中:R 为弹目距离。

实际工作时,能检测到的信号是(R_y, R_z),因此应根据(R_y, R_z),求出 $y = f_y(R_y)$,$z = f_z(R_z)$。由于 y 较小时,函数关系近似成直线关系,因此可假定:

$$y = k_y R_y, z = k_z R_z \tag{6.14}$$

$$k_y = \frac{\pi r}{4k} \frac{1}{\sqrt{1 - \left(\frac{y}{r}\right)^2}}, \quad k_z = \frac{\pi r}{4k} \frac{1}{\sqrt{1 - \left(\frac{z}{r}\right)^2}} \tag{6.15}$$

则有

$$\theta_y = \frac{k_y R_y}{f}, \theta_z = \frac{k_z R_z}{f} \tag{6.16}$$

根据式(6.16),由四象限探测器的和差信号就可确定目标的方位角和俯仰角[6]。

2. 红外导引头

红外制导多用于被动寻的制导系统,制导系统的红外位标器(导引头)接收目标辐射的红外线,经红外探测器和相应的信号处理后,得出目标的位置参数信号,用于跟踪目标和控制火箭弹飞向目标。

红外制导的工作原理是:来自目标的红外辐射透过弹头前端的整流罩,由光学系统会聚后投射到红外探测器上(光敏元件),然后将红外辐射由光信号转变为电信号,再经电子线路和误差鉴别装置形成实时制导信号,使火箭弹自动瞄准、跟踪和命中目标。

红外导引头可分为红外点源导引头和红外成像导引头,红外点源导引头具有体积和成本等方面的优势,但在总体性能及抗干扰能力等方面都不如红外成像导引头。

1) 红外点源导引头

红外点源导引头对目标红外特性进行探测时,把探测目标作为点光源处理,目标与背景相比都有张角很小的特性,利用空间滤波等背景鉴别技术,把目标从背景中识别出来,得到目标的位置信息,达到跟踪目标的效果,图 6 - 4 所示为一种以调制盘调制为基础的红外点源寻的制导系统原理图[7]。

红外点源寻的导引头具有以下优点:

(1) 体积小、质量轻、造价相对便宜。

(2) 分辨率和制导精度高。红外工作波长为微米量级,寻的雷达一般工作在厘米或毫米量级。红外系统的角分辨率比雷达要高出 1~2 个数量级。

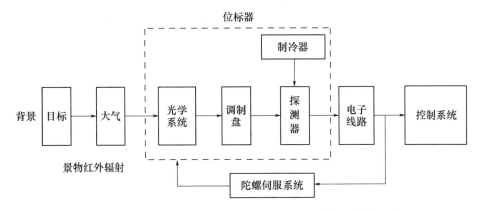

图6-4 以调制盘调制为基础的红外点源寻的制导系统原理图

（3）无源探测，工作隐蔽，不易受电子干扰。

（4）红外探测不受多路径效应影响，可以探测低空目标。

但是，由于采用以调制盘调制为基础的红外导引头无法排除张角较小的点源红外干扰或复杂的背景干扰，且容易被曳光弹、红外诱饵和其他热源诱惑而偏离和丢失目标，也没有区分多目标的能力，此外，红外点源导引头作用距离有限，使作战效率大打折扣。

2）红外成像导引头

红外成像导引头是指弹上摄像头对目标探测时，摄取目标及背景的红外图像并进行预处理，得到数字化目标图像。经图像处理和图像识别后，区分出目标、背景信息，识别出要攻击的目标并抑制噪声信号。跟踪处理器形成的跟踪窗口的中心按预定的跟踪方式跟踪目标图像，并把误差信号送到摄像头跟踪系统，控制摄像头继续瞄准目标。同时，向控制系统发出导引指令信息，控制火箭弹的飞行姿态，使火箭弹飞向选定的目标。图6-5为红外成像寻的系统的组成框图[8]。

红外成像导引头的发展经历了两代。第一代红外成像导引头采用多元线列探测器和旋转光机扫描器相结合的方法，实现探测器对空间二维图像的读出，采用并扫或串并扫扫描体制。第二代红外成像导引头去掉了光机扫描红外器件而采用扫描或凝视红外焦平面器件（目前长波 64×64 元、128×128 元和中波 256×256 元、320×240 元红外焦平面探测器件以及4N扫描焦平面器件已经达到实用水平），采用了复杂背景下目标识别技术。

目前，红外导引头越来越多地采用凝视成像技术。它所探测到的目标是一个图像而不是一个点，这样就大大提高了识别真假目标的能力；它所使用的探测器是红外焦平面阵列而不是单个器件，这样就大大提高了导引头的灵敏度和探测距离；火箭弹可以从任何角度接收目标的红外辐射，这样就提高了火箭弹

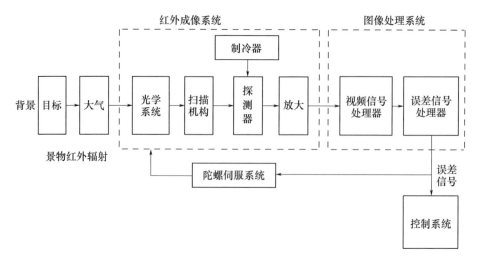

图6-5 红外成像寻的组成框图

截获目标的可靠性、分辨力和全向攻击能力;由于红外焦平面阵列是靠探测目标和背景的微小温差而形成热分布图来识别目标的,即使在夜间也能照常工作,这样就提高了导引头的全天候工作能力;如果将红外焦平面阵列与有执行、判断和决策功能的微处理机结合起来,就可以使制导系统有一定思维能力,在复杂背景和强干扰情况下准确地辨别目标。总之,利用红外焦平面阵列进行成像制导,使导引头灵敏度更高,探测距离更远,对目标的识别能力和抗干扰能力更高。

红外凝视成像制导技术所包括的关键技术有:

(1)侧面窗口和窗口致冷技术。由于火箭弹的高速运动,弹头罩上将产生严重的气动加热效应,必须采用侧面窗口并进行致冷。窗口材料要求透过率高、强度高。致冷方式基本上已经从外部致冷转向内部致冷。内部致冷在材料选取和加工技术方面有很高的要求。

(2)红外焦平面阵列。目前由硅化铂、碲镉汞、锑化铟等材料制造红外焦平面阵列的技术已经成熟,但是由这几种材料制造的红外焦平面阵列的性能还不太理想,需要继续寻找更好的材料,目前集中在研制非致冷红外焦平面阵列、多量子阱红外焦平面阵列和高温超导红外焦平面阵列。

(3)导引头光学系统新技术。随着红外焦平面阵列、二元光学和微光学的发展,新一代大视场、轻结构的红外凝视成像系统已经形成,采用微镜技术,缩小探测器受光面积,可以增加填充因子,提高探测率,改善均匀性,降低噪声;利用微扫描技术,实现导引头的光学自适应性,有利于克服气动光学效应和气动加热效应。

(4)图像和信号的高速处理技术。首先,要求帧成像积分时间、帧图像传输时间和帧图像处理时间在帧周期之内完成;其次,采用侧面窗口探测,要进行快速坐标变换。对于红外焦平面阵列接收到的图像信息要快速读出,快速处理。此外,还要发展先进的弹载计算机,从两方面着手:一是发展高密度、高速度的大规模集成电路;二是在系统结构上采用并行处理技术,提高计算机系统的整体处理能力。

（5）目标识别技术。要在自然和人为干扰的复杂背景中准确识别目标,现正在发展的先进识别技术有:光谱鉴别技术、单色多波段鉴别技术、多色传感器技术和空间滤波技术等。

3. 毫米波导引头

由于毫米波雷达制导兼有微波制导和红外制导的优点。在大气层内,毫米波四个主要传输窗口（35GHz、94GHz、140GHz 和 220GHz）虽较微波对云、雨引起的衰减要大一些,但毫米波系统体积小,重量轻、易于高度集成化和系统化,而且频带宽,分辨率高,敌方难于截获,抗干扰性能强;与红外制导相比则分辨率差一些,但通过烟、雾、灰、尘的能力强,具有较好的全天候战斗能力[9]。

毫米波在每一个窗口都具有宽频带特性,并且容易采取频率捷变、频率分集或扩展频谱、宽带调频等有效的抗有源干扰的措施。毫米波雷达天线增益越大,有效辐射功率越高,越能提高雷达的功率对抗能力。毫米波雷达可以获得窄天线波束、低旁瓣电平和高定向性,改善了跟踪精度和命中率,提高了抗无源干扰的能力和对多目标的分辨能力,以及低空和超低空作战能力。目前尚没有可以使用的毫米波吸收材料,毫米波雷达导引头能够有效地捕捉和跟踪隐身目标。毫米波雷达具有低截获概率和宽带特性,因此,也具有抗反辐射导弹的能力。由于器件特性的限制和毫米波传输特性的影响,毫米波雷达导引头的弱点是作用距离较近,在浓雾和大雨情况下衰减增大。补救的办法是采用复合制导技术。例如采用微波/毫米波双模复合制导,用微波系统作远距离搜索和目标截获,在近距离用毫米波系统进行精确跟踪。

毫米波主动雷达制导技术包括以下关键技术。

1）天线罩技术

要选用耐高温、高强度的材料制造天线罩,并且要有符合需要的电磁波透射率、瞄准线角误差和瞄准线角误差斜率。特别是瞄准线角误差斜率会影响高空飞行时火箭弹的稳定性和脱靶量。

2）天线技术

天线直接影响导引头的基本性能,如作用距离、抗干扰、低空下视、测角精度、角分辨率和对目标的角度截获能力等。天线应满足的性能要求包括波束增益、旁瓣电平、差波束零值深度、驻波系数等。

3）发射/接收技术

发射机的关键部件是射频源和末级功放。射频源可以采用高频稳态振荡源。末级功放可采用行渡管或速调管。接收机的关键问题是动态范围和各通道的幅相一致性。

4）信号处理技术

信号处理器是导引头中的核心部件,它要完成许多重要的工作,例如,控制发射机的工作射频和脉冲重复频率,多普勒频率跟踪,目标识别和抗干扰,末制导指令计算,火箭弹自检和导引头工作逻辑控制等。要采用视频积累、恒虚警接收、现代谱分析等先进技术。

5）器件与毫米波集成电路

毫米波导引头的关键部件之一是固体功率发生器,它轻而小、成本低、可靠性高、开机反应时间短、电源电压低、功率小、一般用多个器件进行功率组合。毫米波固体功率发生器常用的器件是雪崩二极管。组合方式有谐振腔组合方式和准光学功率合成方式。此外,发射/接收系统还使用各种毫米波单片集成电路,大大减小了导引头的质量和体积,并且大幅度提高了导引头工作的可靠性。

4. 多模/双模导引头

各种单一模式的导引头都有各自的特点,有其长处,也有其不足,其性能见表6-2。根据对表6-2的分析可知,任何一种模式的寻的技术都有其缺陷和使用局限性。纯粹的单模寻的制导已不适应现代战争的需要,若把两种或两种以上模式的寻的技术复合起来,取长补短,就可以取得寻的系统的综合优势,从而大大提高制导火箭弹的突防能力和命中精度[10]。

表6-2 单一模式寻的导引头性能

模式	探测特点	缺陷与使用局限性
主动雷达寻的	1. 全天候探测 2. 有距离信息,作用距离远 3. 可全向攻击	1. 易受电子干扰 2. 易受电子欺骗
被动雷达寻的	1. 全天候探测 2. 作用距离远 3. 隐蔽工作,全向攻击	1. 无距离信息
红外点源寻的	1. 角精度高 2. 隐蔽探测 3. 抗电子干扰	1. 无距离信息 2. 不能全天候工作 3. 易受红外诱饵欺骗
红外成像寻的	1. 角精度高 2. 抗各种电子干扰 3. 能目标成像和识别	1. 无距离信息 2. 不能全天候工作 3. 距离较近

（续）

模式	探测特点	缺陷与使用局限性
电视成像寻的	1. 角精度高 2. 隐蔽探测 3. 抗电子干扰	1. 无距离信息 2. 不能全天候工作
激光寻的	1. 角精度高 2. 不受电子干扰 3. 主动式可测距	1. 大气衰减大,探测距离近 2. 易受烟雾干扰
毫米波寻的	1. 角精度高,可测距 2. 全天候探测,抗干扰能力强 3. 有目标成像和识别能力	1. 只有四个频率窗口可用 2. 作用距离目前尚较近

将上述两种或两种以上的制导体制结合起来,应用于同一种火箭弹的制导与控制,称为复合制导体制。采用复合制导体制的目的是为了使制导火箭武器系统更好地发挥各种制导体制的优越性,扬长避短,从而更有效地完成其作战使命。

多模寻的复合绝不是简单意义上单模寻的加减,各种模式复合的首要前提要考虑作战目标和电子、光电干扰的状态,根据作战对象选择、优化模式的复合方案。从技术角度出发,优化多模复合方案还应有一些复合原则可供遵循:

（1）各模式的工作频率,在电磁频谱上相距越远越好。多模复合是一种多频谱复合探测,使用什么频率、占据多宽频谱,主要依据探测目标的特征信息和抗电子、光电干扰的性能决定。参与复合的寻的各模式工作频率在频谱上距离越大,敌方的干扰手段占领这么宽的频谱就越困难,否则,就逼迫敌方的干扰降低干扰电平。当然,在考虑频率分布时,还应考虑它们的电磁兼容性。

（2）参与复合的制导模式应尽量不同,尤其当探测的能量为一种形式时,更应注意选用不同制导方式进行复合,如主动/被动复合、主动/半主动复合、被动/半主动复合等。

（3）参与复合的模式在探测功能和抗干扰功能上应互补,只有这样才能提高制导火箭弹在恶劣作战环境中的精确制导和突防能力。

（4）参与复合的各模式的器件、组件、电路应实现固态化、小型化和集成化,满足复合后火箭弹空间、体积和重量的要求,便于实现共孔径复合结构。

多模复合制导还涉及以下两项关键技术,它直接关系到寻的制导能否实现。

（1）智能化信息处理。智能化信息处理技术是对目标及干扰背景信息进行处理的技术,重点研究弹载条件下的实时自动目标识别（ATR）跟踪技术。

(2) 多模传感器技术。多模传感器是多模导引头的关键部件。它的结构形式主要有三种:第一种是分离式结构,即每个通道采用单独的光学/天线系统和探测器;第二种是共孔径结构,即采用一个共用的光学/天线系统和分开设置的探测器;第三种是采用单孔径光学系统和夹层结构的双色探测器。通过综合比较,这三种结构形式各有优缺点,但第二、第三种结构形式更适合导引头小型化和高性能要求。多模导引头的关键技术是多探测器的信息融合、数据的优化和实时处理等问题。

目前在武器上采用或正在发展的多模复合导引头主要是采用双模复合形式,其中有紫外/红外、可见光/红外、激光/红外、微波/红外、毫米波/红外、毫米波/红外成像等。表6-3给出了双模复合寻的武器一览表。

表6-3 双模精确制导武器一览表

弹型	类别	复合方式	国别(或组织)
"毒刺"(Stiger Post)	地/空	红外/紫外	美
"爱国者"PAC-Ⅱ	地/空	主动雷达/半主动雷达	美
"哈姆"Block Ⅶ	反辐射	被动雷达/红外	美
"鱼叉"改型 AGM-84E	空/地	主动雷达/红外成像	美
HARM 改型 Ⅵ	反辐射	被动雷达/主动毫米波	美
"海麻雀"AIM 7R	反辐射	主动雷达/红外	美
"斯拉姆"	地/空	射频/红外成像	北约
"小牛"	舰/舰	雷达/电视	美
SA-13	地/空	红外双色	俄罗斯
3M-80E	舰/舰	主动雷达/被动雷达	俄罗斯
RBS-90	地/空	激光/红外	瑞典
TACED	反坦克导弹	毫米波/红外	法
ARAMIGER	空/地	主动雷达/红外	德
SMART	灵巧弹药	毫米波辐射计/红外	德
ZEPT	制导炮弹	毫米波/红外	德
EPHRAM	制导炮弹	毫米波/红外	德
RAM	舰/空	被动雷达/红外	美、德、丹联合

从表6-3可以看出,目前主要有以下三种双模复合模式。

(1) 射频/红外导引头。射频/红外导引头主要有主动(或半主动)雷达/红外双模导引头和被动雷达/红外双模导引头两种形式。它能大大提高火箭弹抗隐身目标的能力。

（2）毫米波/红外导引头。这种导引头是目前发展较快的复合形式。它具有全天候作战能力强、制导精度高和抗干扰能力较强的特点。图6-6所示为国外某毫米波/红外双模导引头试验样机,导引头设计中综合了毫米波和红外的探测功能。

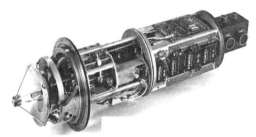

图6-6　毫米波/红外双模导引头

（3）双色导引头。光学双色包括红外双色、红外/紫外和红外/可见光（电视）等复合形式。光学双色导引头可有效克服老式红外导引头易受红外诱饵和背景的干扰而易丢失目标的缺点。

5. 捷联寻的导引头

捷联寻的导引头技术是基于捷联寻的器的一种新型制导技术,捷联寻的器是使导引头直接刚性地与弹体捷联,取消了传统导引头复杂的机电结构,因此,导引头的机械结构得到了简化,寻的器运动机构所带来的一系列问题,比如复杂机电结构的制造、维护和校准问题,机械运动与火箭弹加速度引起的测量精度退化问题,机械转角对视线角速率的跟踪限制问题,系统重量、结构复杂性和成本较高问题等也随之消失,制导系统的可靠性得到了很大提高[11]。

由于目标一般在一个大视场内运动,因此传统寻的器一般采取惯性平台稳定的光学和雷达寻的器结构,以实现对视线的稳定跟踪,其视场为瞬时小视场（一般只有 $\pm 1° \sim \pm 7°$）和跟踪视场之和（目前已能达到 $\pm 60°$ 左右）,由惯性稳定的伺服平台跟踪目标视线的运动,使目标始终落在寻的器的小视场内。采用捷联寻的器后,将不再存在目标视线跟踪系统,因此捷联寻的制导技术的应用必须建立在捷联导引头大视场的前提下。

目前,捷联寻的器主要有红外光学寻的器、雷达相关仪、带有全息透镜的激光探测器、采用象限元件及线阵、面阵的激光寻的器和具有相控阵天线的雷达寻的器等,捷联寻的器与传统寻的器的主要区别在于传统寻的器中由复杂机电结构完成的稳定与跟踪视线的功能,转由信号处理器或计算机来完成,这对信号处理能力提出了更高的要求。

捷联寻的器在获得大视场和简化结构的同时,必须在信号处理上付出更高的代价,这为制导系统的设计增加了一些新的困难。由于捷联导引头在结构上与弹体固连,失去了直接测量视线角速率的能力,而只能提供弹体系内对弹目视线角的测量信息,因此,实现各种制导律所需的惯性视线角速率将不能直接获取,必须通过视线角速率重构的方法得到。理论上应用捷联姿态矩阵建立惯性视线解算的数学平台,通过微分网络可完成惯性视线角速度的提取;工程应用中角速率提取需综合考虑多种误差源(捷联导引头测角误差、零位误差、捷联惯性器件测量误差等),惯性视线信息提取的关键在于精确实现对弹体姿态运动的解耦及对各噪声成分的有效滤除。

图 6-7 给出了捷联红外导引头的工作原理,其中 q_s 为弹上视线高低角;η_s 为弹上视线方位角;$\dot{q}$、$\dot{\eta}$ 分别为解算出的惯性视线角速率;$\dot{q}$、$\dot{\eta}$ 通过滤波器,得到精确的制导信息。受到捷联姿态矩阵中参数误差及捷联导引头对弹上视线测量噪声的影响,解算的惯性视线角存在噪声,直接对惯性视线角微分得到惯性视线角速率,会使噪声成分大幅放大,制导控制回路无法应用,因此采用常规的微分网络提取实现角速率的方法存在工程应用风险。惯性视线、弹体姿态及捷联红外导引头的观测信息在本质上又存在非线性关系,基于最优控制的滤波算法在参数选择、变量确定和误差建模方面存在一定风险。

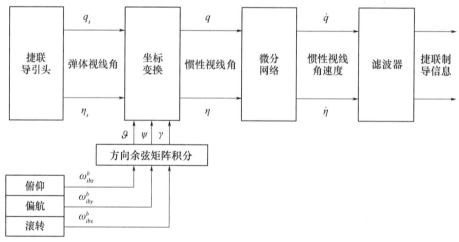

图 6-7 捷联红外导引头工作原理

6.2.3 复合制导

1. 复合制导的基本概念

复合制导采用不同的导引规律,充分发挥不同制导方式的优点,能够提高中远程制导火箭弹的抗干扰能力和制导精度,大大提高了制导火箭弹在复杂作战环境下的整体作战效能。复合制导过程一般分为 4 个阶段:初制导段、中制导段、交接过渡段以及末制导段。初制导段采用自主制导,克服发射时弹道初值散布的干扰;飞行中段采用惯性导航或组合导航系统,较精确地把火箭弹导引到目标附近,保证末段制导系统能够捕获到目标;交接过渡段是从中制导向末制导过渡的中间过程,又称为中末制导交班段;末制导段采用寻的制导,使火箭弹准确击中目标。这种复合制导方式不仅增大了制导系统的作用距离,更重要的是提高了制导精度。

2. 中末制导交班

通常情况下中末制导交班主要包括 2 个方面的含义[12]。一是导引头交班,即导引头必须可靠截获目标。在中制导段,将导引头光轴锁定在弹轴方向,通过合理的中间段制导,使得在末段起控时,弹目线在弹轴坐标系中的方位角和高低角不超出导引头的视场角范围,就可以间接地保证导引头捕获到目标。二是弹道交班,即弹道的平滑交接。火箭弹弹道特性取决于所采用的导引方法,对于同一条弹道,如果在不同时段采用不同的导引方法,则表现出来的弹道特性不同。所以,各段弹道之间存在衔接问题。例如交班时火箭弹位置误差和火箭弹从一种制导方式转到另一种制导方式时火箭弹空间方位的协调性,若这种协调性不能保证,则导引头就不可能捕获目标。

3. 交接段的误差与截获

复合制导的关键技术之一是保证中制导段到末制导段的可靠转接,就是末制导导引头在进入末制导段时能可靠地截获目标。对目标的截获包括距离截获、速度截获和角度截获三个方面[2]。

当火箭弹被导引至末制导导引头的作用距离时,即认为实现了距离截获,这时火箭弹的导引头进入目标搜索状态。

速度截获是指当采用脉冲多普勒或连续波雷达体制时,应确定末制导开始时火箭弹与目标间雷达信号传输的多普勒频移,以便为速度跟踪系统的滤波器进行频率定位,保证使目标回波信号落入滤波器通带。因为此多普勒频移是根据解算出的火箭弹-目标接近速度而得到,所以与实际频移之间存在误差,可能使目标回波信号逸出滤波器通带而不被截获。为此,在主动末制导开始前,必须在多普勒频率预定的基础上加上必要的频率搜索。

角截获问题在所有的复合制导模式下都是存在的。其根源在于末制导导引头总有一个有限的视场,目标可能落在此视场之外而不能被截获。为了保证截获,必须把位标器预定到计算出的目标视线方向上。然而,工程中存在着理论上无法确定的各种误差因素会造成位标器指向与实际的目标方向不一致,这种不一致称为导引头指向角误差。构成这种误差的主要因素有目标位置测量误差、火箭弹位置测量误差、预偏信号形成误差、位标器伺服机构误差、整流罩瞄准误差和弹体运动耦合误差等。合理的设计应要求末制导导引头的瞬时视场角略大于误差角。如果不行,则应在交接段给位标器加上一定的扫描程序。

6.3 制导律与制导方案

6.3.1 制导规律与导引方法

制导系统的任务是保证火箭弹击中或者以最小的脱靶量截获目标,为完成这个任务,制导系统中有专门的设备产生制导信号,以控制火箭弹飞向目标。从理论上讲,可以有很多甚至是无数条弹道保证火箭弹与目标相遇,但实际上对于每一种火箭弹只选取一条在特定条件下的最佳弹道,所以火箭弹的弹道不能是任意的,而是受一定条件的限制,满足一定的规律,这种规律就是制导律,也称为导引律或导引方法[5]。

根据目标的运动特性、环境和制导设备的性能以及使用要求,对导引方法一般有以下要求:

(1) 保证系统具有足够的制导准确度;

(2) 火箭弹的整个飞行弹道特别是攻击区内,理想弹道曲率应尽量小,保证所需的火箭弹过载小;

(3) 保证飞行的稳定性,火箭弹运动对目标运动参数的变化不敏感;

(4) 制导设备尽可能简单。

制导设备根据每瞬时火箭弹的实际位置与理想弹道间的偏差形成制导指令,取控制火箭弹飞行,为研究导引规律,需做如下假定:

(1) 把火箭弹和目标作为几何质点;

(2) 火箭弹和目标的速度认为已知;

(3) 制导系统是理想系统,即制导系统能保证火箭弹的运动在每一瞬间都符合制导规律的要求。

从运动学的观点来看,导引方法能确定火箭弹飞行的理想弹道,所以选择火箭弹的导引方法,就是选择理想弹道,即在制导系统理想工作的条件下,确定火箭弹向目标运动过程中所应经历的轨迹。理想弹道表示了导引方法的特性,不同的导引方法,弹道的曲率不同,系统的动态误差不同,过载分布的特点及火箭弹、目标速度比的要求也不同。而制导控制系统对火箭弹的制导与控制,一般是借助制导误差 Δx 而形成制导控制指令 k_δ 来实现的,如图 6-8 所示。制导方法与导引律决定火箭弹和目标之间的运动学关系,其不仅影响制导火箭弹的导引精度,同时还决定制导火箭弹的制导体制。

火箭弹上常用的经典制导规律主要有速度追踪法、弹体追踪法、比例导引法和弹道成型制导律等。下面分别介绍上述几种制导规律的运动学特性。

1. 速度追踪导引律

速度追踪制导律是指火箭弹在飞向目标过程中速度矢量指向目标的一种

图 6-8　制导控制系统示意图

导引方法,它要求火箭弹速度矢量与目标视线重合[13],其工程实现也比较简单,纵向回路含有弹体动力学的速度追踪制导律框图如图 6-9 所示。

速度追踪制导律在攻击目标的导引过程中,力图消除火箭弹速度矢量与弹目视线之间的偏差角(即误差角 ε),其理想导引关系方程为

$$\varepsilon = q_{\cos} - \theta = 0 \tag{6.17}$$

式中: ε 为误差角; $q_{\cos}$ 为弹目视线角; θ 为弹道倾角。

2. 弹体追踪制导律

弹体追踪制导律是一种结构简单、易于实现的角度导引律,在火箭弹攻击目标过程中,使火箭弹纵轴与弹目视线保持瞬时一致,纵向回路含有弹体动力学的弹体追踪制导律框图如图 6-10 所示。

图 6-10 中, V_r 是火箭弹与目标之间沿弹目线方向的相对速度,在目标不动时有 $V \approx V_r$, y_m 、 y_t 分别是火箭弹、目标在 y 方向的位置,这里 $y_m = y_t = 0$,即火箭弹与目标的初始位置是在同一水平线上。 T 是末制导时间, t 是制导开始后的经历时间, $T - t$ 是剩余飞行时间, T_i 是攻角滞后时间常数。

弹体追踪制导律的理想导引关系方程为

$$\varepsilon = q_{\cos} - \vartheta = 0 \tag{6.18}$$

式中: ε 为误差角; $q_{\cos}$ 为弹目视线角; ϑ 为弹体俯仰角。

3. 比例导引律

比例导引法所要实现的基本导引关系是保持火箭弹速度矢量的转动角速度与目标视线角速度成一定的比例,这种导引方法精度高并且易于实现。

在目标机动不是很大的情况下,末制导段比例导引的理想弹道应该接近于直线,图 6-11 所示为火箭弹和目标相对位置几何关系[14]。

$M_0 T_0$ 为初始弹目视线,目标速度和初始弹目线 $M_0 T_0$ 的夹角为 ϕ_0 ,火箭弹速度和初始弹目线 $M_0 T_0$ 的夹角为 ψ_V ,理想飞行弹道 $M_0 I$ 与基准 $M_0 T_0$ 的夹角为 ψ_{V0} ,实际飞行速度与理想飞行弹道的误差角为 ε 。 a_c 是弹的过载指令, a_L 是 a_c 沿垂直初始弹目线方向的分量。火箭弹的理想飞行状态为在任何时刻的弹目线都平行于初始弹目线,火箭弹的理想弹道飞行角 ψ_{V0} 可以由以下关系式得出:

$$V_m \sin\psi_{V0} = V_t \sin\phi_0 \tag{6.19}$$

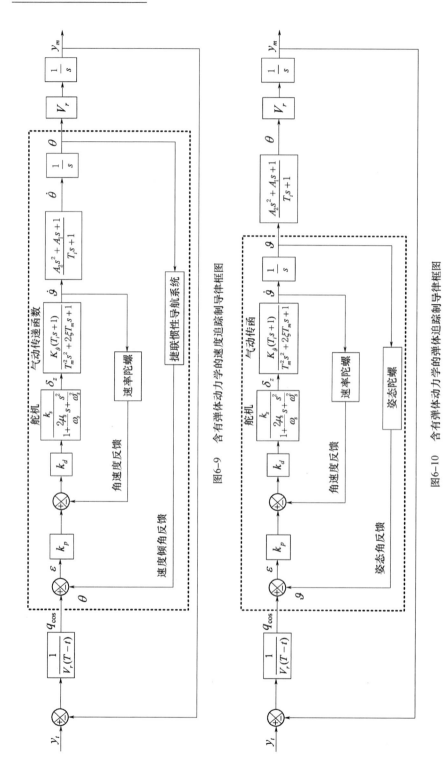

图6-9 含有弹体动力学的速度追踪制导律框图

图6-10 含有弹体动力学的弹体追踪制导律框图

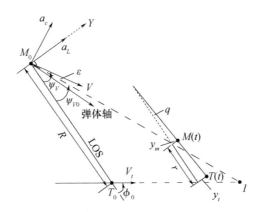

图 6-11 在同一平面内火箭弹和目标的相对关系

当火箭弹沿着理想弹道飞行时,即在垂直于弹目视线(LOS)方向的速度为 $V_m\sin\psi_{V0}$,实际弹目线与初始弹目线的夹角 q 为零,火箭弹和目标垂直未扰动弹目线的偏差分别记为 y_m 和 y_t,可以假设火箭弹和目标沿弹目线方向的相对速度不变,记作 V_r,从图 6-13 中可以得出以下关系:

$$\tan q = \frac{y_t - y_m}{r} = \frac{y_t - y_m}{V_r\tau} \tag{6.20}$$

在目标视线角很小的情况下,有

$$q \approx \frac{y_t - y_m}{r} = \frac{y_t - y_m}{V_r\tau} \tag{6.21}$$

式中:τ 为剩余飞行时间,当 $r=0$ 时,$\tau=0$。

假设导引头和驾驶仪均为二阶系统,比例导引制导律框图可以用图 6-12 来表示。

图 6-12 比例导引制导律框图

比例导引系数 N 是无量纲量,比例导引制导律可以表达如下:

$$a_c = \frac{NV_r}{\cos\psi_{V0}} \cdot \dot{q} \tag{6.22}$$

比例导引的优点:

(1)易于实现制导控制指令,弹上设备所应提供的主要信号是火箭弹和目标间的视线角速度,可利用导引头给出;

（2）末导末段对火箭弹的横向机动能力要求小；

（3）经证明比例导引规律是一种近似最佳导引律。

通常使用比较多的是古典比例导引律，最优比例导引系数为3，但是在工程实践中通常选大一些，在3~5之间。也可以根据实际情况，重点考虑某些重要的因素，重新推导相应的最优制导律。

4. 弹道成型制导律

火箭弹除了精确打击目标外，还希望在命中点附近的弹道呈现一定的形状。比如，为了充分发挥整体式杀爆弹战斗部的威力，除了落点精度要求外，还对火箭弹的落角提出了进一步要求，研究表明，若落角大于60°以上，整体式战斗部的毁伤能力将显著提高，这种情形可采用弹道成型制导律[15]，其表达式为

$$a(t) = 4V_r\dot{q} + \frac{2V_r}{t_{go}}(q - q_T) \tag{6.23}$$

式中：q_T为期望的落角；t_{go}为剩余飞行时间。

6.3.2　制导方案

弹道式飞行的制导火箭弹的方案弹道可分为爬升段、中制导段和末制导段，如图6-13所示。爬升段按程序弹道飞行，采用速度矢量控制，尽量减小攻角以保证射程及大致落点，使弹道倾角趋向于给定的弹道倾角；中制导段可以对目标位置闭环，采用预估落点制导律，在保证射程的前提下，减小中末段交接点误差；末制导段采用比例导引律或弹道成型制导律使火箭弹精确打击目标，并能满足落角的要求。

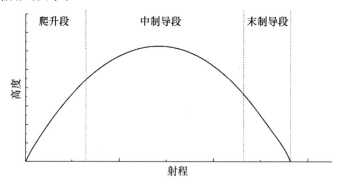

图6-13　制导火箭弹的方案弹道

速度追踪导引律、比例导引律和弹道成型制导律已在6.3.1节介绍过，下面介绍预估落点制导律，美国的GMLRS用到了此方案，如图6-14所示。升弧段采用弹道倾角速度为常值的方案让火箭弹转弯，即沿着理想弹道轨迹飞行。过顶点后，制导律转化为预估落点法，也就是预测火箭弹按照无控弹道飞行

的落点。如果无控落点比目标近,则用最优攻角滑翔来增加射程。如果预估无控落点比目标远,则下压弹来拉近距离。随着预估落点与目标间误差的缩小,弹脱离最优攻角的限制有效地转化为比例导引制导律,用来减小脱靶量。此方案的目的是使弹尽量沿着无控弹道飞行,使攻角尽可能的小,尽量减少射程损失。

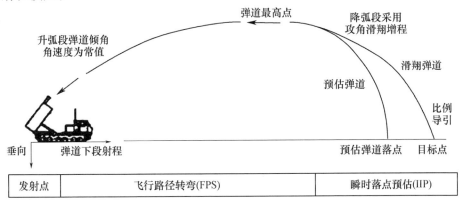

图6-14 GMLRS制导方案

利用预测能力的制导方法简称预测制导,它的基本思路是实时计算火箭弹的再入轨道和落点,将计算得到的预测落点与理论落点进行比较,利用其偏差产生控制信号,在保证过载和热流满足要求的条件下,调节升力方向,改变再入轨迹,达到消除落点偏差的目的。

预测制导方法分为两种,一种是摄动制导,另一种是闭路制导。

1. 摄动制导

由于火箭弹的推力、燃料的秒耗量可能偏离标准值,结构质量、装药量存在偏差,大气密度、压力、地球引力偏离标准模型,会使许多参数偏离计算标准弹道的标准条件,这些偏差被视为火箭弹飞行过程中作用在火箭弹上的干扰,这些干扰将使火箭弹的实际飞行弹道偏离其标准弹道而造成落点偏差,落点偏差用射程偏差、横向偏差两个分量来描述。为减小主动段干扰引起的误差,根据摄动理论可确定关机点参数偏差与火箭弹落点偏差之间的关系,在发动机工作结束后引入法向/横向导引控制,即弹载计算机将每一时刻的导引计算结果与标准弹道参数进行比较,预测将产生的偏差,并在稳定系统的俯仰通道和航向通道上分别引入法向导引控制、横向导引控制,以达到减小射程偏差的目的。

下面以法向导引控制为例,给出摄动制导的基本方法。

由椭圆弹道理论可知,弹道式飞行的制导火箭弹的射程 L 是主动段终点运动参数的函数。当采用发射坐标系 $Oxyz$ 作为描述火箭弹质心运动的基准坐标系时,射程 L 可表示为

$$L = L(\boldsymbol{V}_k, r_k) \tag{6.24}$$

式中：r_k 为主动段终点处火箭弹质心相对发射点的矢径；$\boldsymbol{V}_k$ 为主动段终点处火箭弹质心的速度矢量。

根据任务要求和标准条件确定一条标准弹道，发射平面和地表平面的交线就确定了一个标准射程，记作 $\tilde{L}$。对任意的标准时刻 $\tilde{t}_k$，在该时刻的位置和速度分量分别为 $\tilde{V}_{kx}$、$\tilde{V}_{ky}$、$\tilde{V}_{kz}$、$\tilde{X}_k$、$\tilde{Y}_k$、$\tilde{Z}_k$，这些参数满足下式：

$$\tilde{L} = \tilde{L}(\tilde{V}_{kx}, \tilde{V}_{ky}, \tilde{V}_{kz}, \tilde{X}_k, \tilde{Y}_k, \tilde{Z}_k) \tag{6.25}$$

把实际射程 L 在标准射程的关机点处展开成泰勒级数，并且忽略高阶小量，只取一阶项，使得出的射程偏差 ΔL 的表达式中，只包含一阶偏导数，从而大大简化了计算，这种处理方法就是摄动法。采用摄动法进行制导计算的前提是，必须保证实际弹道与标准弹道之间具有很小的偏差，特别是火箭弹的主动段，要做到这一点主要取决于标准弹道的选取应尽可能符合实际。

由于制导火箭弹的固体燃料火箭发动机为耗尽关机模式，没有确定的关机点。我们在设计中，只能在主动段终点附近选取适当的特征点来代替关机点。

在摄动条件下的射程偏差 ΔL 是关机点各参数偏差的函数，即

$$\Delta L = L - \tilde{L} = \frac{\partial L}{\partial V_{kx}} \Delta V_{kx} + \frac{\partial L}{\partial V_{ky}} \Delta V_{ky} + \frac{\partial L}{\partial V_{kz}} \Delta V_{kz} + \frac{\partial L}{\partial X_k} \Delta X_k + \frac{\partial L}{\partial Y_k} \Delta Y_k + \frac{\partial L}{\partial Z_k} \Delta Z_k$$

$$\tag{6.26}$$

式中：$\Delta V_{kx} = V_{kx} - \tilde{V}_{kx}$；$\Delta V_{ky} = V_{ky} - \tilde{V}_{ky}$；$\Delta V_{kx} = V_{kz} - \tilde{V}_{kz}$；$\Delta X_k = X_k - \tilde{X}_k$；$\Delta Y_k = Y_k - \tilde{Y}_k$；$\Delta Z_k = Z_k - \tilde{Z}_k$。

各项中的偏导数，实际上是由标准弹道计算出来的，这也是在摄动条件下的一种近似，因而完全可以用 $\dfrac{\partial \tilde{L}}{\partial V_{kx}}$ 取代替上式中的 $\dfrac{\partial L}{\partial V_{kx}}$，其余各项依此类推得

$$\Delta L = \frac{\partial \tilde{L}}{\partial V_{kx}} \Delta V_{kx} + \frac{\partial \tilde{L}}{\partial V_{ky}} \Delta V_{ky} + \frac{\partial \tilde{L}}{\partial V_{kz}} \Delta V_{kz} + \frac{\partial \tilde{L}}{\partial X_k} \Delta X_k + \frac{\partial \tilde{L}}{\partial Y_k} \Delta Y_k + \frac{\partial \tilde{L}}{\partial Z_k} \Delta Z_k$$

$$\tag{6.27}$$

这样，式中的各个偏导数都成了装定参数。

考虑在纵向运动平面内研究射程偏差的控制，可忽略 V_{kz}, Z_k 的影响，则有

$$\Delta L = \frac{\partial \tilde{L}}{\partial V_{kx}} \Delta V_{kx} + \frac{\partial \tilde{L}}{\partial V_{ky}} \Delta V_{ky} + \frac{\partial \tilde{L}}{\partial X_k} \Delta X_k + \frac{\partial \tilde{L}}{\partial Y_k} \Delta Y_k \tag{6.28}$$

将 $\Delta V_{kx} = V_{kx} - \tilde{V}_{kx}$ 代入，其余各项依此类推，有

$$\Delta L = \frac{\partial \tilde{L}}{\partial V_{kx}} V_{kx} + \frac{\partial \tilde{L}}{\partial V_{ky}} V_{ky} + \frac{\partial \tilde{L}}{\partial X_k} X_k + \frac{\partial \tilde{L}}{\partial Y_k} Y_k -$$

$$\frac{\partial \tilde{L}}{\partial V_{kx}} \tilde{V}_{kx} - \frac{\partial \tilde{L}}{\partial V_{ky}} \tilde{V}_{ky} - \frac{\partial \tilde{L}}{\partial X_k} \tilde{X}_k - \frac{\partial \tilde{L}}{\partial Y_k} \tilde{Y}_k \tag{6.29}$$

令:

$$u(t_k) = \frac{\partial \tilde{L}}{\partial V_{kx}} V_{kx} + \frac{\partial \tilde{L}}{\partial V_{ky}} V_{ky} + \frac{\partial \tilde{L}}{\partial X_k} X_k + \frac{\partial \tilde{L}}{\partial Y_k} Y_k \tag{6.30}$$

$$u(t_k) = \frac{\partial \tilde{L}}{\partial V_{kx}} V_{kx} + \frac{\partial \tilde{L}}{\partial V_{ky}} \tilde{V}_{ky} + \frac{\partial \tilde{L}}{\partial X_k} \tilde{X}_k + \frac{\partial \tilde{L}}{\partial Y_k} \tilde{Y}_k \tag{6.31}$$

$u(t_k)$ 的数值由弹上导引系统连续地测量与计算;$\tilde{u}(t_k)$ 则为事先计算好装定到弹载计算机中的标准量。

法向导引的控制方程为

$$\Delta\theta_k = K_{uf}(u(t_k) - \tilde{u}(t_k)) \tag{6.32}$$

式中:$\Delta\theta_k$ 为法向导引控制量;$K_{uf} = \frac{1}{\partial L/\partial\theta}$。

法向导引的控制量是火箭弹的弹道倾角 θ,及火箭弹速度矢量 V 相对水平面的夹角,在纵向平面内,弹道倾角 θ 和俯仰角 ϑ、攻角 α 有如下关系:

$$\theta = \vartheta - \alpha \tag{6.33}$$

θ 的大小决定着火箭弹的法向运动,在射面内希望实际弹道倾角 θ 满足:

$$\theta_k = \tilde{\theta}_k + \Delta\theta_k \tag{6.34}$$

因此,可以通过对弹道倾角的修正来弥补由速度和位置所引起的射程偏差。

2. 闭路制导

摄动制导的基本思想是首先确定一条自发射点至目标点的标准弹道,其导引控制便紧紧地依赖于标准弹道,即导引的目的是使实际飞行弹道尽量接近于标准弹道。如果作用在火箭弹上的干扰较大,则实际飞行弹道偏离标准弹道较大,使关机点参数偏差较大,超出了级数展开的线性范围,因而采用摄动制导关机将造成较大的落点偏差。另外,摄动制导的射前射击诸元计算比较复杂。为克服摄动制导精度差、射击诸元计算复杂的缺点,还可以采用闭路制导方案。闭路制导是在导航计算的基础上,根据火箭弹当前状态(位置、速度)和目标位置进行制导,利用需要速度概念将火箭弹当前位置和目标位置联系起来,需要速度是假定火箭弹在当前的位置上关机,经自由段飞行和再入段飞行而命中目标所应具有的速度,或者说,需要速度是保证能命中目标所需的速度。任意瞬

165

时火箭弹的需要速度均是实时确定的,火箭弹根据需要速度进行导引控制。

根据需要速度的定义,某一点的需要速度,需求解自由飞行段弹道和再入段弹道,并通过迭代计算才能确定。即使采用自由飞行轨道解析解和再入轨道解析解,在弹上实时解算需要速度也比较复杂,为了简化弹上计算而提出虚拟目标的概念,所谓虚拟目标就是以需要速度为初值的开普勒椭圆轨道与地球表面的交点,于是,若以虚拟目标代替实际目标,便可以利用椭圆轨道求需要速度,而此需要速度的实际落点便应是真实目标,从而大大简化了弹上计算。

因为导航计算通常是在发射惯性坐标系内进行的,其飞行过程中任一点 K(飞行时间 t_k)的速度、位置是相对于发射惯性坐标系的,而目标点 T 是与地球固连的,它是随地球旋转的,因此,若按照地球不旋转条件下确定需要速度,则当具有此速度的火箭弹落地时,目标点 T 已随地球转过了角 $(t_k + t_f)\Omega$。于是,考虑地球旋转时的需要速度必须采用迭代算法来确定。

当需要速度倾角给定时,计算需要速度的迭代公式如下:

$$\lambda^A_{KT,j} = \lambda_{oT} - \lambda^A_{oK,j} + (t_K + t_{f,j})\Omega \tag{6.35}$$

$$\beta_j = \arccos(\sin\phi_K\sin\phi_T + \cos\phi_K\cos\phi_T\cos\lambda^A_{KT,j}) \tag{6.36}$$

$$\theta_{H,j} = \begin{cases} \dfrac{1}{2}\arctan\left[\dfrac{\sin\beta_j}{\dfrac{r_K}{r_T} - \cos\beta_j}\right] & (\text{最小能量轨道}) \\ \theta_H & (\text{根据需要确定}) \end{cases} \tag{6.37}$$

$$p_j = \frac{r_T(1 - \cos\beta_j)}{1 - \dfrac{r_T}{r_K}(\cos\beta_j - \sin\beta_j\tan\theta_{H,j})} \tag{6.38}$$

$$\xi_{Kj} = \arctan\left[\frac{\tan\theta_{H,j}}{1 - \dfrac{r_K}{p_j}}\right] \tag{6.39}$$

$$\xi_{T,j} = \beta_j + \xi_{Kj} \tag{6.40}$$

$$e_j = \left(1 - \frac{p_j}{r_k}\right)/\cos\xi_{Kj} \tag{6.41}$$

$$\gamma_{T,j} = 2\arctan\left[\sqrt{\frac{1 + e_j}{1 - e_j}}\tan\frac{\xi_{T,j}}{2}\right] \tag{6.42}$$

$$\gamma_{K,j} = 2\arctan\left[\sqrt{\frac{1 + e_j}{1 - e_j}}\tan\frac{\xi_{K,j}}{2}\right] \tag{6.43}$$

$$t_{f,j+1} = \frac{1}{\sqrt{fM}}\left(\frac{p_j}{1-e_j^2}\right)^{\frac{3}{2}}\left[\gamma_{T,j} - \gamma_{K,j} + e_j(\sin\gamma_{T,j} - \sin\gamma_{K,j})\right] \quad (6.44)$$

当 $|p_{j+1} - p_j| < \varepsilon$ 时,结束迭代,取 $\beta = \beta_{j+1}$,$p = p_{j+1}$,$\theta_H = \theta_{H,j+1}$,然后由下式求出 ν_R。

$$\nu_R = \frac{\sqrt{fM}}{r_K\cos\theta_H}\sqrt{p} \quad (6.45)$$

ν_R 与 γ_K 所在平面与当地子午面夹角 $\hat{\alpha}$ 可由下式确定

$$\begin{cases} \sin\hat{\alpha} = \cos\phi_T\dfrac{\sin\lambda_{KT}^A}{\sin\beta} \\ \cos\hat{\alpha} = (\sin\phi_T - \cos\beta\sin\phi_K)/(\sin\beta\cos\phi_K) \end{cases} \quad (6.46)$$

上述式中:ϕ_T 为目标点 T 的地心纬度;λ_{oT} 为在地球上目标点 T 与发射点 O 之间的经差。角 $\hat{\alpha}$、θ_H 给定了 ν_R 的方向,式(6.45)给出 ν_R 的大小,所以需要速度 ν_R 便完全确定了。按照工具误差最小、满足再入要求等为指标预先求出对应的角 θ_H 作为制导参数存入弹载计算机中,通过式(6.35)~式(6.44)迭代计算求需要速度。

参考文献

[1] 关成启,杨涤,关世义. 地面目标特性分析[J]. 战术导弹技术,2002,(5):21-25.

[2] 杨军,张晓峰,袁博,等. 导弹控制原理[M]. 北京:国防工业出版社,2010.

[3] 钱杏芳,林瑞雄,赵亚男. 导弹飞行力学[M]. 北京:北京理工大学出版社,2000.

[4] 张晓今,张为华,江振宇. 导弹系统性能分析[M]. 北京:国防工业出版社,2013.

[5] 杨军,杨晨,段朝阳,等. 现代导弹制导控制系统设计[M]. 北京:航空工业出版社,2005.

[6] 刘志国,王仕成,张金生,等. 激光导引头在弹道导弹末制导中的应用研究[J]. 弹箭与制导学报,2005,25(1):302-305.

[7] 汪中贤,樊祥. 红外制导导弹的发展及其关键技术[J]. 飞航导弹,2009,(10):14-19.

[8] 杨军,朱学平,张晓峰,等. 弹道导弹精确制导与控制技术[M]. 西安:西北工业大学出版社,2013.

[9] 吕久明. 毫米波雷达导引头性能研究[J]. 战术导弹控制技术,2005,51(4):14-19.

[10] 张纯学. 复合制导技术的进展[J]. 飞航导弹,2004,(9):50-53.

[11] 苏身榜. 捷联寻的制导技术及其在国外的发展[J]. 航空兵器,1994,(2):45-50.

[12] 罗喜霜,张天桥. 多用途导弹中末段交班研究[J]. 弹道学报,2001,13(4):47-50.

[13] 祁载康. 制导弹药技术[M]. 北京:北京理工大学出版社,2002.

[14] 王娟利. 大气层内制导火箭制导控制技术研究[D]. 北京理工大学博士论文,2007.

[15] Paul Zarchan. Tactical and Strategic Missile Guidance[M]. American Institute of Aeronautics and Astronautics,2002.

第7章
自动驾驶仪设计

7.1　自动驾驶仪的设计任务

自动驾驶仪是制导控制系统的重要组成部分,它与火箭弹构成的闭合回路称为稳定控制系统。在稳定控制系统中,自动驾驶仪是控制器,火箭弹是控制对象。自动驾驶仪设计,实际上就是稳定控制系统的设计[1]。

自动驾驶仪的作用是稳定火箭弹质心的角运动,并根据制导指令正确地操纵火箭弹的飞行。由于火箭弹在飞行过程中高度、马赫数变化范围较大,其飞行动力学特性会发生较大的变化,自动驾驶仪必须把火箭弹改造成为动态和静态特性变化不大,且具有良好操纵特性的制导对象,使制导控制系统在火箭弹的各种飞行条件下,均具有良好的制导精度。

自动驾驶仪是一个闭环系统,是制导主回路的内回路。图7-1给出了纵向制导回路示意图,y_t 是目标位置,y_m 是火箭弹的纵坐标,a_c 为加速度指令,a 为加速度,θ 为弹道倾角。

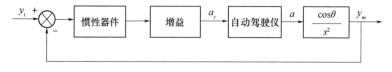

图7-1　制导回路示意图

自动驾驶仪的主要设计任务如下:

1. 自动驾驶仪的稳定功能

稳定性是实现操纵性的前提,火箭弹绕质心的旋转运动(角运动)是短周期的,它的稳定是操纵质心沿基准弹道飞行的基础和前提。自动驾驶仪的稳定功能体现在确保火箭弹所有飞行条件下静态和动态的稳定,具体作用如下:

1）稳定弹体轴在空间的角位置或角速度

除了旋转体制火箭弹以外，多数火箭弹对其绕纵轴的滚动角度是有限制的，甚至不允许滚动。比如指令控制火箭弹就要求弹体滚转角 $\gamma = 0$ 或 $\gamma \approx 0$，以免控制面随火箭弹滚动之后，破坏指令坐标系和执行坐标系间的平行关系，致使系统不能正常工作；而且滚动运动本身没有固有稳定性，即使在常值飞行条件下，也必须在火箭弹上安装滚动稳定装置，使系统能够快速衰减滚动扰动运动，并具有较高的稳态精度。有些火箭弹为了探测弹体与目标间的相对运动参数，允许其绕纵轴转动，但由于舵回路通频带有限，若转动过快，控制面可能来不及跟随指令信号而滞后，导致控制面执行命令的错乱，为此必须限制干扰作用下弹体的滚动角速度。

2）提高弹体绕质心角运动的阻尼特性，改善过渡过程品质

火箭弹弹体通常是严重欠阻尼的，其阻尼系数一般在 0.1 左右。在干扰作用下，即使火箭弹运动是稳定的，也将产生剧烈的振荡和超调，造成火箭弹承受比设计要求达 2 倍的横向过载，导致攻角增大，增大诱导阻力，减少射程，降低火箭弹的跟踪精度，增大脱靶量甚至脱靶，而攻角和横向过载的大幅度超调可能引起失速。故稳定控制系统必须将严重欠阻尼的自然弹体进行人为改造，使弹体等效阻尼系数增加至 0.6 ~ 0.8 之间，通常采用角速度反馈来构成阻尼回路。

3）稳定火箭弹的静态传递系数及动态特性

火箭弹以不同高度和速度飞行，其动压、惯性矩、质心及气动力导数都在变化，火箭弹的静态传递系数及火箭弹的动态特性都在较宽范围内变化，火箭弹的变参数特性十分明显，为确保制导回路能在各种飞行条件下正常工作，火箭弹的静态、动态特性应保持在一定范围之内。此外，许多火箭弹控制系统属于条件稳定系统，开环增益的变化对系统性能指标影响较大，通常要求稳定控制系统的闭环增益的变化不超过额定值的 ±20%。工程中可以用加速度计反馈包围弹体、使用变结构校正网络、用铰链力矩反馈包围舵机等方法实现这一要求。

4）保证稳定控制系统具有较宽的通频带

自动驾驶仪是制导回路的一个环节，而稳定控制系统含有舵回路及弹体动力学环节，因此惯性较大，合理设计它的通频带对保证制导回路的稳定性及裕度十分必要。设计要求驾驶仪的动态延迟小、频带宽，若使整个控制回路具有 45° 以上的相位裕度，必须使稳定回路的通频带约高于制导回路通频带一个数量级，从而保证火箭弹质心沿基准弹道稳定飞行。

2. 自动驾驶仪的控制功能

自动驾驶仪的控制功能体现在执行制导指令，操纵火箭弹质心准确地沿基准弹道飞行。火箭弹质心运动的控制与火箭弹角运动控制关系密切，而角运

动控制是由俯仰、偏航、滚转三个通道独立完成的。如果火箭弹是轴对称且没有滚转角速度时,在俯仰和偏航通道没有耦合;当火箭弹存在滚转角速度时,两个通道就会产生耦合,通道耦合项可以视为外部干扰。这就要求驾驶仪设计时应尽可能降低交叉耦合的影响,使稳定控制系统具备一定的抗外部干扰能力。

火箭弹在飞行中,必然会受到气动不对称、推力偏心、仪器设备误差、常值风等各种内外部干扰,这些干扰将引起火箭弹对基准弹道的散布。为了保证火箭弹的制导精度,一方面要限制这些干扰误差的范围,另一方面系统必须具有干扰抑制能力。用于这些干扰误差的处理,通常采用简化为一个等效指令或等效舵偏角,作为控制系统的一个常值干扰来考虑。

7.2 自动驾驶仪组成及主要部件

7.2.1 自动驾驶仪的组成

自动驾驶仪由惯性器件、控制电路和舵机组成,它通过操纵火箭弹的空气动力控制面控制火箭弹的空间运动[2]。自动驾驶仪与弹体构成的稳定控制系统如图 7 - 2 所示。

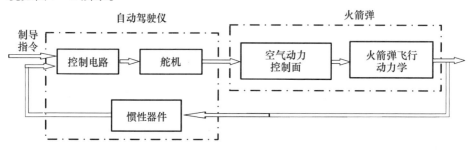

图 7 - 2　稳定控制系统框图

常用的惯性器件有各种自由陀螺、速率陀螺和加速度计,分别用于测量火箭弹的姿态角、姿态角速度和线加速度,制导火箭弹现多采用捷联惯性导航与卫星定位组合导航系统。

控制电路由数字电路或模拟电路组成,用于实现信号的传递、变换、运算、放大、回路校正和自动驾驶仪工作状态的转换等功能,这部分功能也可以由弹载计算机来实现。

舵机由功率放大器、电机、传动机构和适当的反馈电路构成,其功能是根据控制信号去控制相应空气动力控制面的运动,制导火箭弹一般采用电动舵机。

空气动力控制面是指火箭弹的舵面,按气动布局形式分为鸭式舵和尾部全动舵。控制舵有两对,彼此互相垂直,呈"+"字形或"×"字形,既可产生侧向力矩控制火箭弹在俯仰和偏航方向的运动,又可通过一对舵或两对舵的差动产生滚转操纵力矩,控制火箭弹绕纵轴的滚转运动。

火箭弹的飞行动力学特性是指空气动力面偏转与火箭弹动态之间的对应关系,可由数学模型描述(见第2章)。

在自动驾驶仪中,控制火箭弹绕纵轴运动的部分称为滚动通道,控制火箭弹在俯仰平面运动的部分称为俯仰通道,控制偏航运动的部分称为偏航通道,它们与火箭弹飞行动力学特性构成的闭合回路,分别称为滚动稳定控制回路、俯仰稳定控制回路和偏航稳定控制回路。对轴对称的火箭弹而言,俯仰稳定控制回路和偏航稳定控制回路是相同的。

7.2.2 自动驾驶仪的主要部件

1. 捷联惯性导航与卫星定位组合导航系统

捷联惯性导航系统与卫星定位装置一起构成组合导航系统,组合导航系统通过接收卫星定位装置的定位数据,完成组合导航解算,对惯性导航误差进行修正。其中:捷联惯性导航系统负责完成捷联解算,实时解算弹体的姿态、位置、速度、线加速度、角速度;卫星定位装置用于实现卫星定位导航,主要功能包括快速捕获、输出伪距、多普勒和导航电文信息,进行导航定位解算,输出当前的时间、位置和速度信息。

2. 弹载计算机

弹载计算机是自动驾驶仪的核心部件、通信中枢,承担火箭弹系统管理、飞控解算、制导控制等任务;是集模拟/数字控制、多任务计算、数据通信于一体的弹用高速集成计算机系统。负责接收组合导航信息并进行解算,控制火箭弹稳定飞行并按导引弹道飞向目标。

3. 电动舵机

电动舵机是自动驾驶仪的执行机构,其功能包括弹载计算机指令接收处理、舵面位置信号采集、电机控制信号解算和功率放大、减速器输出力矩等,使舵面产生相应随动偏转,从而实现对弹体姿态的控制。

7.3 侧向稳定控制回路设计依据

7.3.1 制导系统对侧向稳定控制回路的要求

侧向稳定控制回路设计包括两部分:(1)为改善弹体阻尼特性的阻尼回路

设计;(2)为实现从指令到过载的线性传输,以及在某些情况下对过载进行限制的控制回路设计[3]。图7-3所示为传统意义上的侧向稳定控制回路原理结构图。

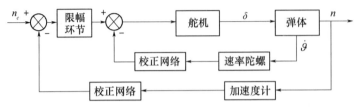

图7-3 侧向稳定控制回路原理结构图

制导系统对侧向稳定控制回路的要求为:

(1)回路应具有足够的稳定裕度;

(2)在最大指令和最大干扰(用等效舵偏角 δ_f 表示)同时出现时,侧向运动角速度(如俯仰角速度 $\dot{\vartheta}$)应小于要求值;

(3)从指令 n_c 到侧向过载 n 的闭环传递系数应满足要求值,并在火箭弹飞行的整个过程中尽量使其保持不变;

(4)系统的调整时间(通常指过载的调整时间)应小于要求值;

(5)应具有抑制弹性振动的能力,以防止弹体遭到破坏或失去控制;

(6)在最大指令及最大干扰同时出现时,侧向过载不得大于给定值。

7.3.2 特征气动点的选择

在自动驾驶仪设计中,一般采用系数冻结法,即针对多个有代表性的特征气动点进行设计,待设计好后,按典型弹道进行全弹道仿真试验,以验证设计的合理性。因此,合理地选择特征气动点是自动驾驶仪设计中很重要的工作。

典型的特征气动点包括:

1. 起控点

火箭弹离轨时飞行速度低,不适合空气舵控制,必须选择合适时机起控,考察此点自动驾驶仪的稳定性及抗干扰能力。

2. 一级和二级推力转换点

对于采用单室双推发动机的火箭弹来说,一级和二级推力转换时,给火箭弹带来一个较大的瞬间扰动,考察此点的性能至关重要。

3. 动压最大点

动压最大点或出现在主动段末,或出现在弹道末段快速低头阶段,在这些地方可用过载比较大,考虑到刚度和强度的要求,有可能要限制过载。

4. 动压最小点

高空弹道段动压会比较小,此时火箭弹的过载能力较小,甚至达不到过载能力要求,这里只能满足稳定性要求,不需要大的机动。

总之,特征点的确定是在对可能的飞行弹道特性分析的基础上,选择具有特征意义的动力系数为极值的点。对于不同类型的火箭弹,特征点是不完全一样的,而应根据具体条件加以确定。

7.3.3 设计驾驶仪的性能指标

制导回路中主要由两个积分环节(法向加速度到角偏差之间关系)和一个增益构成,即使驾驶仪回路是理想的零滞后环节,在整个频段上,系统开环频率特性也有180°的相位滞后。为使系统稳定,必须使用校正系统进行超前校正。图 7-4 是弹体、校正环节和 $1/s^2$ 的 Bode 图。

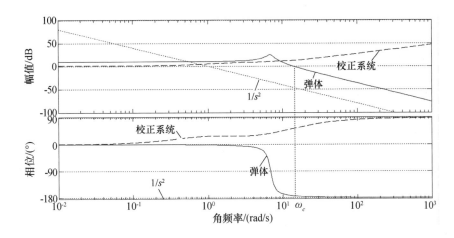

图 7-4 未校正系统和校正后系统 Bode 图对比

其中 ω_c 是由制导回路的响应速度决定的,弹体的响应状态是事先设计好的,无法改变,应该在 ω_c 处设计合适的校正系统,满足系统稳定的要求。

分析表明,一个超前校正网络最大相位超前为 60°,如果需要提供大于 60°的相位超前,就不得不采用几个网络串联的方法,而这样,当随机起伏干扰出现时,必使信噪比急剧降低,弹体法向过载的起伏干扰急剧增大,甚至堵塞有用信号通道。也就是说,如果设计一个最低相位裕度为 45°的制导回路,那么驾驶仪闭环频率特性曲线在制导回路的增益交接频率处的相位滞后允许约 15°,要求驾驶仪回路通频带比制导回路通频带高一个数量级,这就对驾驶仪的速度有明确的下限要求[4,5]。

在设计驾驶仪之前,首先需要知道系统的设计指标,一般弹的总体都会根据所使用的情况提出一些性能指标。但是在没有给出特别明确的性能指标时，需要满足以下要求：

（1）驾驶仪回路应具有足够的稳定裕度（如幅值裕度 > 8dB，相位裕度 > 60°）和良好的阻尼特性（如主导极点阻尼系数 0.6 ~ 0.8）；

（2）为保证制导回路的稳定裕度（一般取幅值裕度 > 6 ~ 8dB，相位裕度 > 30° ~ 60°），驾驶仪闭环频率特性曲线在制导回路增益交接频率处的相位滞后应低于某确定值；

（3）所有飞行条件下，驾驶仪闭环传递系数在 ±20% 范围以内变化；

（4）驾驶仪的通频带约比制导回路的通频带高一个数量级；

（5）系统的调整时间应小于要求值；

（6）应具有抑制弹体振动的能力，以防止弹体遭到破坏或失控。

7.4 过载驾驶仪设计

制导回路的作用是将目标位置和火箭弹位置闭环，目的是使火箭弹的质心和目标交会，是质心位置控制回路。制导回路中的内回路也就是驾驶仪回路可以是过载控制回路或是速度控制回路，采用过载控制回路形式的制导回路所给出的是过载指令，采用速度控制回路形式的制导回路所给出的是速度指令。在简化情况下，弹体动力学自身就是一个过载驾驶仪，因为稳态舵偏角会产生一个恒定的过载。

自动驾驶仪通常根据主反馈来命名，主反馈是过载的称为过载驾驶仪，主反馈是姿态的称为姿态驾驶仪，主反馈是速度矢量的称为速度矢量驾驶仪。为了增加系统稳定性，通常都将阻尼回路作为内回路。

一个由速率陀螺和加速度计构成的典型的两回路自动驾驶仪如图 7 - 5 所示，其中，过载驾驶仪除采用角速度陀螺反馈增加阻尼外，还采用了加速度计来测量火箭弹的过载作为驾驶仪的主反馈。

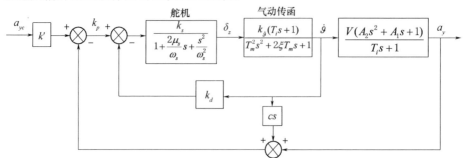

图 7 - 5　过载自动驾驶仪框图

图 7-5 中：V 为火箭弹的速度；由于惯性导航系统的带宽一般大于 80Hz，可忽略速率陀螺和加速度计带来的滞后影响，回路中直接取控制增益 k_g 和 k_p；舵机模型简化为一个二阶系统 $\dfrac{k_s}{1 + \dfrac{2\mu_s}{\omega_s}s + \dfrac{s^2}{\omega_s^2}}$；俯仰角速度 $\dot{\vartheta}$ 关于舵偏角 δ_z 的气动

传函为 $\dfrac{k_{\dot{\vartheta}}(T_i s + 1)}{T_m^2 s^2 + 2\xi T_m s + 1}$；过载 a_y 关于俯仰角速度 $\dot{\vartheta}$ 的气动传递函数为

$\dfrac{V(A_2 s^2 + A_1 s + 1)}{T_i s + 1}$；制导舱一般布置在火箭弹前部，即加速度计放置在全弹质心 c_g 前，设其距质心的相对距离值为 c，则火箭弹实际加速度为质心处的加速度 a_y 加上俯仰角加速度 $\ddot{\vartheta}$ 与 c 之积，即约为 $\left(\dfrac{cT_i s^2 + cs}{V} + 1\right) a_y$。

表 7-1 中给出了火箭弹弹道上的某一特征点气动参数。

表 7-1 某特征点的气动参数

V/ms^{-1}	k_a	$k_{\dot{\vartheta}}$	T_m/s	ξ	T_i/s
536	92.6	0.173	0.146	0.091	2.32

首先研究一下弹体的开环传递函数特性，利用开环 Bode 图检验系统的稳定裕度，稳定裕度主要表征系统从现在的状态到临界稳定状态参数的变化范围，说明系统具有多大的抗干扰能力。图 7-6 给出了弹体开环传递函数的 Bode 图，当不考虑舵机二阶模型时，舵机增益 k_s 取为 2，弹体开环传递函数的幅值裕度为 6.6dB，而考虑舵机二阶模型后，弹体开环传递函数的幅值裕度和相位裕度都为负值，必须通过有效控制，保证驾驶仪回路具有足够的稳定裕度。

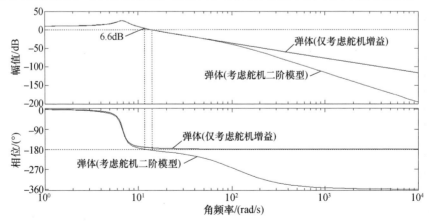

图 7-6 弹体开环传函的 Bode 图

1. 阻尼回路设计

表 7 - 1 中弹体阻尼系数为 $\xi = 0.091$，是严重欠阻尼的，自动驾驶仪采用角速度反馈来构成阻尼回路，使其等效阻尼系数能提高到 $0.6 \sim 0.8$ 之间。

为便于分析，不考虑舵机的二阶模型，仅取增益（本例中增益为 2），将图 7 - 6 中的阻尼回路简化为图 7 - 7，阻尼回路的闭环传函为

$$\frac{2k_{\dot{\vartheta}}(T_i s + 1)/(1 + 2k_{\dot{\vartheta}} k_d)}{[T_m^2/(1 + 2k_{\dot{\vartheta}} k_d)]s^2 + [(2\xi T_m + 2k_{\dot{\vartheta}} T_i k_d)/(1 + 2k_{\dot{\vartheta}} k_d)]s + 1} \tag{7.1}$$

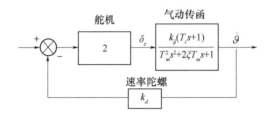

图 7 - 7 自动驾驶仪中的阻尼回路

为求解合适的 k_d，将阻尼回路的闭环传函的分母表示为标准形式：

$$T_w^2 s^2 + 2u_w T_w s + 1 \tag{7.2}$$

u_w 为期望的闭环传递函数的阻尼。比较式（7.2）与式（7.1）的分母，得

$$T_w^2 = \frac{T_m^2}{1 + 2k_{\dot{\vartheta}} k_d} \tag{7.3}$$

$$u_w T_w = \frac{\xi T_m + k_{\dot{\vartheta}} T_i k_d}{1 + 2k_{\dot{\vartheta}} k_d} \tag{7.4}$$

经整理，得到以 u_w 为自变量，k_d 为因变量的方程，即

$$k_{\dot{\vartheta}}^2 T_i^2 k_d^2 + 2k_{\dot{\vartheta}} T_m(\xi T_i - T_m u_w^2)k_d + T_m^2(\xi^2 - u_w^2) = 0 \tag{7.5}$$

根据期望的 u_w 值，可求得相应的 k_d 值。例如，当期望的闭环回路阻尼为 $u_w = 0.707$，代入表 7 - 1 中的数据，可计算出 $k_d = 0.234$。

2. 过载回路设计

求得 k_d 值，可通过频率法或根轨迹法设计出合适的 k_p 值，接上例，求出 $k_p = 0.151$。为提高系统低频段增益，将图 7 - 5 中 k' 设计为 $\dfrac{k'(t_1 s + 1)}{t_2 s + 1}$，其中 $t_2 = k' t_1$。

图 7 - 8 是加入过载驾驶仪后的开环 Bode 图，从图中可以看到，整个稳定回路的幅值裕度为 24.9dB，相位裕度为 70.6dB。

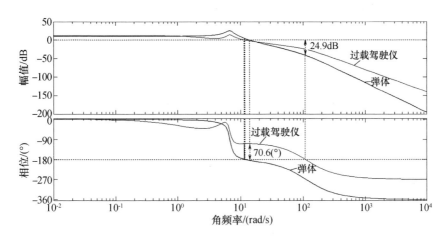

图 7 - 8　过载驾驶仪的开环 Bode 图

闭环 Bode 图主要用于求出系统的带宽,图 7 - 9 是过载驾驶仪稳定回路的闭环 Bode 图。

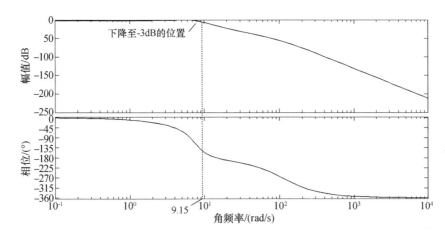

图 7 - 9　过载驾驶仪的闭环 Bode 图

从图 7 - 9 中可以看出,系统的带宽是 9. 15rad/s(1. 46Hz) 。图 7 - 10 比较了稳定回路闭环频率特性与制导回路开环频率特性,过载驾驶仪稳定回路通频带比制导回路的截止频率高出 10 倍左右,在制导回路开环对数幅频曲线的截止频率 ω_{cb} 处,稳定回路闭环频率特性只产生不到 10°的滞后。

表 7 - 2 是典型输入时的稳态误差[4],其中,ϕ 表示误差为零,ε 表示系统存在稳态误差,∞ 表示误差为无穷大。可以看出,由于二回路过载驾驶仪是零型系统,当输入为单位阶跃信号时存在跟踪误差,如图 7 - 11 所示。

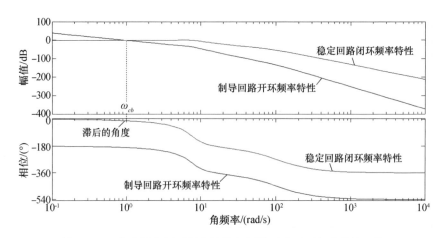

图 7 - 10　稳定回路闭环频率特性与制导回路开环频率特性比较

表 7 - 2　典型输入时的稳态误差

输入信号 系统型别	阶跃输入 位置误差	斜坡输入 速度误差	抛物线输入 加速度误差
0 型	ε	∞	∞
1 型	ϕ	ε	∞
2 型	ϕ	ϕ	ε

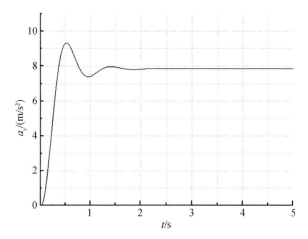

图 7 - 11　二回路过载自动驾驶仪的阶跃响应曲线图

　　为了消除驾驶仪的跟踪误差,可以加入 PI 校正环节,如图 7 - 12 所示,使过载驾驶仪结构变为 1 型系统[6]。

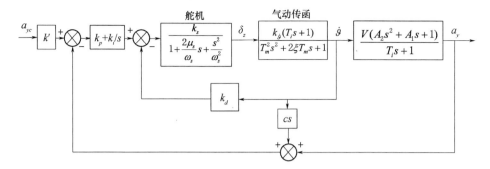

图 7 – 12 含积分校正的过载驾驶仪

7.5 三回路自动驾驶仪设计

采用三回路自动驾驶仪后,给系统内回路引入了一个俯仰角 ϑ 的反馈信息,即相当于引入了一个近似攻角 α 的反馈信息,因为纵向平面内的几何参数满足 $\vartheta = \theta + \alpha$ 的关系,但飞行速度倾角 θ 变化缓慢,故在过渡过程中 ϑ 近似 α,于是就形成一个近似与攻角 α 成比例的恢复力矩,从而有助于火箭弹的稳定。标准三回路自动驾驶仪结构框图如图 7 – 13 所示[4]。

图 7 – 13(a)是标准三回路横向自动驾驶仪的结构框图,其等效框图由图 7 – 13(b)所示,可以看出,它包括三个回路:阻尼回路、增稳回路和过载回路。阻尼回路的作用是增加系统阻尼;增稳回路可以视为一个姿态驾驶仪,可以使弹体增稳,自振频率增加,响应速度加快;外回路采用过载闭环,并且采用积分校正以减小静差。

7.5.1 系统开环传函特性分析

为便于控制系统的开环传函分析,将其框图表示为图 7 – 14,开环结构如图 7 – 15所示[7]。

图 7 – 15 中,有

$$G_1 = \frac{n_L}{\delta} = k_a \frac{A_2 s^2 + A_1 s + 1}{T_m^2 s^2 + 2\xi T_m s + 1} \tag{7.6}$$

$$G_3 = \frac{\dot{\vartheta}}{\delta} = k_{\dot{\vartheta}} \frac{T_i s + 1}{T_m^2 s^2 + 2\xi T_m s + 1} \tag{7.7}$$

系统的开环传递函数为

$$G(s) = \frac{y}{x} = -K_R \left(G_3 + \frac{G_3 \omega_I}{s} + \frac{G_1 K_A \omega_I}{s} \right) \tag{7.8}$$

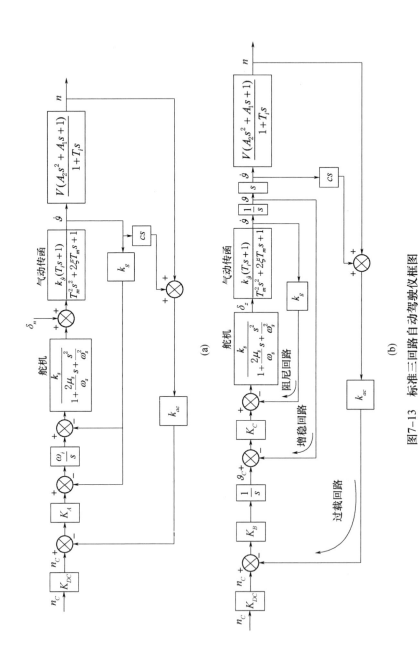

(a)

(b)

图7-13 标准三回路自动驾驶仪框图

(a) 三回路横向过载自动驾驶仪结构框图;(b) 三回路横向过载自动驾驶仪等效框图。

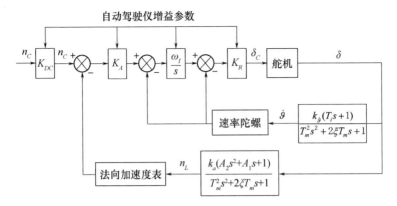

图 7 - 14　三回路自动驾驶仪框图

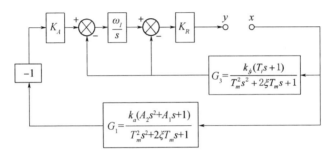

图 7 - 15　三回路自动驾驶仪的开环结构描述

经一系列运算,求得系统开环传递函数完整表达式[6]:

$$G = -K_R \omega_I K_A \left(\frac{k_{\dot{\vartheta}}}{K_A} + k_a \right) / [s(T_m^2 s^2 + 2\xi T_m s + 1)] \times$$

$$\left[1 + \frac{s(k_{\dot{\vartheta}} + \omega_I k_{\dot{\vartheta}} T_i + K_A \omega_I k_a A_1)}{\omega_I k_{\dot{\vartheta}} + K_A \omega_I k_a} + \frac{s^2(k_{\dot{\vartheta}} T_i + K_A \omega_I k_a A_2)}{\omega_I k_{\dot{\vartheta}} + K_A \omega_I k_a} \right] \quad (7.9)$$

不妨简记为

$$G = -K_0 \left(1 + \frac{2\xi_0}{\omega_0} s + \frac{s^2}{\omega_0^2} \right) / [s(T_m^2 s^2 + 2\xi T_m s + 1)] \quad (7.10)$$

式中,增益系数为

$$K_0 = K_R \omega_I K_A \left(\frac{k_{\dot{\vartheta}}}{K_A} + k_a \right) \quad (7.11)$$

分子中的系数:

$$\frac{2\xi_0}{\omega_0} = \frac{k_{\dot{\vartheta}} + \omega_I k_{\dot{\vartheta}} T_i + K_A \omega_I k_a A_1}{\omega_I k_{\dot{\vartheta}} + K_A \omega_I k_a} \quad (7.12)$$

$$\frac{1}{\omega_0^2} = \frac{k_{\dot{\vartheta}} T_i + K_A \omega_I k_a A_2}{\omega_I k_{\dot{\vartheta}} + K_A \omega_I k_a} \tag{7.13}$$

如果定义：

$$K_c = \frac{k_{\dot{\vartheta}}}{K_A k_a} \tag{7.14}$$

则

$$2\frac{\xi_0}{\omega_0} = \frac{K_c/\omega_I + K_c T_i + A_1}{1 + K_c} \tag{7.15}$$

$$\frac{1}{\omega_0^2} = \frac{K_c T_i/\omega_I + A_2}{1 + K_c} \tag{7.16}$$

如果定义中间增益参数：

$$K = K_R \omega_I K_A \tag{7.17}$$

可有

$$K_0 = K_R \omega_I K_A (k_{\dot{\vartheta}}/K_A + K_A) = K k_A (1 + K_c) \tag{7.18}$$

因为对于开环传递函数的幅频响应，在其幅值截止频率 ω_{CR} 处，相应的幅值为 1，所以如果假设开环截止频率远大于弹体的自然频率，就近似有

$$\frac{-K_0 \omega_{CR}^2/\omega_0^2}{\omega_{CR} \omega_{CR}^2 T_m^2} = \frac{-K_0}{\omega_{CR} \omega_0^2 T_m^2} \approx 1 \tag{7.19}$$

解得

$$\omega_{CR} = \frac{-K_0}{\omega_0^2 T_m^2} \tag{7.20}$$

由此可见，开环截止频率是弹体空气动力学与驾驶仪增益的函数。

7.5.2 系统闭环回路的控制参数设计

本小节从时域角度完成自动驾驶仪的参数设计[6]。根据图 7-14，写出加速度输入指令到舵偏角的传递函数如下：

$$\frac{\delta}{n'_c} = \frac{-K_A K_R \omega_I/s}{1 - K_R G_3 - (K_R \omega_I G_3/s) - (K_R \omega_I K_A G_1/s)} \tag{7.21}$$

即

$$\frac{\delta}{n'_c} = \frac{-K_A K_R \omega_I/s}{1 + G} \tag{7.22}$$

那么从加速度输入指令到飞行控制系统加速度输出的传递函数为

$$\frac{n_L}{n'_c} = \frac{\delta}{n'_c} \cdot \frac{n_L}{\delta} = \frac{-K_R \omega_I K_A / s}{1 + G} \cdot \frac{K(A_2 s^2 + A_1 s + 1)}{(1 + 2\xi T_m s + T_m^2 s^2)} \tag{7.23}$$

经运算可得

$$\frac{n_L}{n'_c} = \frac{-K_R K_A \omega_I k_a (A_2 s^2 + A_1 s + 1)/K_0}{1 + \left(2\dfrac{\xi_0}{\omega_0} - \dfrac{1}{K_0}\right)s + \left(\dfrac{1}{\omega_0^2} - \dfrac{2\xi T_m}{K_0}\right)s^2 - \dfrac{T_m^2}{K_0}s^3} \tag{7.24}$$

改写为如下标准形式：

$$\frac{n_L}{n'_c} = \frac{-K_R K_A \omega_I k_a (A_2 s^2 + A_1 s + 1)/K_0}{(1 + \tau s)\left(1 + \dfrac{2\xi_m}{\omega_m}s + \dfrac{1}{\omega_m^2}s^2\right)} \tag{7.25}$$

要使这两个传递函数相同，则必有下列三式成立

$$\tau + \frac{2\xi_m}{\omega_m} = \frac{2\xi_0}{\omega_0} - \frac{1}{K_0} \tag{7.26}$$

$$\frac{1}{\omega_m^2} + \frac{2\xi_m \tau}{\omega_m} = \frac{1}{\omega_0^2} - \frac{2\xi T_m}{K_0} \tag{7.27}$$

$$\frac{\tau}{\omega_m^2} = -\frac{T_m^2}{K_0} \tag{7.28}$$

再加上前面已经导出的截止频率表达式

$$\omega_{CR} = \frac{-K_0}{\omega_0^2 T_m^2} \tag{7.29}$$

式(7.26)~式(7.29)共 4 个方程，能求解 4 个未知量。对于给定的飞行条件，可以确定弹体的 T_m 和 ξ_m。如果指定闭环系统时域响应的时间常数 τ，阻尼比 ξ_m 以及控制系统的开环截止频率 ω_{CR}，则只剩下 4 个未知量 ω_m、ξ_0、ω_0 和 K_0。因此，这 4 个方程完全可以解出这 4 个未知量。

由式(7.29)解出 K_0，代入式(7.27)，可得

$$\frac{1}{\omega_m^2} + \frac{2\xi_m \tau}{\omega_m} = \frac{1}{\omega_0^2} + \frac{2\xi}{\omega_{CR} T_m \omega_0^2} = \frac{1}{\omega_0^2}\left(1 + \frac{2\xi}{\omega_{CR} T_m}\right) \tag{7.30}$$

代入式(7.28)可得

$$\frac{\tau}{\omega_m^2} = -\frac{T_m^2}{K_0} = \frac{1}{\omega_{CR}\omega_0^2} \tag{7.31}$$

由式(7.30)和式(7.31)可得

$$\frac{1}{\omega_m^2} + \frac{2\xi_m \tau}{\omega_m} = \frac{\omega_{CR}\tau}{\omega_m^2}\left(1 + \frac{2\xi}{\omega_{CR} T_m}\right) \tag{7.32}$$

因此可解出

$$\omega_m = \left[\omega_{CR} \tau \left(1 + \frac{2\xi}{\omega_{CR} T_m} \right) - 1 \right] / 2\xi_m \tau \tag{7.33}$$

$$\omega_0 = \frac{\omega_m}{\sqrt{\tau \omega_{CR}}} \tag{7.34}$$

由已知 ω_0、ω_m、K_0 的可解出

$$\xi_0 = 0.5\omega_0 \left[\frac{2\xi_m}{\omega_m} + \tau + \frac{1}{K_0} \right] = 0.5\omega_0 \left[\frac{2\xi_m}{\omega_m} + \tau - \frac{1}{\omega_{CR} T_m^2 \omega_0^2} \right] \tag{7.35}$$

前面已经导出

$$2\frac{\xi_0}{\omega_0} = \frac{K_C/\omega_I + K_c T_i + A_1}{1 + K_C} = a_1 \tag{7.36}$$

$$\frac{1}{\omega_0^2} = \frac{K_C T_i/\omega_I + A_2}{1 + K_C} = a_2 \tag{7.37}$$

由式(7.36)和式(7.37)可得

$$K_C = \frac{A_2 + a_1 T_i - a_2 - A_1 T_i}{a_2 - a_1 T_i + T_i^2} \tag{7.38}$$

代入 a_1、a_2，可得

$$K_C = \frac{\omega_0^2 A_2 + 2\xi_0 \omega_0 T_i - 1 - \omega_0^2 T_i A_1}{1 - 2\xi_0 \omega_0 T_i + \omega_0^2 T_i^2} \tag{7.39}$$

因为前面已知

$$K_C = \frac{K_{\dot{\vartheta}}}{K_A k_a} \tag{7.40}$$

于是可求出加速度反馈的增益系数

$$K_A = \frac{K_{\dot{\vartheta}}}{K_C k_a} \tag{7.41}$$

又由式(7.37)，可以求出积分增益系数

$$\omega_I = \frac{K_C T_i \omega_0^2}{1 + K_C - \omega_0^2 A_2} \tag{7.42}$$

由式(7.17)、式(7.18)、式(7.31)，可以求出角速率反馈增益系数

$$K_R = -\frac{\omega_m^2 T_m^2}{k_a (1 + K_C) K_A \omega_I \tau} \tag{7.43}$$

最后求出加速度指令校正系数，使得飞行控制系统对加速度的静态跟踪误差为零。也就是要使飞行控制系统闭环传递函数的增益系数为1，即

$$\frac{K_{DC} K_R K_A \omega_I k_a}{K_0} = 1 \tag{7.44}$$

于是有

$$K_{DC} = \frac{K_0}{K_R K_A \omega_I k_a} = \frac{K_0}{Kk_a} = \frac{Kk_a(1 + K_C)}{Kk_a} = 1 + K_c \tag{7.45}$$

上面给出了三回路自动驾驶仪控制参数的初步设计,实际的控制参数还要在此基础上进行数值仿真与校正,包括分析其幅值裕度和相位裕度,比如这里我们没有深入考虑法向加速度和角速率陀螺的传递函数环节(在初始设计时可以近似为1),尤其是舵机、结构滤波器等环节,可以将它们等效在回路里进行仿真与修正[6]。

7.6 横向速度驾驶仪设计

姿态驾驶仪操纵弹体运动的本质是通过弹体姿态的变化拉动速度矢量方向的变化,而速度矢量驾驶仪是直接改变速度矢量的方向,下面将这两种驾驶仪统称为横向速度驾驶仪,对应的直接产生弹体过载的驾驶仪结构称为横向过载驾驶仪。

7.6.1 姿态自动驾驶仪

姿态驾驶仪的主回路是姿态角反馈,内回路是姿态角速度反馈。采用此驾驶仪的控制回路是通过姿态角的变化来拉动速度矢量。图7-16是姿态自动驾驶仪的框图,其中舵机用二阶传递函数表示,控制增益 k_p 和 k_d 为待设计参数。

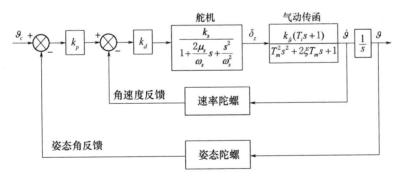

图7-16 姿态驾驶仪框图

从制导回路的角度看,姿态自动驾驶仪的基本设计思想是通过控制弹体姿态角间接控制火箭弹速度倾角,改变火箭弹速度方向,从这一点来说,姿态自动驾驶仪引入到制导外回路后相当于一个速度环,实现对火箭弹速度的间接控制,通过一次积分即可实现对火箭弹质心位置的控制,从而将火箭弹导引到目标位置处。但是姿态驾驶仪受到攻角滞后时间常数 T_i 的限制,非常慢,对制导外回路的动力学特性影响很大,因此,对于制导时间短或要求能快速响应的弹来说,其制导误差会相当大。

图 7 – 17 所示为姿态驾驶仪响应曲线,从图中可以看出,姿态角指令是单位阶跃,然后通过姿态角拉动速度矢量,即使姿态角的响应速度再快,速度倾角的响应也不会太快,其原因是姿态驾驶仪受到攻角滞后时间常数 T_i 的限制,速度倾角响应不会太快。

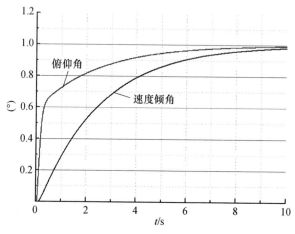

图 7 – 17　姿态驾驶仪响应曲线

7.6.2　速度矢量驾驶仪

随着弹载硬件水平的发展,特别是卫星定位系统与惯性导航技术在火箭弹制导控制系统上的应用,火箭弹速度可通过卫星定位系统或惯性导航系统测量计算得到,因此,在姿态自动驾驶仪的基础上产生了速度矢量驾驶仪,直接控制火箭弹的速度倾角,在制导外回路中形成了内回路速度环,通过一次积分实现对火箭弹质心位置的控制,如图 7 – 18 所示[5]。

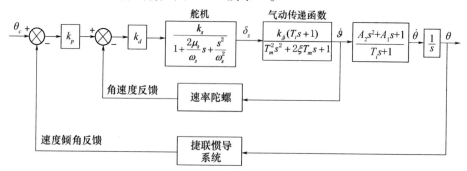

图 7 – 18　速度矢量驾驶仪结构框图

　　图7-19为速度矢量驾驶仪响应曲线。图7-20对比了速度矢量驾驶仪和姿态驾驶仪的阶跃相应曲线,可以看出,采用速度矢量驾驶仪可以加快速度矢量的变化速率,但是姿态角会出现较大的超调量。姿态驾驶仪是让姿态角跟踪单位阶跃输入指令,然后用姿态来拉动速度矢量,速度倾角较姿态角有一个 $1/(T_i s + 1)$ 的相位滞后;而速度矢量驾驶仪的是让速度倾角跟踪单位阶跃输入指令,其可使速度矢量的响应速度加快。

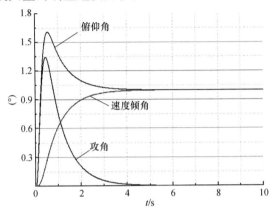

图7-19　速度矢量驾驶仪响应曲线

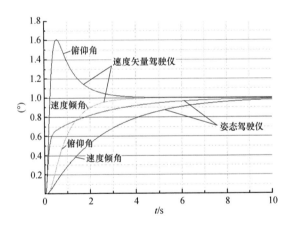

图7-20　姿态驾驶仪和速度矢量驾驶仪响应曲线对比图

7.7　滚转稳定控制回路设计

7.7.1　滚转控制方法

对于轴对称火箭弹,用改变攻角和侧滑角的方法来获得不同方向和大小的法向控制力,即用直角坐标控制方式的侧滑转弯自动驾驶仪,要求滚转角必须稳定在一定范围内,滚转稳定控制回路的作用是稳定火箭弹的滚转角位置或阻尼火箭弹的滚转角速度。

滚转稳定控制回路的基本任务是消除干扰作用引起的滚转角误差。为了稳定火箭弹的滚转角位置,要求滚转稳定回路不但是稳定的,而且稳定准确度要满足设计要求,同时其过渡过程应具有良好品质。

由第 2 章弹体特性分析结果可知,火箭弹滚转运动传递函数为

$$\frac{\dot{\gamma}(s)}{\delta(s)} = \frac{K_{DX}}{T_{DX}s + 1} \tag{7.46}$$

式中:$K_{DX} = -\dfrac{c_\delta}{c_\omega}$ 为弹体滚转运动传递系数;$T_{DX} = -\dfrac{1}{c_\omega}$ 为滚转运动时间常数。

由 $c_\omega = -\dfrac{M_x^{\omega_x}}{J_x} = -\dfrac{57.3 m_x^{\omega_x} qSL}{J_x}\dfrac{L}{2V}$,$c_\delta = -\dfrac{M_x^{\delta_x}}{J_x} = -\dfrac{57.3 m_x^{\delta_x} qSL}{J_x}$,可得

$$K_{DX} = -\frac{c_\delta}{c_\omega} = -\frac{m_x^{\delta_x}}{m_x^{\omega_x}}\frac{2V}{L} \tag{7.47}$$

$$T_{DX} = -\frac{1}{c_\omega} = -\frac{57.3 J_x}{m_x^{\omega_x} qSL}\frac{2V}{L} \tag{7.48}$$

由此可见,弹体滚转运动参数是变化的,其中,传递函数 K_{DX} 仅与火箭弹速度 V 有关,变化范围较小,而时间常数与弹道高度(表现为大气密度的变化)、火箭弹速度 V 都有关系,变化范围较大。

由弹体滚转运动的传递函数可知,在常值扰动舵偏转角 δ_x 作用下,稳态时将以转速 $K_{DX}\delta_x$ 旋转,而滚转角 γ 将线性增加,所以保持滚转角位置的稳定,采用开环控制是不行的,只能采用闭环控制。

典型的滚转角稳定回路如图 7 – 21 所示。

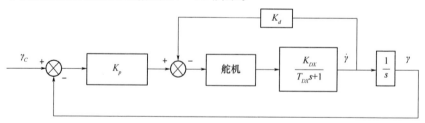

图 7 – 21　滚转角稳定控制回路框图

7.7.2　ITAE 设计法应用于滚转自动驾驶仪

1. ITAE 最优性能指标

对一个阶次较低的控制系统的动态品质,可以用超调量、阻尼以及调节时

间等参数来衡量。因此,在工程上常用系统的瞬时输出误差的泛函指标来表示控制系统品质的优劣。输出误差的泛函可取为输出误差的积分、输出误差平方的积分等几种,在工程上用得较多的是 ITAE 泛函指标,即积分时间绝对值误差指标:

$$J = \int_0^T t \mid e(t) \mid \mathrm{d}t \tag{7.49}$$

式中:J 为目标泛函;T 为积分时间;$e(t)$ 为输出误差信号。

2. ITAE 最优传递函数设计方法

ITAE 最优传递函数设计的基本思路是采用优化方法,找出能使目标函数 J 达到最小值时,所对应的系统闭环传递函数,即最优传递函数 $\phi_y(s)$,再通过补偿措施,使待设计系统的闭环传递函数等于 $\phi_y(s)$ [8]。

目标函数采用式(7.50)所表示的 J,借助计算机求解,可得到使 J 达到最小的最优传递函数。下面列出它们的标准形式。

由于滚转运动传递函数为 Ⅰ 型系统,下面仅给出阶跃输入 ITAE 最优传递函数(Ⅰ型系统)的标准形式:

$$\phi_{y1}(s) = \frac{\alpha_0}{s^n + \alpha_{n-1}s^{n-1} + \cdots + \alpha_1 s + \alpha_0} \tag{7.50}$$

表 7 – 3 列出阶跃输入 ITAE 最优传递函数 $\phi_{y1}(s)$ 分母多项式的标准数值对应关系式。

表 7 – 3　$\phi_{y1}(s)$ 分母的标准形式

$s^2 + 1.41\omega_n s + \omega_n^2$
$s^3 + 1.75\omega_n s^2 + 2.15\omega_n^2 s + \omega_n^3$
$s^4 + 2.1\omega_n s^3 + 3.4\omega_n^2 s^2 + 2.7\omega_n^3 s + \omega_n^4$

从表中数据可以看出,最优传递函数只需选一个参数 ω_n,它主要根据过渡时间 t_n 的要求来决定。

对 Ⅰ 型系统 $\phi_{y1}(s)$ 而言,ω_n 与 t_n 的近似关系是

$$\omega_n = (6 \sim 8)/t_n \tag{7.51}$$

具体设计步骤:根据系统的类型,直接将 ITAE 最优传递函数写出来,根据系统过渡过程时间 t_n 的要求,利用近似关系式(7.52),确定 ω_n 值,再将 ω_n 代入最优传递函数表达式,就可以获得最优传递函数的实际表达式。

7.7.3　设计实例

滚转控制采用 PD 控制,即 $\delta_x = k_p\gamma + k_d\dot{\gamma}$,由图 7 – 21 得到滚转控制回路闭环系统传递函数的分母形式为

$$s^2 + \frac{(k_d K_{DX} + 1)}{T_{DX}}s + \frac{k_p K_{DX}}{T_{DX}} \tag{7.52}$$

通过合理地选取控制参数 k_p、k_d，使得闭环传递函数的分母达到标准形式，如 $s^2 + 1.41\omega_n s + \omega_n^2$。

对所给的某一特征点参数（$K_{DX} = 1991$，$T_{DX} = 9.7$）进行自动驾驶仪设计，得到 $k_p = 0.18$，$k_d = 0.032$。图 7-22 给出了滚转自动驾驶仪开环 Bode 图，图 7-23 所示为滚转控制阶跃响应曲线。

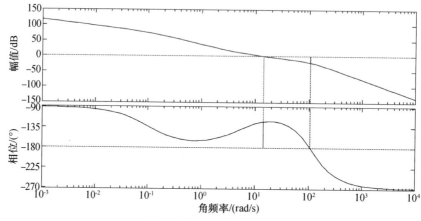

图 7-22　滚转控制 Bode 图

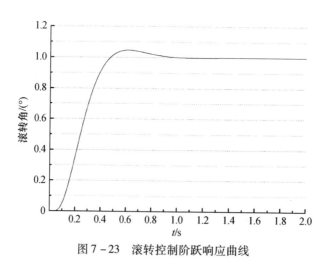

图 7-23　滚转控制阶跃响应曲线

7.8　数字式自动驾驶仪设计

自动驾驶仪是根据制导指令正确而快速地操纵火箭弹飞向目标,对其控制精度和快速响应性都有较高的要求。以往的自动驾驶仪大多采用模拟电路,控制方案由模拟硬件来完成,且控制功能必须与硬件一一对应,改变控制方案就必须更换模拟硬件,存在通用性差、控制结构和控制算法升级困难等缺点,更限制了先进控制算法的应用。用高性能数字处理器芯片设计数字化自动驾驶仪,取代原来的由模拟硬件组成的系统,情况就会大大改观。

数字式自动驾驶仪与传统模拟自动驾驶仪相比有着明显的优越性:①系统控制精度高;②系统修改、升级方便;③易于采用先进的控制算法;④系统抗干扰能力强、工作可靠性高;⑤易于实现系统通用化、系列化设计;⑥系统开发周期短、成本低;⑦系统尺寸小、重量轻。

数字式自动驾驶仪通常有两种设计方法:一种是模拟化设计方法,即在一定的条件下近似地把它看成模拟系统,用连续变化的模拟系统分析工具进行动态分析和设计,将整个回路当成连续系统在连续域内进行设计,然后把得到的连续控制算法变换为离散算法在计算机上加以实现,当已有现成的域内控制律时,可进行直接离散化;另一种是离散化设计方法,将系统经过适当变换将其变成"纯粹"的离散系统,用变换等工具进行分析和设计,直接得出由计算机实现的离散算法。模拟化设计方法理论很成熟,设计过程比较简单,也是最常用的方法。

7.8.1　传递函数与 z 传递函数间的相互转换

当计算机控制系统的采样角频率 ω_s 较系统的通频带 ω_m 高 10 倍以上,即 $\omega_s > 10\omega_m$ 时,离散的计算机控制系统可以按照连续系统的办法进行设计,根据性能指标要求,设计出校正网络 $D(s)$,然后用数字滤波器实现的方法,离散校正网络 $D(s)$,得 $D(z)$,由计算机予以实现[9]。传递函数与 z 传递函数间的相互转换,可以看作是模拟滤波器与数字滤波器之间的转换,通常有零极点匹配法、零阶保持器法和双线性变换法。

1. 零极点匹配法

设 $D(s)$ 的零极点已知

$$D(s) = \frac{K_s(s + z_1)(s + z_2)\cdots(s + z_m)}{(s + p_1)(s + p_2)\cdots(s + z_n)} \tag{7.53}$$

根据定义 $z = e^{sT}$,直接将 s 平面上的零点($s = -z_i$)和极点($s = -p_i$)一一对应地映射为 z 平面上的零点($z = e^{-z_iT}$)和极点($z = e^{-p_iT}$),其中 T 为采样周期。

若式(7.53)中 $n > m$,即极点个数多于零点个数时,相当于在 s 平面上的无穷远处,即 $s = j\omega$,ω 趋于无穷大,存在个 $n - m$ 零点。

由于 $z = e^{j\omega T}$,z 是 ω 周期函数,若系统工作在主频区,即 $-\pi/T \leqslant \omega \leqslant \pi/T$,所以 ω 趋于无穷大,就可看作 ω 趋于 π/T,因而相当于 z 趋于 -1。因此 s 平面上的无穷远零点,可用 z 平面上的 $z = -1$ 来匹配。

z 传递函数中的增益 K_z 可以用某个特征频率,如 $\omega = 0$ 来确定,则

$$D(s)\mid_{s=0} = D(z)\mid_{z=1} \tag{7.54}$$

由式(7.55)可求得K_z。

用零极点匹配法变换式(7.54),可得

$$D(z) = \frac{K_z(z - \mathrm{e}^{-z_1 T})(z - \mathrm{e}^{-z_2 T})\cdots(z - \mathrm{e}^{-z_m T})(z + 1)^{n-m}}{(z - \mathrm{e}^{-p_1 T})(z - \mathrm{e}^{-p_2 T})\cdots(z - \mathrm{e}^{-p_n T})} \tag{7.55}$$

2. 零阶保持器法

在计算机控制系统中一个连续的传递函数$G(s)$前加有零阶保持器,然后将其离散化成$HG(z)$,如图7-24所示。

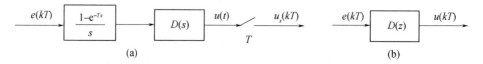

图7-24 零阶保持器的模型转换

对于带有零阶保持器的$G(s)$,其输出量的采样值$u_s(kT)$应该与离散化以后的输出响应$u(kT)$相等,即$u(kT) = u_s(kT)$,于是

$$HG(z) = Z\left[\frac{1 - \mathrm{e}^{-sT}}{s}G(s)\right] \tag{7.56}$$

或

$$HG(z) = (1 - z^{-1})Z\left[\frac{G(s)}{s}\right] \tag{7.57}$$

3. 双线性变换法

双线性变换法又称Tustin变换或称梯形积分法。由z变换定义

$$z = \mathrm{e}^{sT} = \frac{\mathrm{e}^{sT/2}}{\mathrm{e}^{-sT/2}} \tag{7.58}$$

由泰勒级数知

$$\mathrm{e}^{sT/2} \approx 1 + sT/2 \tag{7.59}$$

$$\mathrm{e}^{-sT/2} \approx 1 - sT/2 \tag{7.60}$$

由式(7.59)、式(7.60)和式(7.61)可得

$$z \approx \frac{1 + Ts/2}{1 - Ts/2} \tag{7.61}$$

由式(7.62)可得

$$s \approx \frac{2}{T} \frac{z - 1}{z + 1} \tag{7.62}$$

或

$$s \approx \frac{2}{T} \frac{1 - z^{-1}}{1 + z^{-1}} \tag{7.63}$$

有了式(7.62)和式(7.63)或式(7.64)的转换关系,便可实现 $D(s)$ 和 $D(z)$ 之间的转换。

设已知传递函数

$$D(s) = \frac{B_0 + B_1 s + B_2 s^2 + \cdots + B_n s^n}{A_0 + A_1 s + A_2 s^2 + \cdots + A_n s^n} \tag{7.64}$$

则 $D(s)$ 离散化后的 z 传递函数

$$D(z) = D(s) \mid_{s \approx \frac{2}{T} \frac{1 - z^{-1}}{1 + z^{-1}}} = \frac{b_0 + b_1 z^{-1} + b_2 z^{-2} + \cdots + b_n z^{-n}}{1 + a_1 z^{-1} + a_2 z^{-2} + \cdots + a_n z^{-n}} \tag{7.65}$$

7.8.2　由 z 传递函数建立离散状态差分方程组

一个线性离散系统可以用 z 传递函数来表征,已知系统的 z 传递函数,便可以建立该系统的离散状态差分方程组,便于编程使用。通常采用嵌套程序法由 z 传递函数建立离散状态差分方程组。

设系统的 z 传递函数为

$$G_c(z) = \frac{Y(z)}{U(z)} = \frac{b_0 z^n + b_1 z^{n-1} + \cdots + b_n}{z^n + a_1 z^{n-1} + \cdots + a_n} \tag{7.66}$$

或

$$G_c(z) = \frac{Y(z)}{U(z)} = \frac{b_0 + b_1 z^{-1} + \cdots + b_n z^{-n}}{1 + a_1 z^{-1} + \cdots + a_n z^{-n}} \tag{7.67}$$

由式(7.68)可得

$$Y(z) + a_1 z^{-1} Y(z) + \cdots + a_n z^{-n} Y(z)$$
$$= b_0 U(z) + b_1 z^{-1} U(z) + \cdots + b_n z^{-n} U(z) \tag{7.68}$$

$$Y(z) = b_0 U(z) + z^{-1} [b_1 U(z) - a_1 Y(z)] + z^{-2} [b_2 U(z) - a_2 Y(z)]$$
$$+ \cdots + z^{-n} [b_n U(z) - a_n Y(z)] \tag{7.69}$$

写成嵌套形式,得

$$Y(z) = b_0 U(z) + z^{-1} \{ [b_1 U(z) - a_1 Y(z)] + z^{-1} [b_2 U(z) - a_2 Y(z)]$$
$$+ z^{-1} [b_3 U(z) - a_3 Y(z)] + \cdots \} \tag{7.70}$$

选择状态变量如下:

$$\begin{cases} X_n(z) = z^{-1}[\, b_n U(z) - a_n Y(z)\,] \\ X_{n-1}(z) = z^{-1}[\, b_{n-1} U(z) - a_{n-1} Y(z) + X_n(z)\,] \\ \qquad\qquad \vdots \\ X_2(z) = z^{-1}[\, b_2 U(z) - a_2 Y(z) + X_3(z)\,] \\ X_1(z) = z^{-1}[\, b_1 U(z) - a_1 Y(z) + X_2(z)\,] \end{cases} \tag{7.71}$$

由式(7.70)得

$$Y(z) = b_0 U(z) + X_1(z) \tag{7.72}$$

将式(7.73)代入式(7.72),并作反变换,可得差分方程组

$$\begin{cases} x_n(kT + T) = -a_n x_1(kT) + (b_n - a_n b_0)u(kT) \\ x_{n-1}(kT + T) = -a_{n-1} x_1(kT) + x_n(kT) + (b_{n-1} - a_{n-1} b_0)u(kT) \\ \qquad\qquad \vdots \\ x_2(kT + T) = -a_2 x_1(kT) + x_3(kT) + (b_2 - a_2 b_0)u(kT) \\ x_1(kT + T) = -a_1 x_1(kT) + x_2(kT) + (b_1 - a_1 b_0)u(kT) \\ y(kT) = x_1(kT) + b_0 u(kT) \end{cases}$$

$$\tag{7.73}$$

算例 设滞后校正环节为

$$G_c(s) = \frac{k_c(T_s + 1)}{T_2 s + 1}$$

试求其差分方程形式。

解:设 $G_c(s) = \dfrac{Y(s)}{U(s)} = \dfrac{k_c(T_1 s + 1)}{T_2 s + 1}$,有

$$T_2 Y(s)s + Y(s) = k_c T_1 U(s)s + k_c U(s)$$

应用双线性变换:

$$s \approx \frac{2}{T} \frac{1 - z^{-1}}{1 + z^{-1}}$$

可得

$$Y(z) = \frac{2k_c T_1 + k_c T}{T + 2T_2} U(z) + z^{-1} \left[\frac{k_c T - 2k_c T_1}{T + 2T_2} U(z) - \frac{T - 2T_2}{T + 2T_2} Y(z) \right]$$

设

$$X(z) = z^{-1} \left[\frac{k_c T - 2k_c T_1}{T + 2T_2} U(z) - \frac{T - 2T_2}{T + 2T_2} Y(z) \right]$$

有

$$Y(z) = \frac{2k_c T_1 + k_c T}{T + 2T_2} U(z) + X(z)$$

令

$$p_1 = \frac{2k_c T_1 + k_c T}{T + 2T_2}$$

$$p_2 = \frac{k_c T - 2k_c T_1}{T + 2T_2}$$

$$d_{21} = \frac{T - 2T_2}{T + 2T_2}$$

则有

$$x(kT + T) = p_2 u(kT) - d_{21} y(kT)$$

$$y(kT) = p_1 u(kT) + x(kT)$$

7.8.3 时延补偿

数字式自动驾驶仪中采样保持及计算延对系统动特性会产生不良影响,必须进行适当的补偿[10]。A/D 及 D/A 变换,以及实时处理信号均需要时间,考虑到计算时延,以 T_c 表示。加上假设采样保持的时延为 $\frac{T}{2}$,即得总的系统时延 T_s 为

$$T_s = T_c + \frac{T}{2} \tag{7.74}$$

这一时延将影响稳定控制系统动特性。例如:若稳定控制系统开环交接频率为 ω_c,则由于时延 T_s 将会在 ω_c 处产生相位滞后角 $\omega_c T_s$。设稳定控制系统的 ω_c 为 7rad/s,采样频率为 10ms,系统实时处理时间 $T_c = 0.005$s,则在 ω_c 处将产生的相位滞后角为

$$\omega_c T_s = 7 \times \left[0.005 + \frac{1}{2} \times (0.01) \right] = 0.07 \text{rad} \approx 4 \tag{7.75}$$

对于制导火箭弹这种弱阻尼的控制系统,必须适当补偿由此造成的相移。

假设计算时延已达到整个采样周期的时间,即 $T_c = T$,则总的时延可用如下传递函数表示[10]:

$$WCH = \frac{1}{T_s} \left[e^{-T_s} (1 - e^{-T_s}) \right] \tag{7.76}$$

为了补偿上式所引起的相位滞后,可采用拉格朗日差值公式。用三点外推法,根据当前值、前一拍和前二拍的计算值,差值 1.5 倍周期的数值,作为本周期的函数。设 x_n 在时刻 nT、$(n-1)T$、$(n-2)T$ 的值为 $y(n)$、$y(n-1)$、$y(n-2)$,则应找出 $(n+1.5)T$ 时的函数值 $y'(n)$ 以补偿式(7.77)所产生的相位滞后。

$$y'(n) = \frac{(x-x_{n-2})(x-x_{n-1})}{(x_n-x_{n-2})(x_n-x_{n-1})}y(n) +$$

$$\frac{(x-x_{n-2})(x-x_n)}{(x_{n-1}-x_{n-2})(x_{n-1}-x_n)}y(n-1) +$$

$$\frac{(x-x_{n-1})(x-x_n)}{(x_{n-2}-x_{n-1})(x_{n-2}-x_n)}y(n-2)$$

$$= 4.375y(n) - 5.25y(n-1) + 1.875y(n-2) \tag{7.77}$$

式(7.78)为数字补偿器的差分方程形式,其 z 传递函数为

$$W_{com}(z) = 1.875(z^{-2} - 2.8z^{-1} + 2.333) \tag{7.78}$$

应用双线性变换,将 $z^{-1} = (2-Ts)/(2+Ts)$ 及 $z^{-1} = (z-Ts)/(2+Ts)$ 代入上式,即可得 s 域内的相位超前补偿网络。

$$W_{com}(s) = \frac{7.75T^2s^2 + 6Ts + 2}{(Ts+2)(Ts+1)} \tag{7.79}$$

表 7-4 罗列了若干超前补偿网络的传递函数,可根据实际需要进行选取。

表 7-4　超前补偿网络的传递函数

超前周期	z 域传递函数	s 域传递函数
$1T$	$3 - 3z^{-1} + z^{-2}$	$\dfrac{5T^2s^2 + 5Ts + 2}{(Ts+2)(Ts+1)}$
$1.25T$	$1.40625z^{-2} - 4.0625z^{-1} + 3.65625$	$\dfrac{6.3125T^2s^2 + 5.489Ts + 2}{(Ts+2)(Ts+1)}$
$1.5T$	$1.875z^{-2} - 5.25z^{-1} + 4.375$	$\dfrac{7.75T^2s^2 + 6Ts + 2}{(Ts+2)(Ts+1)}$
$2T$	$3z^{-2} - 8z^{-1} + 6$	$\dfrac{11T^2s^2 + 7Ts + 2}{(Ts+2)(Ts+1)}$
$2.5T$	$4.375z^{-2} - 11.25z^{-1} + 7.875$	$\dfrac{14.75T^2s^2 + 8Ts + 2}{(Ts+2)(Ts+1)}$

7.9 弹性弹体自动驾驶仪设计

火箭弹在飞行过程中要承受很大的冲击与过载,弹体不可避免地会出现弹性振动现象。弹体弹性振动的振幅和频率很大程度上由弹体的结构和外界的激励所决定,当振动幅度较小时往往不会对系统安全产生影响,但是如果弹体固有频率与系统中的激励频率相近时,则会对系统安全性和可靠性产生很大的危害。

野战火箭弹一般长细比较大、结构刚度较小,固有振动频率较低,弹体低阶振动模态容易受到外界干扰的激励,产生较大的振动。弹性振动严重时,控制系统有可能在振动频率处形成正反馈,控制系统失稳。此时,通过测量元件进入控制装置的弹性振动信号较大,可能会导致伺服机构进入饱和状态,从而阻塞刚性弹体的姿态控制信号,使得刚性弹体失控。因此,必须使弹性振动的幅值稳定在某一范围,即对弹性振动的激励小于弹性振动在固有阻尼下的衰减,而弹性振动幅值是否稳定依赖于弹性振动固有阻尼和控制系统对弹性振动信号的足够的衰减。

下面给出一个例子进行说明。图 7 - 25 给出了刚性弹体、弹性弹体和总弹体 Bode 图,仅考虑刚性弹体时,幅频特性曲线上仅在 $\omega = 6.9\text{rad/s}$ 处出现峰值,考虑弹性弹体影响后,弹体传递函数增加了一个高频极点($\omega = 154\text{rad/s}$ 幅频特性曲线上第二个峰值点频率),对控制系统带宽和稳定性必然带来很大的影响,必须予以消除。

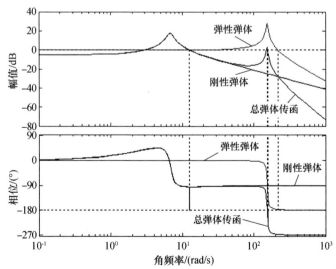

图 7 - 25   刚性弹体、弹性弹体和总弹体 Bode 图

对火箭弹进行控制系统设计时,当弹体一阶弹性频率 ω_N 与稳定控制系统截止频率 ω_{CT} 存在如下关系: $\omega_N/\omega_{CT} > 10 \sim 13$,可采用幅值稳定方法来消除弹体弹性振动的影响,即设计凹陷滤波器,使其与弹体一阶弹性振型相协调,消去 ω_N 处的谐振峰。

凹陷滤波器设计的基本原理是用凹陷滤波器的零点与弹体弹性的高频极点对消,因此,设计凹陷滤波器时,首先是要确定弹性弹体传函,据此确定凹陷滤波器零点的位置,假定滤波器增益为1,凹陷滤波器传函可以表示为:

$$G_F(s) = \frac{\dfrac{s^2}{\omega_1^2} + \dfrac{2\xi_1}{\omega_1}s + 1}{\dfrac{s^2}{\omega_2^2} + \dfrac{2\xi_2}{\omega_2}s + 1} \qquad (7.80)$$

设计的一般原则:分子参数的选取应使分子的时间常数 $1/\omega_1$ 接近于 $1/\omega_N$ (ω_N 为弹体弹性振动一阶频率),阻尼系数 ξ_1 接近弹体弹性结构阻尼;确定分母参数时,重点是保证滤波器凹陷部分有足够的宽度和深度,同时还要考虑不能在低频相位上引起太大滞后。

仍以上述的例子进行说明。图 7 - 26 所示为加入凹陷滤波器后的弹体 Bode 图,从图中可以看到,采用凹陷滤波器后,能消去弹性弹体在高频处产生的谐振峰,同时在低频段对总弹体传函基本没有影响。

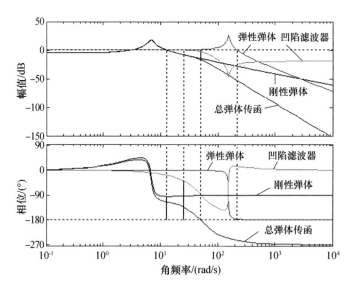

图 7 - 26　加入凹陷滤波器后的弹体 Bode 图

参考文献

［1］程云龙. 防空导弹自动驾驶仪设计［M］. 北京:宇航出版社,1993.

［2］孟秀云. 导弹制导与控制系统原理［M］. 北京:北京理工大学出版社,2003.

［3］陈佳实. 导弹制导和控制系统的分析与设计［M］. 北京:宇航出版社,1984.

［4］于秀萍,刘涛. 制导与控制系统［M］. 哈尔滨:哈尔滨工程大学出版社,2013.

［5］Garnell P,Qi Zaikang,Xia Qun li. Guided Weapon Control Systems (second revision) ［M］. Beijing Institute of Technology, 2004.

［6］王娟利. 大气层内制导火箭制导控制技术研究［D］. 北京理工大学,2007.

［7］刘新建. 导弹总体分析与设计［M］. 长沙:国防科学技术大学出版社,2006.

［8］杨军,杨晨,段朝阳,等. 现代导弹制导控制系统设计［M］. 北京:航空工业出版社,2005.

［9］何克忠,李伟. 计算机控制系统［M］. 北京:清华大学出版社,1998.

［10］张明廉. 飞行控制系统［M］. 北京:航空工业出版社,1994.

第8章
先进控制方法在制导控制系统中的应用

目前,火箭弹控制系统主要是利用经典的单回路频域或根轨迹方法进行设计,采用线性化处理、多模态控制律以及变参数技术等方法,通过数学仿真、地面半实物仿真及实际飞行试验等手段进行调整,最终得到性能较好的控制系统。然而,随着对制导控制系统性能的要求不断提高,常规的线性控制方法已很难满足实际需要,这是由于火箭弹本身具有复杂的非线性动态特性,这种非线性来源于六自由度运动的非线性耦合以及气动力和力矩随飞行变化的非线性。因此,以非线性模型为设计对象的制导控制系统的设计与实现技术,将成为先进控制方法发展和应用中的一项关键技术。随着微电子技术和惯性导航技术的不断发展,火箭弹上开始普遍采用高性能弹载计算机和捷联惯性导航系统组成的控制系统,这意味着可以采用比较复杂的控制算法,而不必在模拟体制下局限于控制方式的物理可实现性,也为变结构控制、动态逆控制及自抗扰控制等新型控制算法的工程应用奠定了坚实的物理基础。

8.1 概述

火箭弹是一个非线性时变的控制对象,其动力学特性随着飞行速度、飞行高度、弹体质心和压力中心、阵风干扰等多种因素的变化而变化。传统上,一般采用系数冻结法,针对几个有代表性的特征气动点进行自动驾驶仪设计,设计好以后,按典型弹道进行全弹道仿真试验,以验证设计的合理性。火箭弹按照预定弹道和飞行方案飞行时,驾驶仪的控制参数根据预定方案的变化而变化,一般能够满足控制品质要求。对于火箭弹飞行过程中的不确定性,一般解决问题的思路是,通过对飞行环境预测和测量组件的引入降低模型的不确定性,按照经典方法(包括时域、频域和根轨迹法)对确定的线性化模型进行设计,以稳定裕度来考虑不确定问题,这是最为普遍而实用的设计方法[1]。这样设计的自动驾驶仪,一方面要满足在各个特征点上均具有良好的动态特性,另一方面还要满足抗干扰和参数变化的要求,无法在所有的气动点都取得最佳的动态特性,只能在设计时进行折中处理,并确保系统具有一定的稳定裕度。

经典设计方法中的稳定裕度设计是以系统模型不确定性和干扰较小为前提的,当模型不确定性和干扰超过一定的范围,采用经典控制方法设计的自动驾驶仪就可能因为鲁棒性较差而难以保证控制系统的设计指标。例如当火箭弹攻角加大时,气动增益与攻角的增加不再是线性关系,用于经典设计方法中的线性化假设不再成立;另外,再入阶段的飞行高度和飞行速度变化较大时,动压会有很大变化,气动参数变化剧烈(有时气动增益的变化率可以超过 100 倍);再有,火箭弹结构不对称也会有影响,通道间存在强耦合,模型具有很大的不确定性。除了上述环境和条件引起的不确定性外,通常还存在系统数学建模中所忽略的因素,因而不确定系统的鲁棒设计就显得尤为值得关注。而近年来各种先进控制方法在理论和应用方面都得到了迅速发展,为控制系统的设计提供了新的解决途径。

制导火箭弹是现代战争条件下实施精确打击的重点武器,具有射程远和命中精度高的主要特点。为了实现更高的技术指标,制导火箭弹的飞行包络不断扩大,无论从飞行高度还是飞行速度的跨度都突破了传统火箭弹全程单工况运行的情况,火箭弹的动态特性变化范围增大。

对于制导火箭弹而言,以控制回路为核心的控制系统设计是保证火箭弹能够按照预定弹道飞行的核心。为了保证火箭弹能够尽可能地精确跟踪理想弹道,对于控制器的设计提出了一定的品质要求,而且期望当飞行环境及动力学特性与理想值有一定差异时,这种品质还能在一定程度上得到满足,这就是通常对于控制回路的动态特性与鲁棒性要求。

与控制其他工业过程对象一样,在研究火箭弹的控制之前,首先需要对被控对象的特性有一个比较清晰的了解。火箭弹的主要特点是动态响应比较快,而且控制采样周期很小,而可用信息主要包括姿态角、姿态角速度、过载及速度等信息,控制的目标是在保证姿态稳定的前提下保证能够跟踪一定的程序信号。相对来说,在所有这些特点中,最显著的特点就是采样控制周期很短,在这个周期下得到的火箭弹小扰动离散模型往往具有非最小相位或者临界非最小相位特性。在这样短的周期情况下,还没有纯粹现代数字控制方法的成功应用。相反,对于连续控制器这样的采样周期是有利的,尤其是对于 PID 控制,只需要把原来的连续形式在采样控制时刻进行数字实施就可以了[2]。

由于 PID 控制器的结构过于简单,没有充分利用被控对象的结构信息,而且使用线性反馈,使得反馈效率提升的程度有限,在目前火箭弹的工程应用上,传统的 PID 控制一般效果还比较理想,但是随着制导技术对命中精度和落角姿态等要求的不断提高,其很可能无法满足快速性和高精度等控制系统动态品质要求,从而无法明显降低脱靶量,因此探索新型控制算法在制导控制系统中的工程应用还是很有意义的。

当前先进的控制方法主要有自适应控制、鲁棒控制、智能控制、变结构控制、动态逆控制和自抗扰控制等,下面对它们在飞行控制中的应用进行评述。

1. 自适应控制

自适应控制也是一种反馈控制,但它不是一般的系统状态反馈或系统输出反馈,而是一种比较复杂的反馈控制。自适应控制系统很复杂,即使对于线性定常的控制对象,其自适应控制也是非线性时变反馈控制。所以设计自适应控制比设计一般的反馈控制要复杂得多。

自适应自动驾驶仪大体上分为两类:一类是模型参考自适应自动驾驶仪,它又分为显式识别参数和隐式识别参数两种。隐式识别参数自适应控制系统的特点是设置一个理想模型,表示自动驾驶仪所期望的最佳特性,系统不对飞行条件引起的参数变化进行直接测量,而是根据自动驾驶仪的实际输出与参数模型输出进行比较,得到误差信号,通过自适应机构,调节反馈增益与信号,消除误差;显示识别装置参数自适应控制系统是直接按测量数据估值测得弹道参数,并利用估值去调节反馈增益使自动驾驶仪响应在整个弹道上都满足某些规定的性能要求。把显式识别参数和隐式识别参数两种方式相结合就形成了另一类具有辨识的可调模型自适应自动驾驶仪。

自适应控制是通过引进参数辨识环节,对于被控对象的典型特征参数进行在线估计,利用这个估计的结果在线计算变化的控制规律。显然,自适应参数辨识环节在其中起着举足轻重的作用。按理说,这种方法由于具有很强的自调节能力,应该更加适应环境的变化,并且由于能够更多地利用被控对象模型的信息,对于产生高品质的控制很有好处。但是从目前的工程应用来看,在真正工程场合得到应用的只是电力、热工、化工等领域,它们都有以下显著的特点:都是慢动态缓漂移非快速采样过程,动态响应时间一般都在分钟级以上,而采样控制时间都在1s以上,采用基于自适应思想的优化控制可以有效地对付这类大时间延迟过程,而PID控制在这方面则明显不足。

目前比较成功的自适应算法工程应用的采样周期至少都是秒级的,当控制周期相对于被控对象的时间常数很小时,数字控制器设计比连续控制器设计的数字实现方式更容易产生抖动。需要提及的是,即使被控系统本身是线性的,在自适应反馈作用下,闭环控制系统也会变成高度非线性与非平稳的时变随机动力系统,这也是工程上需要尽量回避的,特别是对于快变过程,因此这也限制了自适应控制在必须考虑稳妥性的制导领域的应用,不太适用于火箭弹控制。

2. 鲁棒控制

鲁棒控制的核心思想就是在已知对象特性的变化范围之后设计固定参数

的控制器确保当对象在这个范围内摄动时动态性能能够满足一定指标,利用小扰动模型设计的高阶控制器或者基于非线性模型的非线性控制器都可以划入这个领域。目前比较常用的鲁棒设计方法包括 H_∞ 控制、μ 分析、定量反馈技术(QFT)等方法,但也可以把传统的固定参数控制器都看作鲁棒设计,尽管它们在设计的过程中没有直接考虑不确定性的影响,但是在设计结束之后一般都需要对稳定裕度进行计算,以作为指标是否实现的标志,否则重新进行设计,而且所得到的控制器具有固定结构和参数,也可视作鲁棒控制,如传统的 PID 控制、极点配置控制、LQG 控制和预测控制等。

用 H_∞ 控制理论设计自动驾驶仪的控制系统,是基于标准弹道上某些特征点的数学模型设计的。由于 H_∞ 控制的最优敏感性特点,即干扰在输出上影响最小,这样就可以使火箭弹在飞行时由于作战空域较大、气动力及力矩系数变化较严重引起的较大的模型变化,在允许的模型变化范围内能保证系统的鲁棒性要求。近年来,应用 H_∞ 控制理论解决模型不确定性和外部摄动问题的控制技术发展很快,并显示出极大的优越性。

在使用传统的 PID 控制时,微分环节就是角速度反馈,由于火箭弹的自身阻尼特性很差,通过这个反馈可以极大地改善火箭弹的阻尼特性,然后再以此为基础设计角度回路就可以得到比较理想的期望响应。以线性控制为例,忽略具体的设计步骤,可以发现除了 PID 控制以外,其他鲁棒控制方法得到的都是高阶次的线性控制器,在数字实现时都可以转变为输入输出信号的差分形式。对于这种线性控制器,一般都不期望控制器的阶次或者参数太多,阶次最好是 1 次或者 2 次,否则与对象的非线性及不确定性交连可能会产生意料之外的复杂非线性动力学,严重时会导致回路的混沌现象甚至不稳定现象,也就是整个回路比较脆弱,因为控制器形式过于复杂,引起整个回路存在一些不确定因素,此时可能存在距离期望特性很远的“黑洞”,也就是很小的不确定性会引起性能的极大差异,这应是工程设计所回避的。一般来说,控制器参数对于回路特性的影响具有非线性作用,当参数越多时,这种影响越复杂,并且性能上更容易出现在一定范围内出现剧烈的波峰波谷现象。可以说,控制器越复杂,这种情况发生的可能性就越大,从总体上来说,控制器的鲁棒性与它的复杂程度成反比。从因果关系上来看,越复杂的控制器在设计时越依赖于对象的结构和参数,因此鲁棒性下降是必然的[3]。

如前所述,尽管复杂的控制器一般不可能带来更高的鲁棒性,但为了在导引阶段获得更好的控制品质以保证足够的命中精度,使用复杂控制具有改善动静态品质的可能。高阶控制的核心思想就是期望利用输入输出时间序列所提供的更多信息,实现被控对象控制品质的提高。

鲁棒控制可以采用离散域和连续域两种设计方法。前者直接针对离散化后的被控对象数学模型进行控制律设计,可直接在数字计算机上得到实现;而后者在设计阶段不考虑采样周期的影响,完全针对连续对象设计连续形式的控制器,最后在实现时可以采用连续形式的数字实现方式,也可以采用等效的采样数字控制器形式。先进控制方法特别是直接的数字控制方法难以直接在火箭弹控制上得到工程应用的一个根本原因就是由于火箭弹控制的周期过短,短时间内的输出信息提供的变化信息很少,加上敏感器对于这些变化的延迟、畸变和钝化,使得以模型为依据的控制难以发挥出效率。

3. 智能控制

智能控制是以控制理论、计算机科学、人工智能、运筹学等学科为基础所扩展出的相关的理论和技术。其中应用较多的有模糊控制、神经网络、专家系统、遗传算法等理论。智能控制的控制器不再是单一的数学解析模型,而是数学解析模型和知识系统相结合的广义模型,具有较强的容错能力,所以很适合用来设计不易得到精确模型的系统。不过它的缺点也很明显,没有自主的控制能力,必须和具体的控制方法相结合。

由于单一的智能控制方法都存在着不足,不可能完全满足系统的诸多指标要求,因此,将多种控制方法相结合,是目前自动驾驶仪设计的主要方式。特别是模糊控制、神经网络控制由于不需要精确的数学模型,可以克服其他控制方法的缺点,所以被广泛应用。

8.2 变结构控制

8.2.1 变结构控制及其设计方法

火箭弹在飞行过程中,由于弹体质量、速度以及气动系数不断发生变化,导致弹体参数快速时变,弹体动态特性高度非线性、强耦合,并含有不确定因素。因此,高精度鲁棒控制系统设计一直是人们致力研究的课题。

变结构自适应控制是目前非线性控制系统的一种重要控制策略,它将变结构控制与自适应控制有机地结合起来,为解决不确定参数问题和时变参数问题提供了一条新的途径。变结构自适应控制既有变结构控制的鲁棒性,又有自适应控制的适应能力,因此,它对于系统参数变化和干扰具有更强的鲁棒性和适应能力,是一种很有发展前途的控制方法,引起了各国学者的广泛兴趣,取得了不少研究成果。其中,模型参考自适应控制是与变结构控制结合最多的一种自适应方法。模型参考自适应控制系统是线性慢时变对象的一种很有效的控制手段,由于被控对象的性能可与参考模型的性能直接进行比较,因而自适应速度比较快,结构简单,也较容易实现。模型参考的设计目标是提出一种控制方案,使被控对象动态跟随理想模型动态,当时间趋于无穷时,控制器应使对象与模型状态之间的误差为零,从而保证对象输出完全跟踪模型输出。但模型参考自适应控制对于外界扰动、量测噪声及未建模动态等的鲁棒性很差,一般仅适用于确定性连续控制系统。实际上,反例已经表明,自适应控制会由于扰动、噪声和未建模动态的存在而造成各种不稳定现象[4]。

变结构控制系统理论本质上就是一种非线性控制理论,利用变结构系统理论可将自适应模型参考控制系统设计成变结构系统,使系统产生滑动模态运动,因此可描述出误差的暂态响应;这种方法不需要全局收敛特性;并非常适合于不确定时变系统,不需要对系统进行参数辨识。且变结构控制的滑动模态对干扰具有不变性,因此模型参考变结构控制很适合用来设计火箭弹的控制系统。

变结构控制是控制系统的一种综合方法。设有系统:$\dot{x} = f(\boldsymbol{x}, \boldsymbol{u}, t)$,变结构控制系统设计的任务是首先设计一个切换函数 $S(x)$,然后寻求适当的变结构控制律 u。系统在状态空间中的切换面 $S(\boldsymbol{x}) = 0$ 两边采用不同的控制结构,即当 $S(\boldsymbol{x}) > 0$ 时反馈 u 取为 u^+,而当 $S(\boldsymbol{x}) < 0$ 时反馈 $\boldsymbol{u}$ 取为 u^-,变结构控制的特点在于它是一种不连续控制 $\boldsymbol{u}^+ \neq \boldsymbol{u}^-$。$u$ 的作用是将系统的运动引导到超平面 $S(\boldsymbol{x}) = 0$ 上,系统在超平面 $S(\boldsymbol{x}) = 0$ 上的运动具有期望的鲁棒性,系统 $\dot{x} = f(\boldsymbol{x}, \boldsymbol{u}, t)$ 在超平面 $S(\boldsymbol{x}) = 0$ 上的运动定义为滑动模态运动。可以通过切换函数 $S(\boldsymbol{x})$ 的设计,使得超平面 $S(\boldsymbol{x}) = 0$ 上的运动是渐近稳定的。系统进入滑动模态以后,通过 $\boldsymbol{u}$ 的高速切换使得滑模运动与系统的参数变化和外部扰动无关,表现出强鲁棒性。正是由于滑动模态的这种优点,目前对于变结构控制的研究大都集中在这种具有滑动模态的变结构控制上,甚至有些文献将变结构控制直接称为滑模控制。系统的滑动模态对参数变化和外部干扰具有不变性,这是变结构控制系统的最突出的优点,也是它得到重视的主要原因。

滑模变结构控制系统设计中的主要问题是:

(1)设计适当的切换函数,使得系统的状态轨线到达所设计的切换流形时能以适当的速度沿着它渐近滑向平衡点;

(2)设计变结构控制器,使得系统的状态轨线在有限时间内到达滑模面并维持在滑模面上的运动。

受系统模型、控制器结构、到达条件和切换函数等多种因素的影响,变结构控制系统的设计方法表现出多样性,切换函数的设计方法并不唯一。目前切换函数主要有两种类型:线性切换函数 $S = \boldsymbol{CX}$ 和二次型 $S_i = \boldsymbol{X}_i \boldsymbol{CX}_i$。切换函数的设计可以归结为求取切换系数矩阵 $\boldsymbol{C}$ 的问题,常用的方法有极点配置、最优控制、特征向量任置等。极点配置方法的思路是,直接根据系统设计要求给定滑模运动的极点集 $\sigma_0 = \{\lambda_1, \lambda_2, \cdots, \lambda_{n-m}\}$,滑模运动的运动特性完全由所给定极点位置所确定。然后通过对滑模存在条件以及系统状态方程进行综合得到切换函数的系数矩阵 C。最优控制方法的思路是,根据系统设计要求提出一个最优评价函数 $J = \int_{t_s}^{\infty} x^{\mathrm{T}} Q x \mathrm{d}t$,通过求解相应问题的黎卡提方程可以得到一个反馈矩阵 K,通过 K 可确定切换函数的系数矩阵 C。

变结构控制器的设计目标是确保系统在参数变化和外部干扰存在的条件下,能够从初始状态进入并维持系统的滑动模态。滑动模态定义为系统在切换流形 $S = 0$ 上的运动,要使得系统进入滑动模态(即实现 $S = 0$),所要求取的变结构控制 u 应当满足滑模存在条件 $S\dot{S} < 0$。满足这种条件的变结构控制 u 具有丰富多样的形式,但大多数情况下变结构控制 u 总能由线性控制分量 u_L 和非线性控制分量 u_N 表示:$u = u_L + u_N$。u_L 一般代表线性状态反馈,其作用是初步改变系统的动力学特性,使得系统运动轨迹指向滑动模态,可用一般的线性系统方法进行设计。非线性控制分量 u_N 反映控制的不连续性,其作用是抵抗各种扰动和参数变化,确保滑模的存在。u_N 的设计与所选择的切换策略有关,其典型的形式有:常值切换($u_N = M\mathrm{sgn}(S)$),函数切换($u_N = M(x)\mathrm{sgn}(S)$),以及状态反馈切换($u_N = \psi x$,其中 ψ 参数由切换函数 S 的符号确定)。u_N 的结构形式一旦确定下来,就可以根据扰动的上下界、滑模存在条件、到达条件以及滑模切换函数,推导出变结构控制器参数应满足的条件,最终根据系统响应及仿真结果确定控制器参数[4]。

8.2.2　变结构控制在自动驾驶仪设计中的应用

1. 跟踪问题的变结构控制

自动驾驶仪是制导控制系统的内回路,需要能够快速跟踪导引头发出的控制指令。由于滑模变结构的控制策略是使得 $S(x) \to 0$,且当 $S(x) = 0$ 时系统进入滑模运动并具有鲁棒性。为了便于设计,切换函数常取为线性切换函数 $S(x) = Cx$,要使系统输出跟踪输入指令,则切换函数中所用到的状态向量可取为指令跟踪误差 $e = x - x_c$。由于指令 x_c 中的高阶分量难以直接获得,常见的方法是将指令中的高阶分量直接近似为 0,或者采用递阶滑模方法进行设计。递阶滑模的思想是在设计中将制导控制回路按照角加速度、角速度、姿态、质心位移等分解为多个回路,快变回路总是先进入滑动模态,其输出作为下一慢变回路的输入,最终实现滑模运动。再有一种常见的跟踪问题设计方法是与自适应控制方法的结合:模型参考变结构控制方法。其基本思想是首先根据期望的系统响应建立参考模型,利用实际模型和参考模型之间的状态偏差 $e = x - x_m$,以 $x' = e$ 为状态变量构建滑动模态,建立滑模切换函数 $S = Cx'$,当 $Cx' = 0$ 时系统进入滑模运动。这种方法兼顾了自适应控制的优点及变结构系统鲁棒性强的特点,对跟踪问题的控制十分有效,控制器的设计也较简单。

2. 控制力的产生

对实际系统而言,由于能量是有限的,控制受限是必然的。自动驾驶仪设计中,执行机构(舵机)一般都存在舵偏角饱和和舵偏角速度饱和的限制,这是变结构驾驶仪设计中不得不考虑的一个因素。火箭弹飞行的不同阶段,由于气动增益的变化,要维持某一固定形式的滑模运动,则会对执行机构能力提出过高的要求。单一的控制参数往往难以适应复杂多变的飞行环境,因而通过系统辨识的办法在不同的飞行阶段采用不同的滑模参数和变结构控制器参数(分段滑模),对于提高执行机构工作效率与避免饱和都是有利的。另外,系统鲁棒性是靠快速的指令切换来消除各种类型的扰动所带来的影响来保障,不连续的控制指令需要执行机构产生不连续的控制力以确保滑模存在。从这一点考虑,利用不连续喷管和气动力共同生成必要的不连续控制力,则为变结构过载驾驶仪的设计提供了一定的条件。

3. 变结构系统的鲁棒性

一般认为变结构控制较其他类型控制方法更具鲁棒性,而值得注意的是变结构系统的滑动模态对参数变化和外部干扰具有完全鲁棒性是以扰动满足一定的匹配条件为前提的。以线性系统 $\dot{x} = Ax + Bu + f(x,t)$ 为例,其中 $f(x,t)$ 为包含参数变化和外部干扰在内的广义扰动。若设计变结构控制系统切换函数为 $S = Cx$,则广义扰动 $f(x,t)$ 必须满足匹配条件 $f(x,t) \subset R(B)$,即 $f(x,t)$ 可以表示为 $f(x,t) = BF(x,t)$ 的形式,才能保证系统的滑模运动完全不受其影响。匹配条件问题的实质是:对于满足匹配条件的广义扰动,控制输入通过执行机构产生适当的控制力直接消除其对系统的影响;对于不满足匹配条件的广义扰动,不可能通过控制 u 的设计消除其对滑模的影响,但是可以通过修改滑模减小它的影响。

一般研究的变结构控制系统的状态运动过程总可以分为两个阶段:趋近运动和滑模运动。系统在滑模运动段对于满足匹配条件的广义扰动具有完全的鲁棒性,而系统在趋近运动过程中并不具有这样的特性,会受到参数变化和干扰的影响。因此从提高系统鲁棒性的角度考虑,进行变结构系统设计时,一般总是期望能够消除或缩短滑模控制中的趋近运动过程,使系统快速进入滑模运动。对于这一问题比较有效的方法是通过滑模面的动态设计缩短或消除趋近运动过程。比如可考虑采用一种自适应时变的旋转滑模面,将滑模参数取为状态误差的函数。滑模面随着状态变化动态调整,实现了滑模运动的增程;使得系统在初始时刻就处于滑模运动段,消除了系统在该阶段鲁棒性差的不利影响。对于提高系统鲁棒性,这种动态的切换函数具有一定的借鉴意义[5]。

4. 抖振问题

滑模的鲁棒性是通过控制指令的切换而实现的,理想情况下控制切换速度是无限的。而实际系统中,切换动作的物理实现必然会出现一定的延迟,这就会使得系统滑模运动呈抖动形式,相当于在光滑的运动上叠加了自振,这种现象称为抖振。抖振问题是变结构控制理论产生之初就必须面对的一个重要难题,其产生主要有两个原因:一是控制回路中的未建模动态特性受到滑模控制器高速切换的激发;二是由于利用微处理器进行数字控制时,采样时间固定所产生的离散化抖振问题。抖振对滑模变结构控制的实际应用有十分重要的影响,是影响变结构控制应用的主要障碍,也是变结构控制系统设计中,必须首先解决的问题。

消除或削弱抖振可采取的方法有:

(1) 各种形式的边界层方法。由于变结构控制一般对滑模面上的控制没有明确的定义,因而增加滑模面的厚度,在滑模边界层内采用各种形式的连续控制,减少切换次数,在一定程度上可削弱系统的抖振。一般认为这是一种可行且有效的方法,具体包括:①在理想继电型切换中引入线性段使之变成饱和特性;②对最终滑动模态的切换控制连续化;③将标量切换控制代之以光滑函数。这种解决抖振问题的方法是建立在对系统的未建模动态特性完全未知的情况之下,不能在根本上消除抖振。

(2) 滤波的方法。通过对变结构切换指令进行低通滤波,滤掉高频切换指令中不必要的高频分量,获得维持滑模运动的近似等效控制,可以在一定程度上减轻执行机构的负担,但不可避免地会使系统产生滞后。

(3) 减缓趋近速度的方法。减小系统向滑模面的趋近速度,减小穿越幅值。其本质是以放慢系统速度和降低鲁棒性为代价来减小控制量。

(4) 减小控制切换量的方法。切换增益较大时,则抖动也较大;如果切换增益较小,则广义扰动量较大的时候滑模条件将遭到破坏,无法形成滑模运动。减小切换量会使系统鲁棒性降低,切换增益为0时,系统成为一般的控制系统。

(5) 基于状态观测的方法。引入状态观测器附加回路对执行机构的未建模动态进行观测,将执行机构与控制对象进行综合设计,降低未建模动态的不利影响。

(6) 基于动态滑模的方法。系统进入稳态后,干扰与不确定性是引起控制切换的主要原因,通过引入对干扰和不确定性的观测,引入对滑模面的动态修正项,形成控制器闭环,可以减少不必要的切换而抑制抖振。

5. 应用实例——设计自动驾驶仪

针对制导火箭弹滚转通道,分别设计了目前工程上应用的跟踪时间、速度、动压动态调参变结构自动驾驶仪和利用滑模变结构理论设计的滑模变结构自动驾驶仪,进行了两种变结构自动驾驶仪的仿真,分析比较了两者的控制鲁棒性和跟踪效果。

火箭弹滚转通道数学模型为

$$\dot{\omega}_x = -c_1\omega_x + c_3\delta_a \tag{8.1}$$

$$\dot{\gamma} = \omega_x \tag{8.2}$$

式中:c_1 为滚动阻尼项动力系数;c_3 为空气舵滚动操纵效率项动力系数。

变结构自动驾驶仪的常见结构如图 8-1 所示。

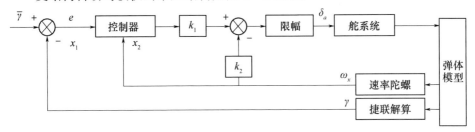

图 8-1 滚转通路构造变结构自动驾驶仪

首先设计限幅器为与姿态、速度、时间、动压相关的动态限幅,以保证系统获得较强的控制精度和鲁棒性,然后利用构造形式,设计控制器为

$$U(c_x + x_2)\frac{(k_1 \mid x_1 \mid + k_2 \mid x_2 \mid)}{\mid cx_1 \mid + \mid x_2 \mid + \Delta}$$

其中控制器参数 k_1、k_2 用于跟踪时间、速度、动压动态调参,其余参数不变。

根据滑模变结构控制理论进行滚转通路自动驾驶仪的设计过程如下:

选取滑模面:

$$s = ce + \dot{e} \tag{8.3}$$

其中

$$\begin{cases} e = \bar{\gamma} - \gamma \\ \dot{e} = -\omega_x \end{cases}$$

式中:$\bar{\gamma}$ 为指令滚转角;γ 为反馈的滚转角。

根据变结构控制原理推导:

$$\dot{s} = c\dot{e} + \ddot{e} = c(-\dot{\gamma}) - \dot{\omega}_x = -c\omega_x + c_1\omega_x - c_3\delta_a \tag{8.4}$$

根据可达条件 $s \cdot \dot{s} < 0$,选择指数趋近的方式,令

$$\dot{s} = k_1 s - k_2 \text{sgn}(s) \tag{8.5}$$

由此得

$$\delta_a = \frac{1}{-c_3}[-k_1 s - k_2 \text{sgn}(s) + (c - c_1)\omega_x] \tag{8.6}$$

简化得

$$\delta_a = \frac{1}{c^3}[k_1 s + k_2 \operatorname{sgn}(s) - c_2 \omega_x] \qquad (8.7)$$

其中 $c_2 = c - c_1$。根据所设计的控制器形式,设计滑模变结构自动驾驶仪如图 8-2 所示。

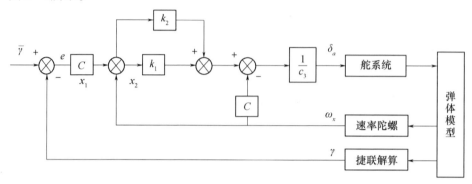

图 8-2　滚转通路滑模变结构自动驾驶仪

8.3　动态逆控制

在控制理论中,反馈的方法是实现控制目的的基本途径。从某种意义上说,控制理论的发展,在很大程度上也是反馈理论的发展。利用代数变换将非线性系统的运动特性变成线性的动态特性,"反馈线性化"方法与传统方法的主要区别是:它不再依赖于对非线性系统的求解或稳定性分析,而只需要讨论系统的反馈变换,更具有一般性。这一方法的产生极大地推动了非线性控制理论的向前发展。目前研究反馈线性化的方法可以分为两大类:一类是微分几何方法,另一类是直接分析方法——逆系统方法。逆系统(动态逆)方法并不需要类似于微分几何方法中将控制问题转换成"几何域"的这种转换,它是利用逆系统的概念来实现反馈线性化的:对于任何一个可逆的过程来说,如果信号先后经过了原来过程和逆过程的两次作用,其结果将等价于仅仅经过了一个被标准化了的单位映射,它等价于经过了一个线性映射,从而实现了反馈线性化[6]。

8.3.1　动态逆系统理论基础

逆系统方法,是通过动态系统的"逆"的概念来研究一般非线性控制系统反馈线性化设计的一种方法。众所周知,逆的概念是一个很具有普遍意义的概念。对于函数,有反函数;对于矩阵,有逆矩阵;而对于一个具有动态过程的系统,则有相应的逆系统。从更一般的观点来看,这些关系都可称作映射和逆映射的关系。动态逆方法是实现反馈线性化的一个非常有效的方法,其基本思想是:对于给定的系统,首先利用对象的模型生成一种可以用反馈线性化方法实现的"α 阶积分逆",并将对象补偿成具有线性传递关系的且已解耦的一种规范化系统(称作伪线性系统),然后,再用线性系统的各种设计理论完成伪线性系统的各种控制目标的综合。

1. 逆系统的基本概念与原理

可以用算子的概念,将一个系统看作一个由输入映射到输出的算子。

记 $\Sigma: u \to y$ 为一个给定的系统(线性的或非线性的),对于 $t \geq t_0$,其输入为 $u(t)$,输出为 $y(t)$,并具有一组确定的初始条件或初始状态,记为 $X(t_0) = x_0$。

该系统的输出 $y(t)(t \geq t_0)$ 完全由初值和输入决定。令描述该因果关系的算子为 θ,则有

$$y(\cdot) = \theta[x_0, u(\cdot)], \quad \text{或简写为} \ y = \theta u \qquad (8.8)$$

为阐明逆系统概念,首先引进一个与求逆问题中输入 $u(\cdot)$ 的存在性有关的概念。

定义 8.1 定义 $\hat{\Sigma}$ 为另一个系统,具有初始状态 $\tilde{x}(t_0) = \tilde{x}_0$(其数值一般由 x_0 决定)。表示其传递关系的算子为 $\hat{\theta}: y_d \to u_d$,其中 $y_d(t)$ 为取值于某个域中的任给的 n 阶可微函数(n 为系统的阶数),并且 $y_d(t)$ 为在 t_0 处满足一定的初始条件(其数值一般由 x_0 确定)。如果算子 $\hat{\theta}$ 满足

$$\theta \hat{\theta} y_d = \theta u_d = y_d \qquad (8.9)$$

则系统 $\hat{\Sigma}$ 称为系统 Σ 的逆系统。相应地 Σ 称为原系统。

对于给定系统 Σ,如果存在上述定义的逆系统 $\hat{\Sigma}$,则称系统 Σ 为可逆系统。

如果系统 Σ 可逆,则将 $\hat{\Sigma}$ 作为一种控制结构串联在 Σ 之前所构成的复合系统即为一个单位映射的完全解耦的理想系统。但一般来说,逆系统的结构中包含有纯微分环节,这在工程上是难以实现的不合理结构。因此,需要在逆的基础上引入一种可实现的控制机构。

2. α 阶积分逆系统

定义 8.2 定义 $\hat{\Sigma}_\alpha$ 为另一个系统,具有初始状态 $\tilde{x}(t_0) = \tilde{x}_0$(其数值一般由 x_0 决定)。表示其传递关系的算子为 $\hat{\theta}_\alpha: \varphi \to u$,其中 φ 为取值于某个域中的任给的连续函数。若取 $\varphi = y_d^{(\alpha)}(t)$,则

$$\theta \hat{\theta}_\alpha \varphi = \theta \hat{\theta}_\alpha(D^\alpha y_d) = \theta u = y_d, \quad D = \mathrm{d}/\mathrm{d}t, \quad D^\alpha = \mathrm{d}^\alpha/\mathrm{d}t^\alpha \quad (8.10)$$

成立,则系统 $\hat{\Sigma}_\alpha$ 称为系统 Σ 的 α 阶积分逆系统。

如果 Σ 是可逆的,则总可以对某个 α 构造出 α 阶积分逆,并且它是可实现的。α 阶积分逆的可实现性可作以下理解:非线性动态系统一般是由一组非线性函数和纯积分过程交叉复合构成的,α 阶积分逆是系统中函数过程的逆,而纯积分过程被保留下来,α 就是系统纯积分串的长度。

为了求得 α 阶积分逆的方程,将采用原系统的"同解方程"构造逆系统,而由逆系统 $\hat{\Sigma}$ 构造 α 阶积分逆 $\hat{\Sigma}_\alpha$ 的过程所采用的方法又可统一地概括为两个步骤,即"输入重定义"和"反馈替代"。需要指出,由上述特定的过程得到的 α 阶积分逆是一个可由反馈控制器实现的简单结构。

上述分析表明,α 阶积分逆构成了一个可将系统变换为积分串联标准型的反馈控制器。另一方面,容易验证,任何一个将系统变换为积分串联标准型的反馈控制器就是一个 α 阶积分逆。因此,α 阶积分逆是这种标准控制器的特征结构。

3. 伪线性系统

根据 α 阶积分逆系统的定义式 $\theta\hat{\theta}_\alpha(D^\alpha y_d) = y_d$ 可知,由复合算子 $\theta\hat{\theta}_\alpha$ 所表示的系统 $\Sigma\hat{\Sigma}$ 是具有线性传递关系的系统。它相当于 α 个积分器的串联系统,并满足

$$\Sigma\hat{\Sigma}_\alpha : D^\alpha y = \varphi \tag{8.11}$$

式中:φ 为 $\Sigma\hat{\Sigma}_\alpha$ 的输入;y 为输出。

对此,我们给出如下定义:

定义 8.3 由 α 阶积分逆系统串联在原系统之前构成复合系统 $\Sigma\hat{\Sigma}\alpha$,称作为线性系统。

我们将 $\Sigma\hat{\Sigma}_\alpha$ 所表示的系统称作伪线性系统,是因为一方面这个系统的输入输出关系式线性的,而另一方面系统的内部结构却可能仍是非线性关系。

伪线性系统 $\Sigma\hat{\Sigma}_\alpha$ 可用图 8 - 3 所示的结构表示。显然,将系统 Σ 变换为伪系统 $\Sigma\hat{\Sigma}_\alpha$ 后,便可按人们熟知的线性控制来完成闭环控制系统的设计。

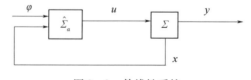

图 8 - 3 伪线性系统

4. 逆系统方法原理

基于上述概念及其分析,可将设计综合非线性控制系统的逆系统方法的原

理陈述如下：

① 根据原系统求出逆系统 $\hat{\Sigma}$ 的方法；

② 按输入重定义的方法，由 $\hat{\Sigma}$ 进一步求出相应的 α 阶积分逆系统 $\hat{\Sigma}_\alpha$ 的方程，并用反馈替代的方法将 $\hat{\Sigma}_\alpha$ 进一步实现为具有反馈结构的等价形式；

③ 由 $\hat{\Sigma}_\alpha$ 与 Σ 一起构成伪线性系统 $\Sigma\,\hat{\Sigma}_\alpha$；

④ 将上述具有反馈结构的伪线性系统作为被控对象，根据设计目标，按线性系统的方法设计出所要求的控制系统。用逆系统方法设计的控制系统的结构图如图 8-4 所示。

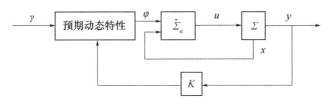

图 8-4　逆系统方法基本原理示意图

8.3.2　逆系统理论在控制系统设计中的应用

在深入研究了动态逆理论之后，我们认识到，动态逆系统方法不再是借助参数和变量线性近似地将系统固有的耦合分开，而是通过状态反馈，从系统内部抵消或削弱非线性因素影响，将非线性火箭弹系统解耦为伪线性系统，即一个标准的、特殊到传递特性只是线性映射关系的线性系统，从而可使用各种成熟的线性系统理论对它进行分析和综合，使其满足特定性能要求。

在研究中，为了将控制模型的阶次降低，以期简化动态逆系统方法的运用，采用了双时标假设，将火箭弹动力学系统分离为快变和慢变两个子系统，然后分别进行动态逆设计。设计后的火箭弹控制系统不需要再进行经典意义上的解耦设计，而只需要考虑控制模型的不精确或实际可能存在的模型摄动影响，进行伪线性系统稳定性的鲁棒设计[7]。

动态逆系统方法设计火箭弹控制系统的方法如图 8-5 所示，其具体步骤如下：

（1）确定控制对象的动力学系统方程，恰当选择系统的状态和控制变量；

（2）建立适合动态逆方法需要的控制模型，即逆系统方法中原系统的动力学方程；

（3）求解控制对象的逆向动力学系统。在构造时需要引入状态反馈，由实

际的动力学系统向逆系统提供期望的动力学特性所需要的状态变量,以简化动态逆控制律的结构和解算量;

（4）构造伪线性系统,伪线性系统的结构应是尽可能简化并采用状态反馈的等价形式;

（5）鲁棒性设计,解决动态逆系统方法因控制模型的不确定性所引起的鲁棒稳定性问题;

（6）根据对火箭弹控制系统提出的性能指标要求,按线性控制理论的设计方法对火箭弹控制系统进行最后综合。

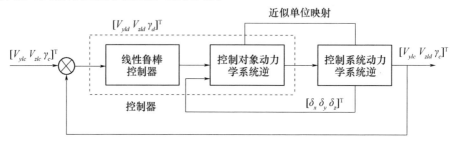

图 8 – 5　控制系统的动态逆系统设计方法

8.4　自抗扰控制

现代战争需要火箭弹能在大空域进行高机动性的飞行。复杂多变的飞行环境对控制系统提出了更高的要求。为使火箭弹在恶劣的环境中能够快速地稳定飞行姿态,控制系统在解决快速性和超调之间矛盾的同时还必须具有较强的抗干扰能力,传统的 PID 控制已经很难满足这些要求。自抗扰控制是一种不依赖于系统模型并能很好抑制未知扰动的控制方法,它采用现代控制理论中的状态观测器思想并汲取 PID 控制思想的精髓,能够很好地解决具有严重非线性、强耦合、快时变的多输入多输出系统的控制问题[8]。

8.4.1　自抗扰控制理论

自抗扰控制技术是为了适应数字控制时代而发展起来的新的控制系统综合方法。它以自抗扰控制器（ADRC）为代表,主要包括跟踪微分器（TD）、非线性状态误差反馈（NLSEF）、扩张状态观测器（ESO）三大核心部件。跟踪微分器的作用是安排过渡过程,实现对输入信号的快速无超调跟踪,并给出良好的微分信号。扩张状态观测器用来估计系统状态、模型和外扰,是自抗扰控制器的核心部分。利用扩张状态观测器可把含有未知外扰的非线性不确定对象补偿成为积分器串联型环节,然后对状态误差反馈采用合适的非线性配置就实现了非线性不确定对象的自抗扰控制[9]。

1. 扩张状态观测器

设有受未知外扰作用的非线性不确定系统为

$$x^{(n)} = f = (x, \dot{x}, \cdots, x^{(n-1)}, t) + w(t) \qquad (8.12)$$

式中:$f = (x, \dot{x}, \cdots, x^{(n-1)}, t)$ 为未知函数;$w(t)$ 为未知外扰。

若 $x(t)$ 为测量值,通过构造出不依赖于 $f = (x, \dot{x}, \cdots, x^{(n-1)}, t)$ 和 $w(t)$ 的非线性系统,使它能由测量值 $x(t)$ 估计出被扩张的系统状态变量 $x(t), \dot{x}(t), \cdots,$ $x^{(n-1)}(t), x^{(n)}(t)$。文献[17]给出了有关扩张状态观测器的概念和定义。下面给出了二阶 ESO 的例子,其公式如下:

$$\begin{cases} e = z_{21} - y(t) \\ \dot{z}_{21} = z_{22} - \beta_{01}\mathrm{fal}(e, \alpha_1, \delta_1) + f_0(z_{21}) + b_0 u(t) \\ \dot{z}_{22} = -\beta_{02}\mathrm{fal}(e, \alpha_2, \delta_1) \end{cases} \qquad (8.13)$$

其中:

$$\mathrm{fal}(e, \alpha, \delta) = \begin{cases} |e|^\alpha \mathrm{sgn}(e), & |e| > \delta \\ |e|/\delta^{1-\alpha}, & |e| \leq \delta \end{cases}$$

$$0 < \alpha < 1, \delta < 0$$

2. 非线性跟踪微分器

在实际工程中,常存在由不连续或带随机噪声的量测信号中提取连续信号及微分信号的问题。工程中,认为"微分物理不可实现",因而常用近似微分代替纯微分。文献[17]提出了利用非线性特性构造跟踪不连续输入信号并提取近似微分信号的非线性跟踪微分器。

下面举例给出的是一阶非线性跟踪微分器,其形式比较简单,跟踪微分器的作用只是跟踪输入信号,并不提取输入信号的微分。公式如下:

$$\begin{cases} e_0 = z_{11} - V(t) \\ \dot{z}_{11} = -r\mathrm{fal}(e_0, \alpha_0, \delta_0) \end{cases} \qquad (8.14)$$

3. 非线性 PID 控制器

经典 PID 的合理之处在于它是通过综合误差的过去(I)、现在(P)和将来(D)的行为来设计反馈律,其控制机理完全独立于对象的数学模型。然而,由于受当时认识水平和技术条件的限制,它生成控制量的方法简单地采用了误差的比例、微分及积分的"线性加权和"形式,这种线性配置常引起快速性和超调之间的矛盾。其次,参考输入 $v(t)$ 常常不可微,甚至不连续,而输出信号 $y(t)$ 的量测又常被噪声污染,因而,误差信号 $e(t) = v(t) - y(t)$ 按经典意义通常不可微或其微分信号会被噪声的导数淹没。经典 PID 中一般采用差分或超前网络近似实现微分信号,这种方式对噪声的放大作用很大,使微分信号失真而不能使用。这就限制了经典 PID 控制器的使用范围。

所以,利用非线性跟踪微分器和非线性组合方式构成非线性 PID 控制器来改进经典 PID 控制器,以提高其适应性和鲁棒性。

非线性 PID 控制律为

$$u = \beta_0 \mathrm{fal}(e_0, \alpha_0, \delta) + \beta_1 \mathrm{fal}(e_1, \alpha_1, \delta) + \beta_2 \mathrm{fal}(e_2, \alpha_2, \delta) \tag{8.15}$$

4. 自抗扰控制器的结构与算法

经典 PID 和非线性 PID(NLPID)控制器中,为消除静差而采用了积分器。由于扩张状态观测器能实时估计出系统对象的"未知干扰和系统内扰"的作用量,若加以利用,实现动态反馈补偿,则系统对象可近似为积分器串联型对象,从而就没有必要再用积分器来消除静差。再针对反馈补偿后的积分器串联型近似对象,采用更合适的非线性状态误差反馈律(NLSEF),进一步强有效地抑制扰动,并将系统静态误差衰减到零,从而产生了高品质的控制器。由于其能自动补偿对象模型的内扰和外扰,因而将其称为自抗扰控制器。自抗扰控制器的一般结构如图 8-6 所示。

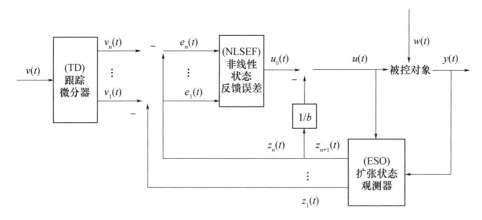

图 8-6 自抗扰控制器结构图

8.4.2 自抗扰技术在姿态控制器设计中的应用

火箭弹在飞行过程中,随着飞行高度、速度等环境的变化,各气动参数会发生较大的变化。另外,在整个飞行过程中火箭弹会遭遇到各种干扰,这些都对姿态控制器的鲁棒性及抗干扰能力提出了较高的要求。这里研究自抗扰技术在姿态控制器设计中的应用,把整个姿态控制回路分为内外两个部分分别设计:内回路为快变的阻尼回路,弹体角速度作为被控量,其输出为舵指令信号;外回路为慢变的姿态稳定回路,根据姿态误差产生弹体角速度,并把弹体角速度作为指令信号输出给内回路。由于内回路的变化速度大于外回路的变化速度,在外回路的设计过程中可把内回路当作直通回路。整个姿态控制系统结构如图8-7所示[10]。

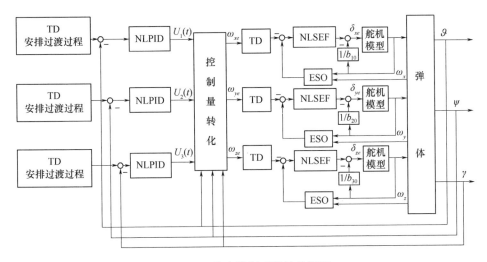

图8-7 姿态控制系统结构框图

1. 外回路控制器设计

由火箭弹姿态运动方程知:

$$\begin{bmatrix} \dot{\vartheta} \\ \dot{\psi} \\ \dot{\gamma} \end{bmatrix} = \begin{bmatrix} 0 & \sin\vartheta & 1 \\ \sin\gamma & \cos\vartheta\cos\gamma & 0 \\ \cos\gamma & -\cos\vartheta\sin\gamma & 0 \end{bmatrix}^{-1} \begin{bmatrix} \omega_{x1} \\ \omega_{y1} \\ \omega_{z1} \end{bmatrix} \tag{8.16}$$

式中:ϑ,ψ,γ 分别为俯仰角、偏航角、滚动角。

在设计姿态控制外回路时,把弹体角速度 ω_{x1}、ω_{y1}、ω_{z1} 作为系统的控制量,根据非线性 PID 控制律产生需要的弹体角速度指令并将其输出到内环回路。

引入虚拟控制量:

$$\begin{bmatrix} U_1 & U_2 & U_3 \end{bmatrix}^{\mathrm{T}} = \begin{bmatrix} \dot{\vartheta} & \dot{\psi} & \dot{\gamma} \end{bmatrix}^{\mathrm{T}} \tag{8.17}$$

则有外回路的控制量:

$$\begin{bmatrix} \omega_{x1} \\ \omega_{y1} \\ \omega_{z1} \end{bmatrix} = \begin{bmatrix} 0 & \sin\vartheta & 1 \\ \sin\gamma & \cos\vartheta\cos\gamma & 0 \\ \cos\gamma & -\cos\vartheta\sin\gamma & 0 \end{bmatrix} \begin{bmatrix} U_1 \\ U_2 \\ U_3 \end{bmatrix} \tag{8.18}$$

其中的虚拟控制量由非线性 PID 控制律得出:

$$\begin{cases} U_1 = k_{p1}\mathrm{fal}(e,\alpha_{11},\delta_{11}) + k_{t1}\mathrm{fal}(e_1,\alpha_{12},\delta_{12}) + k_{d1}\mathrm{fal}\left(\dfrac{\mathrm{d}e_1}{\mathrm{d}t},\alpha_{13},\delta_{13}\right) \\ U_2 = k_{p2}\mathrm{fal}(e_2,\alpha_{21},\delta_{21}) + k_{t2}\mathrm{fal}(e_2,\alpha_{22},\delta_{22}) + k_{d2}\mathrm{fal}\left(\dfrac{\mathrm{d}e_2}{\mathrm{d}t},\alpha_{23},\delta_{23}\right) \\ U_3 = k_{p3}\mathrm{fal}(e,\alpha_{31},\delta_{31}) + k_{t3}\mathrm{fal}(e_3,\alpha_{32},\delta_{32}) + k_{d3}\mathrm{fal}\left(\dfrac{\mathrm{d}e_3}{\mathrm{d}t},\alpha_{33},\delta_{33}\right) \end{cases}$$

$$(8.19)$$

式中 $:e_1$、e_2、e_3 分别为三个姿态角的误差信号。

K_{pj}, K_{ij}, K_{dj}($1 \le j \le 3$)为比例增益、积分增益、微分增益。为改善 PID 的动态特性,外回路控制量中引入非线性函数 $\mathrm{fal}(x,\alpha,\delta)$,其具体形式为

$$\mathrm{fal}(e,\alpha,\delta) = \begin{cases} |e|^{\alpha}\mathrm{sgn}(e) & |e| > 8, \delta > 0 \\ |e| \big/ \delta^{1-\alpha} & |e| \le 8, \delta > 0 \end{cases}$$

$$(8.20)$$

式中 $:\alpha$ 及 δ 均为待调节参数,对于比例项有 $0 < \alpha < 1$,微分项 $\alpha > 1$,积分项 $-1 < \alpha < 0$。

事先安排过渡过程是解决超调与快速性矛盾的一种有效方法,它使误差反馈增益和误差微分反馈增益的选取范围大为扩大,有利于控制参数的调节系统的鲁棒性进一步增强。在跟踪微分器中通过选取适当的快速因子可以实现安排过渡过程的任务。跟踪微分器的一般离散形式为

$$\begin{cases} x_2(k+1) = x_1(k) + hx_2(k) \\ x_2(k+1) = x_2(k) + h\mathrm{fhan}(x_1(k) - v(k), x_2(k), r, h_0) \end{cases}$$

$$(8.21)$$

式中 $:h$ 为离散系统的采样步长;v 为输入指令信号,r 和 h_0 分别为快速因子和滤波因子,分别表征跟踪微分器对原信号的跟踪快慢程度以及滤波特性,$\mathrm{fhan}(x_1,x_2,r,h)$ 为离散形式的快速最优控制综合函数。

2. 内回路控制器设计

描述火箭弹弹体角速度运动的微分方程如下所示:

$$\begin{cases} J_{x1}\dot{\omega}_{x1} = M_{x1} - (J_{z1} - J_{y1})\omega_{y1}\omega_{z1} \\ J_{y1}\dot{\omega}_{y1} = M_{y1} - (J_{x1} - J_{z1})\omega_{x1}\omega_{z1} \\ J_{z1}\dot{\omega}_{z1} = M_{z1} - (J_{y1} - J_{x1})\omega_{y1}\omega_{x1} \\ M_x = f_{M_x}(q,H,\alpha,\beta,\cdots,\omega_x,\delta_x) + N_x \\ M_y = f_{M_y}(q,H,\alpha,\beta,\cdots,\omega_y,\delta_y) + N_y \\ M_z = f_{M_z}(q,H,\alpha,\beta,\cdots,\omega_z,\delta_z) + N_z \end{cases}$$

$$(8.22)$$

式中:J_{x1}、J_{y1}、J_{z1}为火箭弹绕弹体坐标系各轴的转动惯量;M_{x1}、M_{y1}、M_{z1}分别为作用于火箭弹上的所有外力对质心的力矩在弹体坐标系各轴上的分量,每个分量均为火箭弹飞行速度、高度、攻角、舵偏角等参数的函数;N_x、N_y、N_z分别为各通道之间的干扰力矩。

状态方程(8.22)经过整理可以得出如下的形式:

$$\begin{cases} \dot{\omega}_{x1} = D_x(q,H,\alpha,\beta,\cdots,\omega_x,\omega_y,\omega_z,J_x,J_y,J_z,\delta_x,\Delta b_{10},N_x) + b_{10}\delta_x \\ \dot{\omega}_{y1} = D_y(q,H,\alpha,\beta,\cdots,\omega_x,\omega_y,\omega_z,J_x,J_y,J_z,\delta_y,\Delta b_{20},N_y) + b_{20}\delta_y \\ \dot{\omega}_{z1} = D_z(q,H,\alpha,\beta,\cdots,\omega_x,\omega_y,\omega_z,J_x,J_y,J_z,\delta_z,\Delta b_{30},N_z) + b_{30}\delta_z \end{cases}$$

$$(8.23)$$

式中:D_x、D_y、D_z为未知干扰,每一项都包括内部扰动和外部扰动。内部扰动就是在飞行过程中由于火箭弹各个通道之间的耦合以及控制量增益的不确定性引起的扰动;b_{10}、b_{20}、b_{30}为控制量的增益系数,与火箭弹的速度、大气密度等外界因素有直接关系,在整个弹道上会发生较大的变化;Δb_{10}、Δb_{20}、Δb_{30}为飞行过程中控制量增益系数的扰动量。

由于自抗扰具有较强的扰动补偿能力,控制器可把由Δb_{10}、Δb_{20}、Δb_{30}引起的增量当作未知扰动在控制过程中补偿。为进一步提高鲁棒性,当增益系数发生剧烈变化时,控制器可以随着不同工况条件对控制量的增益系数做少量的动态调节。外部扰动是由阵风等外部环境引起的扰动,具有较大的随机性。

以ω_{x1}的控制器为例,所设计的离散形式跟踪微分器(TD)方程为

$$\begin{cases} x_1(k+1) = x_1(k) + hx_2(x) \\ x_2(k+1) = x_2(k) + h\text{fhan}(x_1(k) - v(k),x_2(k),r,h_0) \end{cases} \quad (8.24)$$

式中:$x_1(k)$的为k采样时刻内回路输入指令ω_{x1}的跟踪信号;$x_2(k)$为k采样时刻x_1的导数信号。

在系统中把$x_2(k)$作为输入指令的微分信号使用。

扩张状态观测器(ESO)的方程为

$$\begin{cases} e_1(k) = z_1(k) - \omega_x(k) \\ z_1(k+1) = z_1(k) + h(z_2(k) - \beta_{01}e_1(k) + b_{10}\delta_x(k)) \\ z_2(k+1) = z_2(k) - h\beta_{02}\text{fal}(e_1(k),0.5,\delta_{eso_x}) \end{cases} \quad (8.25)$$

式中:$e_1(k)$为k采样时刻观测状态z_1与真实值之间的误差;状态$z_1(k)$为k采样时刻控制输出ω_{x1}的观测值;$z_2(k)$为k采样时刻对未知扰动$D_x(q,H,\alpha,\beta,\cdots,\omega_x,\omega_y,\omega_z,J_x,J_y,J_z,\delta_x,\Delta b_{10},N_x)$的观测值;$\delta_x(k)$为方向舵在$k$采样时刻的偏转量;$\beta_{01}$、$\beta_{02}$均为待调节参数,其值会影响状态观测器的观测能力,与采样步长h有一定关系。

另外,在非线性误差反馈(NLSEF)环节只使用简单的非线性 P 控制。其产生的控制量为

$$\delta_{xc} = K_x \mathrm{fal}(x_1(k) - z_1(k)), \alpha_x, \delta_{\mathrm{NLSEF}_x}) - \frac{z_2(k)}{b_{10}} \tag{8.26}$$

式中的控制量由两大部分构成:第一部分为非线性 P 控制产生的控制量,其中的 K_x 为控制量的增益系数, $\delta_{\mathrm{NLSEF}_x}$ 为引入的非线性函数在原点附近线性区间的宽度;第二部分为未知扰动的补偿项。正是由于第二部分控制量的存在提高了系统的抗干扰能力。

参考文献

[1] 李怡勇,沈怀荣,李岩. 先进控制方法在飞行控制系统设计中的应用[J]. 飞航导弹,2006,(12):50 – 54.

[2] 孙明玮,杨明. 飞航导弹新型工程化控制方法研究的一些思考[C]. 2005 年全国自动化新技术学术交流会会议论文集:72 – 78.

[3] Mare L S. Comparison of Intelligent, Adaptive, and Nonlinear Flight Control Laws[J]. Journal of Guidance, Control, and Dynamics, 2001, 24(4):693 – 699.

[4] 高为炳. 变结构控制的理论及设计方法[M]. 北京:科学出版社,1996.

[5] 王洪强,方洋旺,伍友利. 滑模变结构控制在导弹制导中的应用综述[J]. 飞行力学,2009,27(2):11 – 14.

[6] Riccardo Marino, Patrizio Tomei. 非线性系统设计——微分几何、自适应及鲁棒控制[M]. 姚郁,贺风华,译. 北京:电子工业出版社, 2006.

[7] 刘燕斌,陆宇平. 非线性动态逆控制在高超飞控系统中应用[J]. 应用科学学报,2006,(6):127 – 134.

[8] 韩京清. 从 PID 技术到"自抗扰控制"技术[J]. 控制工程,2002,9(3):13 – 18.

[9] 韩京清. 自抗扰控制技术—估计补偿不确定因素的控制技术[M]. 北京:国防工业出版社,2009.

[10] 侯营东,程新占,史震. 基于自抗扰技术的导弹姿态控制系统设计[J]. 战术导弹控制技术,2010,27(3):7 – 12.

第9章
制导控制系统仿真

9.1　概述

　　系统仿真是指通过构造一个"模型"来模拟实现系统内部所发生的运动过程,这种建立在模型系统上的试验技术称为仿真技术[1]。根据仿真所用的模型不同,制导控制系统仿真分为数学仿真和半实物仿真。数学仿真又称作计算机仿真,是整个仿真的基础,它是在计算机上运行数学模型,在数学模型上进行试验的仿真技术。半实物仿真是有部分实物,如弹载计算机、惯性导航装置、舵系统及导引头等参与的仿真试验。半实物仿真在型号研制和一些复杂的专题试验研究中占有极其重要的地位。

　　在制导火箭弹研制过程中,仿真技术被广泛应用于选择系统方案和参数、验证制导与控制算法的有效性。火箭弹制导控制系统是典型的时变非线性多变量控制系统,系统微分方程的阶次多达几十、上百次,实施解算难度大,因而对解算方法的精度和速度要求很高。此外,由于目标特性和导引方式的不同,仿真系统构成的区别也比较大。整个制导控制系统研制的全过程的大致步骤如下:

　　(1)用简化的线性模型进行数学仿真,以优化选择结构和参数;

　　(2)加入回路主要元件的非线性环节(饱和、摩擦、磁滞、时延、间隙等),完成数学仿真,以初步检查回路性能;

　　(3)进行三通道稳定控制回路数学仿真,分析各回路性能;

　　(4)将弹载计算机、组合导航系统、舵系统等接入回路进行稳定控制回路半实物仿真;

　　(5)采用制导控制系统简化模型进行类似(1)的数学仿真,以优化制导回路参数,检查制导控制系统性能;

（6）采用完整的制导系统模型进行数学仿真，分析各环节和回路间的协调性；

（7）使用完整的制导系统模型进行数学仿真，研究系统导引精度；

（8）将主要制导控制部件接入回路，完成整个制导控制系统的半实物仿真试验，以检查系统各设备间动态性能的协调性、验证系统功能和性能，并修正数学仿真模型。

9.2 制导控制系统数学仿真

数学仿真是以数学模型和仿真计算机为基础的仿真方法，涉及系统、模型和计算机三方面的关系。火箭弹制导控制系统为仿真对象，模型包括一次模型化后的数学模型和二次模型化后的仿真模型[2]。全数字实时仿真技术的突破、高性能仿真工作站的建立、分布式交互仿真（DIS）和高层体系架构（HLA）技术的成功实现、虚拟现实（VR）和虚拟样机（VP）的发展和应用、为制导火箭弹控制系统的数学仿真提供了理想的软、硬件环境[3]。

数学仿真由于不涉及实际系统的任何部件，所以具有经济性、灵活性及通用性的突出特点。而且就仿真任务而言，制导控制系统的设计指标的提出、方案论证以及各部分设计中的参数优化等都离不开数学仿真。数学仿真的主要目的是利用详细的数学模型，通过仿真系统初步检验制导火箭弹系统在各飞行段的性能，包括稳定性、快速性、抗干扰性，机动能力和容差等。

9.2.1 系统数学模型及其验证

在制导火箭弹控制系统仿真中，连续系统数学模型有微分方程、传递函数和状态空间方程；离散系统数学模型有差分方程、z 传递函数及离散状态方程。具体的模型形式由具体的仿真任务决定。就其模型功能而言，不同制导方式和导引方法模型的组成虽然各有不同，但是均具有基本相同的模型框架，如图 9 - 1 所示。

1. 弹体动力学及运动学模型

数学仿真中，用来描述推力、重力、气动力、操纵力与力矩间关系的六自由度刚体（或弹性体）方程，包括动力学方程、运动学方程、质量方程和几何关系方程等。

2. 弹目相对运动学模型

该模型描述火箭弹接近目标的运动规律，根据不同的制导方式和导引方法，包括火箭弹与目标的接近距离 Δl 和接近速度 Δi、高低角偏差 $\Delta\varepsilon = \varepsilon_m - \varepsilon_D$ 和方位角偏差 $\Delta\beta = \beta_m - \beta_0$ 或弹目视线角 q 和视线角速度 $\dot{q}$ 等的数学模型。

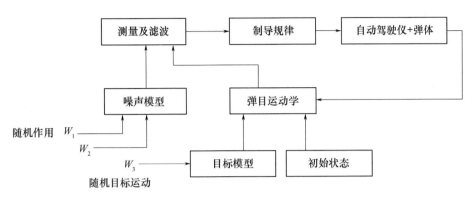

图9-1 火箭弹制导控制系统模型框架

3. 目标运动数学模型

目标运动数学模型对制导与控制的影响很大,一定程度上决定着火箭弹制导方式和导引律的选取。若制导火箭弹一般用于打击固定目标,则目标运动数学模型可忽略。

4. 自动驾驶仪数学模型

自动驾驶仪数学模型描述了制导控制指令、伺服传动和弹体运动之间的运动关系,是通过控制规律实现导引律和弹体姿态稳定的关键环节,其数学模型通常包括俯仰、偏航和滚转三个通道。

5. 火箭弹和目标的测量跟踪及控制指令形成装置的数学模型

该模型反映火箭弹制导规律及由此形成的控制指令,其原始依据是对火箭弹和目标的运动参数的不断测量及预先设定的导引律。

6. 干扰噪声模型

产生随机干扰的因素一般为:目标反射信号幅度和有效中心的摆动、无线电电子设备的内在频率噪声、敌方施放电子干扰等。目标反射信号幅度和有效中心摆动反映了目标的起伏特性,它取决于多种因素,如目标几何形状、尺寸和飞行速度、高度、大气状态等。

7. 误差模型

这种误差系指系统慢变干扰的设备误差,一般包括:

(1)弹体扰动误差,包括发射角误差、发动机推力误差、火箭弹质心偏差误差等;

(2)零位误差,包括导引头、自动驾驶仪等弹上控制设备的零位误差;

(3)斜率误差,包括导引头、自动驾驶仪等控制设备的斜率误差。

上述所有模型都必须进行验证,确切地讲,模型在使用前的整个开发阶段,必须完成一系列严格的校核、验证和确认。

9.2.2 数学仿真系统组成

数学仿真系统由硬件和软件两大部分组成。硬件包括仿真计算机系统、输入/输出设备及其他辅助设备;软件主要有各种有关模型,如火箭弹动力学、运动学模型、弹道模型、弹目相对运动模型、目标运动模型、制导控制系统模型、环境模型(包括噪声模型、误差模型、量测模型)以及管理控制软件、仿真应用软件等[3]。制导控制系统的数学仿真系统如图 9 - 2 所示。

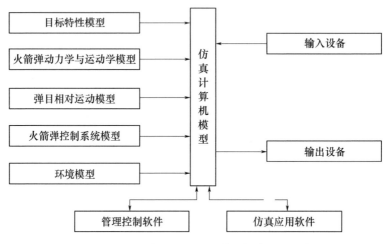

图 9 - 2　火箭弹制导控制系统数学仿真系统示意图

仿真计算机系统是数学仿真的核心部分,要求计算机具有较大的计算容量,较快的运算速度和较高的运算精度等,可采用高性能小型计算机、专用仿真机、并行微机系统或仿真工作站。输入设备常用来把各种图表数据传送到仿真系统中去,包括鼠标、数字化仪、图形/图像扫描仪等。输出设备主要用于提供各种形式的仿真结果,以便分析,常采用打印机、绘图机、数据存储设备、磁带机及光盘机等。

另外,需要强调的是仿真应用软件。仿真应用软件用于仿真建模、仿真环境形成以及信息处理和结果分析等,目前比较流行的应用开发软件有 MAT-LAB/Simulink 、MATRIXx、MeltiGen、Vega 以及 3D - Max 等。

9.2.3 数学仿真过程及主要内容

1. 仿真过程

仿真过程系指数学仿真的工作流程,它包括系统定义或描述、数学建模、仿真建模、计算机装载、模型运行及结果分析等,其中数学建模是它的核心内容。所谓数学建模就是通过数学方法来确定系统(这里系指火箭弹制导控制系统)

的模型形式、结果和参数,以得到正确描述系统表征和性状的最简数学表达式;其次是仿真建模,仿真建模实际上是实际系统的二次模型化。它是根据数学模型形式、仿真计算机类型及仿真任务,通过一定的算法或仿真语言将数学模型转变成仿真模型,并建立起仿真试验框架,以便在计算机上顺利、正确地地运行仿真模型[3]。

2. 主要仿真内容

对于火箭弹制导控制系统,数学仿真是初步设计阶段必不可少的设计手段,也是某些专题研究的重要工具。数学仿真主要包括三方面:①制导控制系统性能仿真;②制导系统精度仿真;③专题研究仿真。

9.2.4 仿真结果分析与处理

1. 仿真结果分析

系统数学仿真的目的是依据仿真输出结果来分析和研究系统的功能和性能。因此,仿真结果分析非常重要。按照仿真阶段的不同有动态仿真输出结果分析和稳定仿真输出结果分析,其分析方法大致相同,一般采用统计分析法、系统辨识法、贝叶斯分析法、相关分析法及频谱分析法等。

由于火箭弹制导控制系统是在随机变化环境和随机干扰作用下工作的,且存在许多非线性,所以采用合适的统计方法是适宜的,而最基本的统计分析方法是蒙特卡罗法。蒙特卡罗法又称统计模拟法、随机抽样技术,是一种随机模拟方法,以概率和统计理论为基础,以使用随机数(或更常用的伪随机数)来解决数据统计分析的计算方法,它将所求解的问题同一定的概率模型相联系,用计算机实现统计模拟和抽样,以获得问题的近似解。具体来说,蒙特卡罗法根据给定的统计特性,选择不同的随机初始条件和输入随机函数,对仿真系统做大量的统计计算,并得到系统变量的统计特性。在进行蒙特卡罗方法统计时,首先要给出制导控制系统的状态向量方程:

$$\dot{X} = f(X, t) + g(t)w(t) \tag{9.1}$$

式中:$w(t)$ 为白噪声过程;X 为系统状态矢量;f 为系统的非线性时变动力学关系。

定义初始均值向量和协方差矩阵如下:

$$E[X(0)] = m_0 \tag{9.2}$$

$$E[(X(0) - m_0)(X(0) - m_0)^{\mathrm{T}}]P_0 \tag{9.3}$$

并且

$$E[w(t)] = b(t) \tag{9.4}$$

$$E[(w(t) - b(t))(w(t) - b(t))^{\mathrm{T}}] = Q(t)(t - \tau) \tag{9.5}$$

然后进行大量重复试验(一般为上百次),对得到的一组状态轨迹进行统计,即得到状态变量的估计值 $\hat{\boldsymbol{m}}(t)$ 和协方差 $\hat{\boldsymbol{P}}(t)$。

$$\begin{cases} \hat{\boldsymbol{m}}(t) = \dfrac{1}{n_i} \sum_{i=1}^{n} \boldsymbol{X}_i(t) \\[2mm] \hat{\boldsymbol{P}}(t) = \dfrac{1}{n-1} \sum_{i=1}^{n} \left[\boldsymbol{X}_i(t) - \hat{\boldsymbol{m}}(t) \right] \left[\boldsymbol{X}_i(t) - \hat{\boldsymbol{m}}(t) \right]^{\mathrm{T}} \end{cases} \tag{9.6}$$

试验和统计框架如图 9-3 所示。

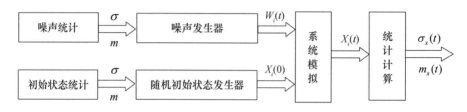

图 9-3 蒙特卡罗法试验与统计框架

应该指出,应用蒙特卡罗统计必须满足两个假设条件:

(1) 随机输入的各元素为具有非零的确定性分量的相关随机过程。

(2) 状态变量为正态分布。此外,为了作出精确统计,必须进行大量统计计算。

采用蒙特卡罗法分析制导系统的精度的具体步骤如下:

(1) 建立制导火箭弹系统模型。

(2) 确定影响制导系统精度的各种扰动因素,以及扰动因素的分布规律。

(3) 根据各种扰动变量的分布规律,构造相应的数学模型,以产生各种随机扰动变量的抽样值。

(4) 将随机变量的抽样值送入数学模型,模拟多次打靶,即可获得随机弹道变量的子样。

(5) 对模拟打靶结果进行统计处理。

考虑制导误差与非制导误差的耦合性较强,且实际情况中无法通过试验数据计算制导误差,将非制导误差和制导误差通过蒙特卡罗打靶仿真试验计算综合的制导误差,经仿真打靶 n 次的落点分布图如图 9-4 所示。

2. 数学仿真结果处理

对数学仿真的结果的处理主要是对仿真结果的置信度问题。这里包括两层含义,其一是数学模型相对于真实系统的准确度,其二是所采用统计分析方法的置信度。前者在建模与验模中解决,后者需要通过后续飞行试验进行验证。

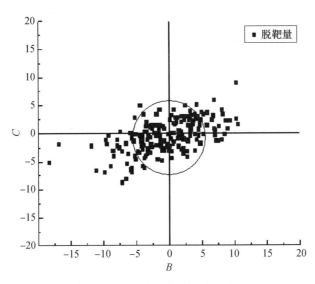

图9-4　蒙特卡罗打靶落点分布图

3. 随机变量和随机输入函数的处理

作用于制导控制系统的随机误差分为两类,一类为慢变误差,一类为起伏噪声。前者误差在一次发射计算中只取一个随机数,加在系统相应位置上。后者在做蒙特卡罗统计时可将实测噪声信号直接输入仿真系统,也可以按其频谱,将白噪声通过成形滤波器,在经过起伏噪声计算处理成 $m=0, \sigma=0$ 要求值后加入仿真系统,这样可保证进行 n 次统计计算都是有效的。

4. 仿真结果的统计方法和精度评定

根据数理统计原理,由 n 次试验得到近似统计值——估计均值 $\hat{m}$ 和估计均方差 $\hat{\sigma}$,该估值亦是随机变量,受若干个相互独立的随机因素影响。根据中心极限定理,这种随机变量近似地服从正态分布,统计次数 n 越大,$\hat{m}_x(t)$ 和 $\hat{\sigma}_x(t)$ 越接近真实值 $m_x(t)$ 和 $\sigma_x(t)$。同时,当置信区间给定后,其精度评定将主要取决于试验次数 n 和随机变量陡峭度 λ。据此,为了利用落点偏差的估计值 $\hat{m}_x(t)$ 和 $\hat{\sigma}_x(t)$ 进行精度评定,首先需要确定试验次数 n 和状态变量的陡峭度 λ 值。理论和实践表明,随机干扰对火箭弹精度影响较大,需统计的次数较多,通常 n 取 5000～10000 次。

λ 值取决于状态变量,对于控制线偏差和脱靶距离 h 的统计值,可用下式近似确定

$$\begin{cases} \lambda \approx \dfrac{\hat{\mu}_4}{\hat{p}^2} \hat{\lambda} \\ \hat{\mu}_4 = E\left[(h - \hat{m})^4 \right] \quad (i = 1, 2, \cdots, n) \end{cases} \tag{9.7}$$

当 h 服从正态分布时,$\lambda = 3$。

在确定 n 和 λ 后,便可根据要求的置信度算出估计值 $\hat{m}_x(t)$ 和 $\hat{\sigma}_x(t)$ 的置信区上、下限,进而得到相应点上的落入概率。

9.2.5　制导火箭弹精度分配

精度是制导火箭弹的重要战术技术指标,它与射程、战斗部威力相互作用构成了对敌目标打击能力的全部要素,为了提高武器系统的毁伤效能,对精度提出较高的要求。

1. 相关名词物理意义及换算

1) 均方差/标准偏差

σ 又称均方差、标准差,在工程应用上,均方差 σ 的计算公式为

$$\sigma = \sqrt{\frac{1}{n-1} \sum_{i=1}^{n} (x_i - \bar{x})^2} \tag{9.8}$$

式中:x_i 为被观测量;$\bar{x}$ 为平均值。

如果被观测量 x 服从正态分布,$P(-\sigma < x < \sigma) \approx 0.667$。

2) 最大值

定义:3σ 指的是绝大数情况下被观测量所能达到或能满足的小于该范围的指标,其中在正态分布下:

$$P(-3\sigma < x < 3\sigma) \approx 0.997 \tag{9.9}$$

3) 有效值

定义:一组统计数据平均值的平方根。

$$\mathrm{RMS} = \sqrt{\frac{1}{n} \sum_{i=1}^{n} (x_i - \tilde{x})^2} \tag{9.10}$$

式中:x_i 为被观测量;$\tilde{x}$ 为真值。

在被观测量数量 n 无穷大且 $\tilde{x} \approx \bar{x}$ 时,可以认为 $\mathrm{RMS} \approx \sigma$。

4) 中间误差

如果被观测量 x 服从正态分布,$P(-PE < x < PE) = 0.5$,称 PE 为中间误差,且有

$$PE = 0.6745 \sqrt{\frac{1}{n-1} \sum_{i=1}^{n} (x_i - \bar{x})^2} \tag{9.11}$$

5) 制导火箭弹着地落点

制导火箭弹着地落点是指火箭弹着地的落点。

6) 制导火箭弹着地落点偏差

制导火箭弹着地落点相对于目标点的偏差可分解为纵向偏差与横向偏差。

7）射击精度

射击精度是指制导火箭弹着地落点的散布中心偏离瞄准中心（目标）的程度，用制导火箭弹着地落点的散布中心沿纵向和横向偏离瞄准点的中间偏差来表示。

8）圆概率误差

圆概率误差（CEP）指以目标为圆心，制导火箭弹着地落点落于其中的概率为50%的圆的半径。当纵、横向概率偏差相等时，圆概率误差为概率偏差的1.74563倍。

工程上处理有以下计算公式：

$$CEP = \begin{cases} 0.562\sigma_x + 0.615\sigma_2 & (\sigma_z < \sigma_x) \\ 1.1774\sigma_x & (\sigma_z = \sigma_x) \\ 0.562\sigma_z + 0.615\sigma_x & (\sigma_z > \sigma_x) \end{cases}$$

式中：σ_x，σ_z分别指的是x方向、z方向的相对瞄准点误差的均方差。

2. 精度分配原则

1）精度分配的原则

精度分配是一个预测——分配——再预测——再分配的动态过程，贯穿于设计的全过程。

2）方案优化和可实现原则

遵循方案优化的原则，同时兼顾精度指标的可实现性。

3）精度分配的方法

采用类比法、数学仿真并结合地面验证试验和半实物仿真试验的方法完成武器系统精度分配。

4）精度分配流程图

精度分配流程图见图9-5。

3. 误差源分析

1）定性分析

制导火箭弹在飞行弹道的不同阶段，误差源引起的落点偏差是不同的，按初始无控段、主动制导段、被动制导段三大段进行精度分析，表9-1给出了误差源的定性分析。非制导误差中的初始扰动和发动机误差对初始无控段影响比较大，发动机误差，尤其是推力偏心将一直影响到整个主动段。制导误差是影响制导火箭弹落点精度的主要误差源，它包括制导方法误差和工具误差，方法误差是由于制导方案的不完善而产生的落点偏差，随着制导方法的不断完

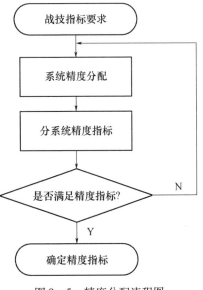

图9-5　精度分配流程图

229

善,方法误差在整个制导误差中的比例会越来越小,工具误差则是影响精度的主要因素[4]。

表 9 − 1　误差源定性分析

误差种类	误差名称	影响的弹道阶段
非制导误差	气动力误差	全程
	弹体结构误差	全程
	发动机误差	主动制导段
	初始扰动	初始无控段
	风干扰	全程
制导误差	制导方法误差	主动/被动制导段
	工具误差	主动/被动制导段

2）定量分析

非制导误差中的气动力误差、弹体结构误差和发动机误差等误差量值的确定,一般由以往火箭弹的实际飞行数据通过统计分析反向计算得出,在模拟误差存在的仿真过程中通常将多个误差量计算后统一等效为易于仿真分析的误差形式,如用舵机零位误差来等效各种气动误差,而通过有误差带入的弹道仿真计算又可以进一步证明许多误差在一定的范围内可以被控制系统完全消除,并以此确定该型制导火箭弹的正常扰动范围,为控制系统的抗扰能力设计提供依据,由此通过数学仿真和半实物仿真等地面试验过程便可初步确定控制系统的抗扰动情况[5]。

制导误差多基于对数学模型的直接计算和地面试验的结果,如制导控制误差的定量分析是基于对弹体数学模型的仿真计算结果,而导航误差量的确定则基于地面跑车试验的结果。

表 9 − 2、表 9 − 3 分别给出了非制导误差和制导误差的扰动分布形式。

表 9 − 2　非制导误差扰动分布

误差名称	分布规律	均值	中间误差	单位
线推力偏心	正态分布	—	—	mm
角推力偏心	正态分布	—	—	mrad
线气动偏心	正态分布	—	—	mm
动不平衡角	正态分布	—	—	mm
角气动偏心	正态分布	—	—	mm
尾翼斜置角	正态分布	—	—	rad

（续）

误差名称	分布规律	均值	中间误差	单位
质量偏心	正态分布	—	—	mm
火箭弹结构质量误差	正态分布	—	—	kg
推进剂质量误差	正态分布	—	—	kg
推进剂比冲误差	正态分布	—	—	N·s/kg
发动机工作时间误差	正态分布	—	—	s
出炮口下沉角	正态分布	—	—	rad
高低初始扰动	正态分布	—	—	rad/s
横向初始扰动	正态分布	—	—	rad/s
纵风误差	正态分布	—	—	m/s
横风误差	正态分布	—	—	m/s
气温偏差	正态分布	—	—	℃
气压偏差	正态分布	—	—	mmHg

表 9 - 3　制导误差扰动分布

误差名称	分布规律	均值	中间误差	单位
卫星水平定位误差	正态分布	—	—	m
卫星高程误差	正态分布	—	—	m
软件误差	正态分布	—	—	m
组合导航系统水平速度误差	正态分布	—	—	m/s
组合导航系统天向速度误差	正态分布	—	—	m/s
组合导航系统水平定位误差	正态分布	—	—	m
组合导航系统高程定位误差	正态分布	—	—	m
制导方法误差			—	m
其他误差			—	m

4. 精度分配

1）组合导航精度分配

表 9 - 4 给出了制导火箭弹组合导航模式 CEP 精度分配的一个模板。

表 9 - 4　组合导航模式 CEP 精度分配

误差源	水平方向		高程/m	备注
	x/m	z/m		
控制误差	—	—		
导航误差	—	—		
目标测量误差	—	—	—	
总计				
CEP/m	—			

2）纯惯性导航精度分配

表 9 - 5 给出了制导火箭弹纯惯性导航模式 CEP 精度分配的一个模板。

表 9 - 5　纯惯性导航模式 CEP 精度分配

误差源	方向			备注
	x/m	z/m	y/m	
发射平台惯性导航误差	—	—	—	
动态传递对准误差	—	—	—	
惯性导航导航水平误差	—	—	—	
惯性导航导航高程误差	—	—	—	
控制误差	—	—	—	
炮位水平误差	—	—	—	
炮位高程误差	—	—	—	
目标测量误差	—	—	—	
总计	—	—	—	
CEP/m	—			

注：由于 CEP 为平面圆概率误差，各误差中高程方向的误差按照某个入射角（如 60°），以三角投影方式等效到 x 向

9.3　制导控制系统半实物仿真

制导控制系统的半实物仿真是将计算机、数学模型、制导控制系统部件（或设备）与环境物理效应装置相结合的仿真[6]，它可使无法准确建立数学模型的实物部件如导引头、自动驾驶仪等直接进入仿真回路，通过飞行模拟转台直接检验制导控制系统各部分，如陀螺仪、舵面传动装置、自动驾驶仪、导引头的功能、性能和协调性、可靠性；通过模型和实物的切换及仿真数据补充等手段进一

步校准数学模型。

具体地讲,制导控制系统的半实物仿真试验是在仿真试验室里,将惯性导航系统、弹载计算机、电动舵机等制导与控制关键部件与仿真计算机、三自由度转台、测试与记录装置等设备构成控制系统半实物仿真试验系统,以模拟火箭弹飞行条件下的制导与控制系统工作过程。制导控制系统半实物仿真的重要作用如下:

(1) 可有效检验制导控制系统在更接近实战环境下的功能;

(2) 研究某些部件和环节对制导控制系统的影响,考核引入各制导与控制部件样机实物时制导系统的工作原理和可实现性;

(3) 检验制导系统设计和工作流程的正确性和协调性,制导系统关键部件以及接口的性能和协调性;

(4) 补充制导控制系统数学建模数据和检验已有数学模型,为火箭弹飞行试验做好准备。

9.3.1　半实物仿真系统组成

半实物仿真系统与数学仿真系统的主要区别在于:用制导控制设备代替该部分的数学模型,目标特性用模拟器代替,弹体特性和目标运动学特性由仿真计算机实现,增加许多模拟环境的物理效应装置[6]。

制导控制系统的组成在很大程度上取决于火箭弹采用的制导体制和目标探测方式。据此,常见的半实物仿真系统有指令制导半实物仿真系统、射频制导半实物仿真系统、红外(成像)制导半实物仿真系统和光电制导半实物仿真系统等。它们在系统组成方面虽然有较大差别,但亦有许多共同之处。制导控制系统的半实物仿真系统一般由下面五部分组成:

(1) 仿真设备,主要包括仿真计算机系统、飞行模拟转台、目标模拟器、舵负载模拟器、数据库及仿真软件等。

(2) 参试设备及模型,包括制导控制系统的部件、设备和有关数学模型,如导引头、自动驾驶仪、舵面传动装置、火箭弹动力学和运动学模型、各种干扰模型和系统评估模型等。

(3) 通信系统和专用实时接口。

(4) 中央控制台。

(5) 支持服务系统(包括记录、测试、显示、数据处理系统及分析设备等)。

9.3.2　半实物仿真系统的主要设备和模型

1. 仿真计算机系统及其软件

仿真计算机系统是半实物仿真系统的核心部分,主要担负着火箭弹动力学和运动学计算、目标特性计算、图形/图像生成、数据处理等。此外,还具有调用数据库和仿真软件及控制其他设备的功能。

目前,仿真计算机有三种形式:模拟机、数字机及混合机。模拟机具有高速实时、便于连接实物设备,适于连续系统、特别善于求解火箭弹动力学和运动学常微分方程的优势。但存在精度低、无逻辑判断和存储能力,且处理非线性困难的严重缺陷。混合机兼具模拟机和数字机的优点,然而,由于结构复杂,价格昂贵,因而妨碍了它的广泛应用,尤其是随着微电子技术的发展,全数学仿真性能价格比不断改善并突破了实时大关后,数字机在火箭弹制导控制系统半实物仿真中已经成为主流。此外,超级实时仿真工作站等也已经进入了半实物仿真领域。

自从半实物仿真系统广泛应用于数学计算机仿真以来,仿真软件就已成为系统的重要组成部分,为保证系统能够正确可靠和高效的运行,统称对仿真软件提出如下基本要求:

(1)必须满足实时运算和计算精度要求;

(2)能够提供支持半实物仿真系统的各类库,包括模型库、图形/图像库、算法库、数据库和文档库等;

(3)具有高效的管理系统;

(4)建立完善的支持服务系统。

在众多的仿真软件中,具有通用仿真算法和语言以及提供丰富的软件工具和开发环境是十分重要的,典型的仿真语言、一体化建模与仿真环境和智能化仿真软件主要有 MATLAB/Simulink,MATRIXx,ICSL,IHSL 等。

2. 专用实时接口

半实物仿真系统中由种类繁多的仿真设备、参试部件及仿真模型。它们结构、形式相距甚远,通信方式各不相同,但又要联系成一个有机整体,互通信息,协同工作,因此通过适当的接口,实现实时仿真系统各部分间的信息交互至关重要。

半实物仿真系统对接口的要求较高,其基本要求为实时性、精确性、抗干扰性和可靠性。理想的情况是:接口传递函数为没有延时、没有衰减、无噪声干扰。当然实际上这是无法做到的,但是必须采取措施基本满足上述要求[7]。例如,为了抑制噪声干扰而采用隔离传输技术、平衡电路连接技术和屏蔽技术等。为保证实时性,提高仿真精度而采用专用仿真实时数字通信接口技术。

3. 飞行模拟转台

飞行模拟转台又叫做运动模拟器,分三轴转台和角速率转台,且主要是三轴转台。

三轴转台是安放惯性器件、寻的导引头并响应弹体姿态运动的仿真设备,它能够承受所加的负载,并对制导控制仿真计算机所输出的角位置、角速度、角加速度在允许误差范围内作出响应。

为保证三轴转台的工作性能,通常要求它应满足如下方面的技术指标:

(1)负载尺寸。能够安装整个导引头和惯性器件质量。

(2)负载重量。应使转台负载大于导引头和惯性器件质量。

(3)系统频响。转台的最主要指标之一,设计中应考虑制导回路的等效带宽、系统信号及噪声的功率谱密度、弹体的振动频率等。为此,目前一般提出满足双十指标和双三指标。

(4)各框转角范围。根据火箭弹飞行过程中三个姿态角变化的最大角度决定。

(5)最大角加速度。根据火箭弹飞行过程中制导指令和噪声产生的最大角加速度和转台所需要的频响而定。

(6)最大角速度。转台的最大角速度应大于火箭弹飞行的可能最大角速度。

(7)位置精度。根据火箭弹类型而定。

(8)速度平稳率。

(9)机械误差。

(10)其他,如保护功能、电磁兼容性、可靠性和工作环境等。

三轴转台按动力源划分可由液压转台和电动转台,按框架配置形式分卧式和立式。目前,一般采用电动三轴转台,并实施数字式控制,由无刷交流力矩和电机驱动。

4. 舵负载模拟器

舵负载模拟器实现给定参试舵机施加力矩,用以模拟火箭弹飞行过程中作用于舵面上的气动铰链力矩。有液压、电动和弹簧机械负载模拟器之分。目前广泛应用的是电动舵负载模拟器。对负载模拟器的主要要求为:结构上能够正确实现火箭弹舵面的力矩加载,负载力矩大小和方向应同飞行状态一致,负载力矩频带应大于舵系统带宽[7]。为此,对舵负载模拟器提出如下技术指标:

(1)最大加载力矩,决定于舵面的最大铰链力矩,应大于此值的30%左右;

(2)最大转角,应大于舵面最大偏度;

(3)最大角速度,相应于舵面偏转角速度;

(4)加载梯度,一般根据舵面铰链力矩随飞行状态变化的梯度而定;

(5)加载精度,有一定精度要求,但不宜过高,一般为1%;

(6)零位死区,可取 $0.5\mathrm{N\cdot m}$;

(7)多余力下降幅度,可取80%;

(8)带宽;

（9）通道数。

5. 目标模拟器

目标模拟器用以仿真目标的物理效应,可能是射频的、红外的、成像的,也可以是光电的,还可以用以提供目标运动学的各种信息,如飞行高度、速度、加速度和机动能力以及目标的散射特性、角闪烁、振幅起伏、背景及各种有源或无源干扰等。

所有目标模拟器的仿真都基于"相对等效原理",即仿真目标与真实目标相对于火箭弹的空间运动特性相同;射频或红外辐射空间特性的仿真等效为仿真目标在导引头上形成的效应与真实目标相等;射频或红外辐射光谱特性等效于在工作波段内真实目标与仿真目标在导引头接收系统入瞳处的辐射通量相等。目标模拟器有各种形式。按目标信号的馈入方式分辐射式和注入式;按辐射信号的物理性质分微波、毫米波、红外、紫外、红外图像等;按结构分机械式、阵列式、机电混合式、平行光管和复合扩束式等;按注入频率分为中频、视频和低频注入等。目前,获得广泛应用的较为先进的目标模拟器,在射频寻的仿真中有阵列式目标模拟器;在红外寻的仿真中,有复合扩束目标模拟器及更先进的红外成像目标模拟器。

图9－6所示为火箭弹制导控制系统半实物仿真试验系统方案示意图,该系统由地面发控设备、主仿真计算机、遥测系统模拟计算机、惯性导航监控计算机、弹载计算机、三轴飞行模拟转台、电动舵机组成。

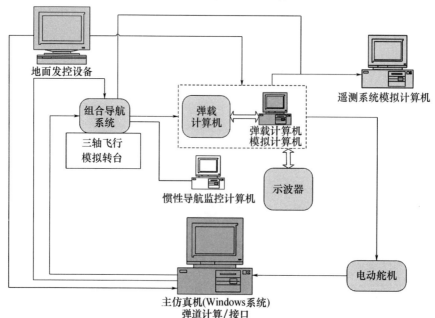

图9－6 火箭弹制导控制系统半实物仿真方案图

在闭环系统半实物仿真试验中,将惯性导航置于三轴随动转台上模拟飞行过程中弹体的转动情况,同时组合仿真计算机提供的模拟卫星信号,实时解算弹体位置、速度和姿态信息,并输入弹载计算机。弹载计算机使用的制导控制程序与实际飞行试验中相同,故根据半实物仿真实验得到的弹道跟随情况和脱靶量等数据可以验证制导系统的飞行控制与弹道修正能力。

制导控制系统闭环半实物仿真试验的具体原理如下:

(1)组合导航系统、弹载计算机、电动舵机为实际使用部件。在一个控制周期的运行过程中:主仿真机运行弹道程序,生成弹体位姿信息并用该信息驱动三轴转台(位置和加速度信息被制作成模拟卫星信号直接发送给导航系统),组合导航系统安装于三轴飞行模拟转台上,敏感转台的角度和角速度,生成导航信息并将其发送给弹载计算机;弹载计算机接收该导航信息,通过运行控制器中的控制算法生成指令驱动电动舵机,并适时给出引信时序信号;电动舵机按照弹载计算机指令转动并将舵反馈信息传入主仿真机;主仿真机根据电动舵机的反馈信息计算并生成下个周期弹体的位姿情况并驱动转台转动以实现仿真闭环。

(2)地面发控设备、遥测系统模拟计算机、惯性导航监控计算机同为数据采集、存储计算机。发射前,该计算机模拟地面发控与弹载计算机进行通信,完成参数装定、惯性导航对准等发射前的准备工作,同时检测惯性导航信息。发射后该计算机负责模拟遥测装置,采集遥测数据。

参考文献

[1] 刘兴堂. 导弹制导控制系统分析、设计与仿真[M]. 西安:西北工业大学出版社,2006.

[2] 符文星. 精确制导导弹制导控制系统仿真[M]. 西安:西北工业大学出版社,2009.

[3] 方辉煜. 防空导弹武器[M]. 北京:宇航出版社,2003.

[4] 袁子怀,钱杏芳. 有控飞行力学与计算机仿真[M]. 北京:国防工业出版社,2001.

[5] 张友海,刘兴堂. 战术导弹自适应飞行控制的数字仿真研究[J]. 北京:系统仿真学报,1994(1):46 - 53.

[6] 康风举. 现代仿真技术及应用[M]. 北京:科学出版社,2003.

[7] 王恒霖,曹建国. 仿真系统的设计及应用[M]. 北京:科学出版社,2000.

第10章
制导舱工程化设计方法

制导火箭弹是一种长期存放、一次使用的兵器，在服役期间，要经受运输（公路、铁路、海运或空运）、存放、执勤、作战等工作历程和气候、力学、电磁等环境条件。一个性能良好的武器，不仅体现在战术技术指标是否先进，也体现在是否有良好的可靠性、检测维修性、安全性、电磁兼容性等，在研制期间，要把它们与功能性能要求一并考虑，进行系统分析与设计[1]。制导舱是火箭弹的核心部件，担负着对于全弹的制导与控制功能，对其进行合理的工程化设计十分重要。

10.1 制导舱的组成与功能

制导舱是制导火箭弹的重要组成部分，它由弹载计算机、捷联惯性导航系统、卫星定位装置、电动舵机、热电池、电缆组与制导舱结构件等硬件以及组合导航、导引与控制律等软件组成，并通过火箭弹动力学和运动学环节构成制导大回路。图 10 – 1 所示为制导舱组成框图，舱内电气设备连接关系见图 10 – 2。

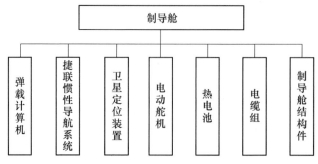

图 10 – 1　制导舱组成框图

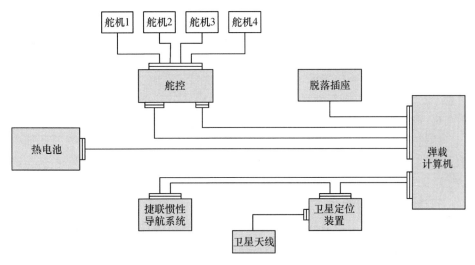

图 10 – 2　制导舱电气设备连接关系示意图

　　制导舱主要功能是:在发射前完成控制参数装定、捷联惯性导航系统参数装定、卫星星历装定、传递对准等发射准备流程;火箭弹出炮管后,卫星定位装置快速捕获卫星信号,捷联惯性导航系统负责捷联解算,实时解算弹体的姿态、位置、速度、线加速度、角速度,并接收卫星定位数据,完成组合导航解算;弹载计算机接收导航信息并进行导引与控制律解算,驱动电动舵机进行姿态控制,保证火箭弹稳定飞行并导引其飞向目标。

　　制导舱各主要部件的功能如下:

1. 弹载计算机

　　弹载计算机是制导舱的核心部件和通信中枢,承担火箭弹系统管理、弹道解算、制导控制等任务;是集模拟/数字控制、多任务计算、数据通信于一体的弹用高速集成计算机系统;负责接收捷联惯性导航信息并进行解算,控制火箭弹稳定飞行并导引火箭弹飞向目标。

2. 捷联惯性导航系统

　　捷联惯性导航系统负责完成捷联解算,实时解算弹体的姿态、位置、速度、线加速度、角速度;接收卫星定位装置的定位数据,完成组合导航解算,对惯性导航误差进行修正;定时把导航数据发送给弹载计算机,用于制导控制。

3. 卫星定位装置

　　卫星定位装置是实现卫星定位导航的主要部件,辅助捷联惯性导航系统进行组合导航,卫星定位装置的主要功能包括进行快速捕获、输出伪距、多普勒和导航电文信息、进行导航定位解算、输出当前的时间、位置和速度信息。

4. 电动舵机

　　电动舵机是火箭弹制导舱的执行机构,其功能是接收并处理弹载计算机指令、舵片位置信号采集、电机转速信号解算和功率放大,通过减速机构输出力矩使舵面产生相应的随动偏转,实现对弹体姿态的控制。

5. 热电池

热电池是制导舱的能源中心,为捷联惯性导航系统、卫星定位装置、弹载计算机、电动舵机等控制部件提供直流电源。

6. 电缆组

电缆组用于制导舱各电气设备之间能量和信号的传递,是制导舱内外部供电及对内对外通信的桥梁,是弹上各电气设备之间电气连接和信号传递的通道,实现各电气设备之间的互联互通。

7. 制导舱结构件

制导舱结构件是制导舱的机械结构体,其主要功能是用于安装各控制部件,并与前后段构成合理的气动布局,隔离外部高温气流与制导舱内部各部件。

10.2 可靠性设计

可靠性是制导舱质量的标志,是制导舱稳定性的性能指标,而稳定性指标表明了制导舱在其寿命期内具有在规定的条件下和规定的时间内完成规定任务的能力[2]。产品的设计决定了产品的固有可靠性,如果产品的设计水平不高,例如采用了不恰当的设计结构或工艺,选用了不合适的元器件等,对于这种"先天不足"的产品,后天无论采取什么措施,也不过是挖肉补疮;就算严格控制生产过程中的质量,产品的可靠性仍然无法提高。因此产品的可靠性是在设计阶段设计出来的,必须重视可靠性设计工作,提高设计人员的可靠性水平。

10.2.1 可靠性预计和分配

1. 可靠性预计

可靠性预计是根据组成制导舱的元件、部件或分系统的可靠性来推测制导舱的可靠性,是由局部到整体的综合过程。其主要目的是进行可行性评定,方案的权衡决策,发现并提出系统结构的薄弱环节、潜在问题及其改进措施,为可靠性分配奠定基础,它是工程设计过程中的一个极为重要的组成部分[3]。

参照相关标准,按元器件应力分析法进行可靠性预计分析,制导舱可靠性框图如图 10-3 所示。

根据串联模型的数学模型可以建立可靠度数学模型,系统可靠度可表示为

$$R_s = \prod_{i=1}^{n} R_i = e^{-\left(\sum_{i=1}^{N} \lambda_i\right)t} \tag{10.1}$$

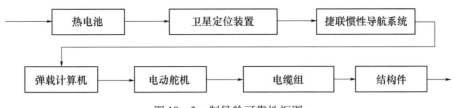

图 10 - 3　制导舱可靠性框图

式中:R_s 为系统的可靠度;R_i 为单元可靠度;λ_i 为单元的故障率;n 为组成系统的单元数;t 为任务时间。

由于各个单元的寿命分布均为指数分布,因此系统的寿命也服从指数分布,系统的故障率 λ_s 为单元的故障率 λ_i 之和,表示为

$$\lambda_s = \sum_{i=1}^{n} \lambda_i \tag{10.2}$$

式中:λ_s 为系统的故障率;λ_i 为单元的故障率;n 为组成系统的单元数。

系统的平均故障间隔时间(MTBF)可以根据故障率计算得出:

$$MTBF = \frac{1}{\lambda_s} = \frac{1}{\sum_{i=1}^{n} \lambda_i} \tag{10.3}$$

系统可靠性模型为串联结构,其失效率为各组成部件的失效率之和。各组成部件的失效率见表 10 - 1。

表 10 - 1　制导舱各组部件失效率

序号	零部件名称	组部件失效率	MTBF/h	预计可靠度
1	捷联惯性导航系统	0. xxxx	xxx	x
2	卫星定位装置	0. xxxx	xxx	x
3	弹载计算机	0. xxxx	xxx	x
4	电动舵机	0. xxxx	xxx	x
5	热电池	0. xxxx	xxx	x
6	电缆组	0. xxxx	xxx	x
注:制导舱结构件可靠度为1				

根据表 10 - 1,可计算出可靠性预计值为

$$\lambda_s = \sum_{i=1}^{n} \lambda_i \tag{10.4}$$

制导舱的平均故障间隔时间为

$$MTBF = \frac{1}{\lambda_s} \tag{10.5}$$

可靠度为

$$R_x = e^{-\lambda_s} \qquad (10.6)$$

2. 可靠性分配

可靠性分配是可靠性预测的逆问题,其任务是在设计阶段,根据已给条件和结构组成情况,将制导舱可靠性的指标要求,逐级分配给分系统、部件,以便落实制导舱可靠性指标要求;使各分系统、部件明确可靠性要求,为设计和研究实现这个要求的技术途径和具体方法提供依据;暴露制导舱可靠性的薄弱环节,为改进设计提供依据。

可靠性的分配就是求解基本不等式:

$$R_s = f(R_1^*, R_2^*, \cdots, R_n^*) = R_s^* \qquad (10.7)$$

式中:R_s^* 为制导舱的可靠性指标要求;R_i^*($i=1,2,\cdots,n$)为分配给 n 个部件或分系统的可靠性指标要求;R_s 为制导舱的可靠度;$f(R_i^*)$ 为制导舱的可靠度与 R_i^* 之间的函数关系。

在无任何约束的条件下,式(10.7)可有无限个解。为获得工程上的合理解,应遵循以下原则:结构复杂、未经长期使用、技术上不成熟、长期工作的、工作环境恶劣、非关键性的部件,应分配较低的可靠性指标;反之,则应分配较高的可靠性指标[3]。

10.2.2　可靠性设计准则

在制导舱的研制过程中,只是规定、预计和分配可靠性是不够的,还必须通过设计、有效地控制和管理,最终满足预先规定的可靠性的定量要求。影响系统可靠性的主要因素是元器件的质量等级以及使用环境,为保证制导舱可靠性要求,应遵循的设计原则和方法有:

(1)尽量采用成熟技术,在满足技术要求的前提下简化系统组成,提高基本可靠性。

(2)制导舱具有自诊断功能,当捷联惯性导航系统、弹载计算机、电动舵机工作不正常或它们之间发生通信故障,舵机归零,使火箭弹能以无控方式飞行。

(3)元器件选用过程中进行降额设计,电阻类按功率、电容类按耐压、半导体类按结温、电连接器类按电流等各类相应功能参数进行降额,达到Ⅰ级降额要求;控制部件要进行热设计,对发热量大的功率器件加装散热片,保证器件工作在要求温度范围内。

(4)印制板涂敷三防漆,提高环境防护能力,插装电容以及质量较大的元器件涂敷硅橡胶进行加固,提高力学环境适应性。

(5)结构设计中进行强度分析,结构刚强度要具有较大的安全系数,改进薄弱环节设计,提高安全裕度。

10.2.3　故障模式分析

1. 弹载计算机

弹载计算机的失效模式包括通信功能失效、发射前自检与装定功能失效、弹道解算与控制功能失效、不能正确发出安全起爆机构解保信号。

2. 捷联惯性导航系统

捷联惯性导航系统失效的主要模式有无导航数据输出、组合导航失效,或姿态、位置等导航数据误差大于规定值。

3. 卫星定位装置

卫星定位装置故障模式主要包括:无法装定星历、无法实时给出导航信息,或信号品质较差、导航数据误差不符合要求。

4. 电动舵机

电动舵机的主要失效模式为:伺服电机不工作、减速机构卡死或间隙大、舵轴变形或断裂、电位计无输出等。

5. 热电池

热电池的失效模式包括电热电池激活回路电阻异常、电池无法激活、电缆断路或短路、输出工作电压不满足要求等。

6. 电缆组

电缆组失效的模式主要包括短路、断路、焊点虚焊、绝缘层破损、连接器接插电阻异常等。

7. 制导舱结构件

结构件失效模式主要有结构变形、不满足刚强度要求、密封性不满足要求、连接松动等。

设计阶段应对可能存在的故障模式、故障原因及后果进行深入分析,以便发现设计中的薄弱环节,提高样机的可靠性。

10.2.4　设计阶段的可靠性工作

1. 控制电路设计

1）电源

当舵回路工作时,电机在工作过程中频繁换向,可能会引起功率板转换电路供电电源母线上的电压降增大,造成输入电源的波动,直接影响弹上供电电源和其他电路板电压的不稳定,影响电源模块的输出,严重时会出现二次电源掉电现象。因此,须将功率板供电电源与其他电路板分开,滤除电机工作噪声对直流电源的影响。

2）接地

在制导舱中,地线种类繁多,有数字地、模拟地、功率地、信号地、直流地、屏蔽地(机壳地)等。如果采用多点接地方式,极易造成信号干扰,如:数字地电流大、干扰强,存在各种地线回路,对于低频信号会产生不良影响。

采取单点串联接地方式,将模拟地和数字地、功率地和信号地分开布置,最后地线都接到机壳地上,且地线加宽加粗,能有效消除因接地方式不当造成的信号干扰。

3）隔离

为减小模拟量与数字量之间的干扰,消除地环路引起的共阻抗耦合干扰,选用光电耦合器对解调板与主机板之间的开关量进行传输和转换。在 PWM 驱动电路中,采用光电耦合电路将控制级和功率级的信号进行隔离,提高系统的抗干扰能力。

4）屏蔽

在制导舱结构布局设计上,采用低电阻的覆铜箔板进行电磁屏蔽,并将功率板与其他电路隔离开,防止外部电磁场的影响。

2. 结构可靠性设计

通常情况下,设计和制造的工程结构受使用时间、环境条件、承载能力的限制,不确定性因素较多,无法准确预知,故在结构设计时采取增加安全系数,提高裕度的方法,采用强度—应力校核代替可靠性预计。实际上,两者的作用是不同的,对机械结构中的重要件、关键件进行结构可靠性设计是必要的。同时,整个舱体进行密封性设计,确保舱内零部件长贮期内的良好环境,提高抗潮湿、抗霉菌能力。

3. 降额设计

降额设计是在设计时使元器件或部件在低于其额定应力的条件下工作,是相对提高元器件或部件的可靠性,降低其失效率的有效方法。对制导舱中的控制线路,按应力分析法确定各种元器件的应力水平,进行可靠性预计,结合伺服控制线路实际工作特点,采取降额设计。

4. 防振设计

为了避免外界机械应力对部件的影响,进行抗振抗冲击设计,以使电子设备受振后的机械固有频率避开应用环境条件的机械振动频率。电源板和主机板上的晶体振荡器,若直接焊装在印制板上,安装引线长,质心偏高,其固有谐振频率低,对管脚有伤害。采用卧式安装方式,并固定在印制板上,减小了振动对器件的冲击。

5. 热设计

电子元器件对温度相当敏感,如果环境温度(管壳温度或者表面温度)升高,元器件的性能指标就会下降,失效率增加,电路可靠性变差。在制导内,有多种印制板,热源多,散热困难。最关键的措施是采用低功耗器件,降低整机的功耗,尤其是发热器件—功率管的降额使用,减少发热的热源。其次是采取散热措施,在场效应管上安装叉指型散热器,遮蔽作用小,增强对流散热;同时对散热器表面进行黑化处理,提高热辐射效果,尽量降低元器件的环境温度,保证整机的可靠性。

6. 软件可靠性

软件设计可靠性保障是软件设计中的本质可靠性,它保障了最少的软件错误以及在软件出错后仍保证系统正常运行或安全运行。

制导舱中的控制中枢是弹载计算机,制导火箭弹飞控软件固化在 FLASH 中,程序具有自检、射检、发遥测数据、采集组合导航系统数据、控制规律计算、发出舵控指令,实现闭环控制,完成预定飞行任务的功能。飞控软件要采取结构化设计方法,运用避错技术、检错技术、纠错技术及容错技术,保证软件的本质可靠性。同时,还要采用白盒法与黑盒法相结合的测试方案,发现软件的错误和缺陷,实现软件的可靠性增长。

10.3 检测维修性设计

维修性设计是指在预定的约束条件下,按维修性要求制定实际和有效的硬件及软件方案。

维修性影响系统的可用性,从而影响系统的效能。所谓可用性,是指在某一随机时刻要求系统完成任务时,在任务开始时能处于工作状态的程度。所谓系统效能,是指当需要系统工作时,该系统能达到其任务目标的能力。为了充分发挥系统效能,系统必须是随时可以使用的[1]。

为保证制导舱维修性要求,应遵循的设计原则和方法有:

(1)采用维修可达性、标准化和互换性设计,缩短维修时间,产品电气、机械接口一致,制导舱在火箭弹上可互换,互换后无需任何调整。

(2)制导舱上有安装方向标识,不会发生安装状态与设计状态不一致的情况。

(3)尽量选用定型现役装备的维修设备和工具。

(4)维修性设计要满足人机工程要求,充分考虑各种因素对维修性的影响,提高维修的质量和效率。

制导舱在出现故障后,可对制导舱整机进行更换,将故障产品返回生产单位进行维修。制导舱主要故障模式、故障原因及影响见表 10 - 2。

表 10 - 2　制导舱故障分析表

代码	产品或功能标志	功能	故障模式	故障原因	影响
1	弹载计算机	为控制程序解算提供硬件平台和软件支持,输出舵控指令	无舵控指令输出	计算机内部信号处理电路损坏	飞行失控
			舵控指令输出异常	计算机硬件或者软件故障,自行复位	飞行失控
2	捷联惯性导航系统	提供位置、姿态、速度、加速度、角速度等信息	无输出	二次电源故障	飞行失控
			导航信息超差	陀螺失效或性能下降	飞行不稳定/影响精度
				加速度计失效或性能下降	
			数据帧错误	通信接口故障	飞行失控
3	卫星定位装置	为组合导航系统提供位置、速度信息	无输出	二次电源故障	落点偏差增大
			无有效数据	信号被干扰	
4	电动舵机	驱动舵片偏转	无输出	谐波齿轮组件卡死	无控飞行/飞行不稳定
5	热电池	为弹上电气设备提供控制电源和功率电源	无输出	热电池未激活	火箭弹留膛
			电压异常	热电池内部故障	控制性能降低
			输出功率不足	器件损坏或参数漂移	

为保证维修性要求,制导舱应具有良好测试性,主要体现如下:

（1）制导舱具有运行过程中检测发现异常的能力,能准确定位故障。

（2）制导舱具有一定的自检和隔离故障的能力。

（3）制导舱与检测设备具有较强的兼容性。

（4）制导舱与检测设备接口简单、兼容性好,专用测试设备少,制导舱检测过程迅速简便,测试性满足要求。

10.4　安全性设计

10.4.1　安全性分析

1. 制导舱寿命剖面

将制导舱从制造、装配于火箭弹弹体内,直至火箭弹发射、退役或报废这段时间内所经历的事件及环境时序描述为其寿命剖面。

制导舱的产品寿命剖面可描述为图 10 – 4。

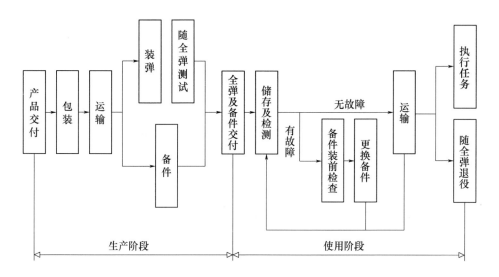

图 10 – 4　制导舱产品寿命剖面图

具体说明：

（1）制导舱属于一次性使用产品,在寿命期内,绝大部分时间处于贮存状态,储存时应定期进行检测,必要时可整机更换制导舱。

（2）出厂：一般包括出厂交验、包装和装箱等。

（3）运输：一般为公路运输、铁路运输、水路运输和空运。在运输过程中将经受温度、湿度、振动、冲击、电磁、盐雾、沙尘等应力作用,应能满足运输的需要。

（4）贮存：一般在战备库贮存,具有良好的温度、湿度环境。

2. 制导舱任务剖面

制导舱随同火箭弹从装填到位,地面电源上电,制导舱开始工作至给战斗部发送安全起爆机构的解锁信号、起爆电路的充电信号,并最终导引火箭弹击中目标,这一工作过程所经历的事件及环境的时序描述,称为其工作任务剖面。

制导舱的产品寿命剖面可描述为图 10 – 5。

制导舱设计中应采用成熟技术,采取元器件降额设计、热设计、环境防护设计、加强生产管理等措施保证样机的可靠性,从而降低安全风险。

应保证样机全寿命周期的安全性。执行任务期间,样机安全性主要表现在不发生危险,使任务圆满完成,因此样机可靠工作是安全性的最大保证;寿命周期的其他阶段,样机安全性主要表现在储存、运输和测试期间的安全性,应不发

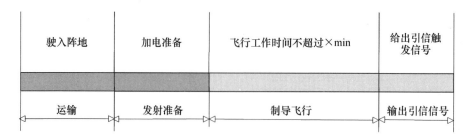

驶入阵地	加电准备	飞行工作时间不超过×min	给出引信触发信号
运输	发射准备	制导飞行	输出引信信号

图 10 – 5　制导舱产品任务剖面图

生危险。统一来看,样机寿命期内可分为通电工作和断电两种状态,因此从这两种状态进行样机安全性分析。

1)断电状态

断电状态,制导舱无外部能源供给,本身不存在易燃易爆的装置,因此不会直接对人员、弹体、环境等造成安全性事故,但是制导舱搬运以及装配过程中人员应注意不要发生碰伤、砸伤等问题。

2)通电状态

通电状态发生在制导舱测试或执行任务阶段,涉及的安全问题主要是样机的故障是否会对人员、弹体、环境造成危险。测试阶段,制导舱故障产生误动作可能造成弹体损伤,若操作人员处理不当会引起人身伤害;执行任务阶段,制导舱故障会造成全弹无法正常飞行,任务失败。因此通电状态下,制导舱的工作可靠性是安全性的最大保障。

10.4.2　安全性设计准则

制导舱设计过程中遵循的安全性准则包括:

(1)通过设计消除已知的危险或将其风险降低到可接受水平;

(2)考虑危险因素(如热辐射、高温等)的安全性;

(3)应考虑样机接口的安全性;

(4)应减少恶劣环境,如压力、噪声、冲击和振动等所导致的危险;

(5)系统设计时应降低在使用和维护中人为差错所导致的风险;

(6)尽量减轻事故中人员的伤害和设备的损坏。

10.4.3　安全性措施

国军标中规定的安全性措施包含最小风险设计、采用安全装置、采用报警装置以及制定专用规程和进行培训等,针对样机的产品特点以及可能发生的危险,其安全性措施主要如下:

(1)通过设计和生产管理手段保证系统的工作可靠性,降低失效概率,从

而降低安全风险;

（2）评估系统故障的危险严重性等级和危险可能性等级,关注危险等级高的故障模式,采取相应的设计补偿和管理补偿措施;

（3）提高系统的测试覆盖性,在技术文件和工艺文件中严格测试项目和流程规定,测试指标量化管理,保证样机质量一致性,做到有问题及时发现,及时隔离或修复;

（4）样机储存、运输过程中配备包装箱,保证储运过程中样机和人员不受损伤;

（5）技术文件中规定合理的操作规程,严格按规程操作,降低危险发生概率。

10.5　电磁兼容性设计

电磁兼容（EMC）一般指电气及电子设备在共同的电磁环境中能执行各自功能的共存状态,即要求在同一电磁环境中的上述各种设备都能正常工作,又互不干扰,达到兼容状态。这个概念有两层含义,第一是电气及电子设备要具有抵抗外界电磁干扰的能力;第二是电气及电子设备对外发射的电磁干扰不能超过一定的限值,要尽可能少[4]。

电磁兼容技术是一门迅速发展的交叉学科,其理论基础涉及数学、电磁场理论、电路基础、信号分析等学科与技术,其应用范围几乎涉及所有用电领域。随着电子技术、计算机技术的发展,制导舱中采用的电气及电子设备数量大幅度增加,而且电子设备的频带日益加宽,功率逐渐增大,信息传输速率提高,灵敏度提高,因此,电磁兼容问题日渐重要。

在制导舱设计中,除了完善电路原理功能设计外,电路的电磁兼容设计、PCB设计对系统性能的影响也非常重要,设计中应注重器件放置、布线策略、地线设计、电源去耦、集成芯片去耦、屏蔽措施、静电防护以及软件抗干扰等方面工作,这样才能获得整体性能的优化,并能通过专业电磁兼容检测机构的测试,制导舱电磁兼容试验项目表参见表10-3。

表10-3　制导舱电磁兼容性试验项目表

序号	项目	名称
1	CE102	电源线传导发射
2	CS101	电源线传导敏感度
3	CS106	电源尖峰信号传导敏感度
4	CS114	电缆束注入传导敏感度

（续）

序号	项目	名称
5	CS115	电缆束注入脉冲励磁传导敏感度
6	CS116	电缆和电源线阻尼正弦瞬变传导敏感度
7	RE102	电场辐射发射
8	RS103	电场辐射敏感度

制导舱设计要采取必要的抗干扰措施,以满足制导舱电磁兼容性的要求,主要包括:

1. 提高元器件的可靠性

（1）采用大规模集成电路,减少了元器件的数量,提高了系统的可靠性;

（2）元器件均直接焊接,减少由于接触不良造成的不可靠现象。

2. 印制电路板的抗干扰措施

（1）画印制线时,尽量用45°折线而不用90°折线布线以减小高频信号对外的发射与耦合;

（2）面板上,用单点接电源和单点接地,从而减小不等位电势的干扰。在允许的情况下,电源线、地线尽量粗;

（3）石英晶体振荡器尽量靠近 CPU。

3. 去耦电容的运用

在所有集成电路的电源端与接地端之间并接高频、低寄生电感的陶瓷电容作为去耦电容,减小电源间的耦合作用。

4. 滤波电容的运用

在印制板上所有电源的回路内,均并接电解电容进行滤波;在每个电解电容旁边都加上陶瓷电容作为高频旁路电容。

5. 通道干扰的消除

模拟/开关量输入采用了光电隔离技术。隔离技术是破坏"地"干扰途径的抗干扰方法,这里采用光电耦合器作为光电隔离器件,光电耦合器实现电—光—电的耦合隔离,它的输入量和输出量均是电流,且输入端与输出端之间的联系是通过"光"这一环节实现的。输入输出回路从电气上看是隔绝的,这有效地切断了不同电路"地"之间的干扰,实现较好的电气隔离。

6. 通信的抗干扰设计

采用 RS422A 串行通信标准接口,其不同于 RS232C 标准,RS232C 数据传输速率慢,通信距离短,未规定标准的连接器,接口处各信号间易产生干扰。RS422A 标准是双端线传输信号,它具体通过传输线驱动器,把逻辑电平变换成电位差,完成始端的信息传送;通过传输线接收器,把电位差转换成逻辑电平,实现终端的信息接收。

7. 供电回路设计

由于舵机动作时电流较大,因此会产生较大的干扰,因此在制导舱总体设计时,设计了两套完全独立的电源,分别为控制电源和功率电源,其中控制电源用于为弹载计算机、组合导航系统、卫星定位装置供电,功率电源用于为舵机供电。通过独立电源系统的设计,有效降低了由于舵机工作而在电源上产生的干扰对其他敏感设备造成的影响。

8. 地线设计

制导舱内部控制电源和功率电源的地线完全独立设计,且弹载计算机、组合导航系统、卫星定位装置均采用二次电源供电,其二次电源均采用 DC/DC 模块,各敏感设备内部的地线与一次电源的地线相互隔离,可有效防止一次电源和二次电源之间的相互干扰。

9. 脱落插座设计

采用带滤波的脱落插座,有效降低火箭炮装定电缆的传导干扰。

10. 制导舱内的电缆采用屏蔽设计

为减小相互干扰,按照信号特点将电缆分成不同束,分别进行屏蔽,有效降低不同信号、电源之间的相互干扰。

参考文献

[1] 韩品尧. 战术导弹总体设计原理[M]. 哈尔滨:哈尔滨工业大学出版社, 2000.

[2] 谷良贤,温炳恒. 导弹总体设计原理[M]. 西安:西北工业大学出版社, 2004.

[3] 过崇伟,郑时镜,郭振华.有翼导弹系统分析与设计[M]. 北京:北京航空航天大学出版社, 2002.

[4] 杨克俊. 电磁兼容原理与设计技术[M]. 北京:人民邮电出版社,2005.